U0256977

Smokestacks and Progressives: Environmentalists, Engineers, and Air Quality in America, 1881-1951, by David Stradling
© 1999 Johns Hopkins University Press
All rights reserved. Published by arrangement with Johns Hopkins University Press, Baltimore, Maryland.

［美］大卫·斯特拉德林
（David Stradling）
著

裴广强 译

烟囱与进步人士

美国的环境保护主义者、工程师和空气污染（1881~1951）

Environmentalists,
Engineers,and Air Quality
in America, 1881–1951

本书出版获西安交通大学
马克思主义学院学术出版基金资助

SMOKESTACKS AND PROGRESSIVES

社会科学文献出版社
SOCIAL SCIENCES ACADEMIC PRESS (CHINA)

中文版自序

当我 1991 年在美国开始研究煤烟时，环境史还是一个相对年轻的领域。大多数这一领域的学者研究人类与自然或更狭义的荒野关系的某些方面，将研究地点选在美国西部或美国边境。一年后，当我决定写一篇关于进步主义时代美国反烟运动的论文时，环境史上最杰出的学者之一威廉·克罗农（William Cronon）刚刚出版了他的著作《自然的大都会：芝加哥与西部大开发》（*Nature's Metropolis：Chicago and the Great West*）。克罗农致力于将城市和乡村的历史结合起来，详细描述了这个商业城市分化为繁华的市中心和工业区的过程。该书对芝加哥这座城市进行了丰富的描述，其中最具煽动性（provocatively）的是笼罩在这座大城市上空的烟雾。尽管如此，克罗农最感兴趣的却是在密歇根州北部的森林和伊利诺伊州南部及更遥远大草原上发生的环境变化。这座城市本身就是一个变革的引擎，在环境史上扮演了不可或缺的角色，但它并不是克罗农镜头聚焦的地方。换句话说，他不是建立城市环境史的一个新领域。不过，克罗农的工作表明城市学者需要围绕一组新的问题来发展这个领域，少关注自然，多关注建筑环境。让我感到非常幸运的是，克罗农同意担任我的博士导师，他在帮助我从事这项研究方面起了很大作用。

《自然的大都会》讲述了商品进出城镇的过程，详细描述了商业和债务是如何将城市和乡村联系在一起的。有趣的是，克罗农并没有跟随煤炭进入城市，尽管煤烟营造了这本书的大部分氛围。铁路在芝加哥的发展中发挥了巨大的作用，而煤炭推动了铁路的发展，且煤炭是一些铁路运输的主要商品。煤炭为工厂、钢铁厂，甚至是芝加哥发明的摩天大楼电梯和炉子提供燃料。与木材、生猪和谷物这三种引起了克罗农注意的商品一样，煤炭也使芝加哥成为自然的大都会。当然，煤炭是我 1996 年完成的《文明的空气：1880 ~ 1920 年美国的煤炭、烟雾和环境保护》（*Civilized Air：Coal，Smoke，and Environmentalism in America，1880 – 1920*）论文的主题。

1999 年，当我修改后的论文以《烟囱与进步人士》为题出版时，更多的学者已经呼吁将城市更全面地纳入环境史的研究中，不仅将其作为变革的引擎，而且将其作为变革的轨迹看待。对公共卫生、工业卫生和城市绿地的研究，以及越来越多试图描述现代环境主义发展的作品，帮助环境史学者进入城市。① 在这方面，本书所处的时代，正是越来越多的历史学者

---

① 早期有影响的城市环境史著作有，Martin Melosi, *Garbage in the Cities：Refuse Reform and the Environment*（College Station, TX：Texas A & M University Press, 1981）; Martin Melosi, *The Sanitary City：Urban Infrastructure in America from Colonial Times to the Present*（Baltimore：Johns Hopkins University Press, 1999）; Joel Tarr, *Search for the Ultimate Sink：Urban Pollution in Historical Perspective*（Akron：University of Akron Press, 1996）; Andrew Hurley, *Environmental Inequalities：Class, Race, and Industrial Pollution in Gary, Indiana, 1945 – 1980*（Chapel Hill：University of North Carolina Press, 1995）; Christopher Sellers, *Hazards of the Job：From Industrial Disease to Environmental Health Science*（Chapel Hill：University of North Carolina Press, 1999）。

接受城市研究作为"合法"的环境史研究的时代，而本书在此过程中也吸引了读者的注意。

我之所以关注煤烟这一话题，不仅是因为它在美国工业界普遍存在，而且在我看来，我们需要更多地了解以有点误导性的"自然资源保护运动"（the conservation movement）标题所包含的全方位环境活动，其本身应是更大的进步主义时代改革运动的重要组成部分。在这方面，本书主要是关于政治的历史，聚焦于政策形成的影响因素、法律和宪法对监管的限制，以及政策如何推动技术利用和燃料从煤炭向清洁能源（如天然气）的转型。虽然这本书必然涉及燃料消耗技术和烟雾产生的化学过程等知识，但我最关心的是这些细节是如何进入公众话语的。

本书认为，几十年来的反烟行动——其中很大一部分是由中产阶级女性推动的——对于美国各地制定法规以及各个负责执行新法律的部门至关重要。行动主义还迫使企业，尤其是铁路公司对新的烟雾减排技术进行大量研究。医生们主要通过广泛的流行病学研究调查了煤烟对健康的影响。虽然反烟运动的结果是进步的，但在最初的 30 年里，该运动对美国城市的实际空气质量只产生了有限的影响。即使是那些拥有最完善的污染控制条例的城市，也只是部分地定期执行。在 20 世纪初，煤炭消费对城市的发展至关重要，几乎没有美国人会接受净化空气所必需的严格的规章制度。

换句话说，只要煤炭为经济提供动力，烟雾就会一直存在。真正的救济等待着开发更清洁、更有效的技术——铁路使用柴油机车，家庭使用天然气加热炉，还有电力（通常是在离城市很远的地方用煤发电），以满足各种各样的能源需求。

于是，本书描述了活动人士，甚至是富有的活动人士在迫使资本主义经济考虑烟雾环境负外部性方面的相对无力。

今天重读本书，我一定会问自己：如果我今天开始这项研究，这本书会有什么不同？20 年前，我很少关注煤炭在气候变化中的作用。当然，在进步主义时代，全球变暖不是一个问题，尽管在书中客串出场的斯万特·阿伦尼乌斯（Svante Arrhenius）已经假设燃烧这么多煤炭可能会让地球变暖。也就是说，在这个时代，气候变化的速度如此之快——很大程度上是由世界各地对煤炭和其他化石燃料的消费驱动的——将迫使我们重新审视这一主题，更加强调能源转型，不再使用污染严重的燃料。如果重新开始研究此一主题，我会更加关注政策和行动主义如何迫使能源转型。在过去的 20 年里，人们一直生活在气候变化的环境中，这进一步加深了人们的认识，即煤炭是一种完全有问题的燃料，不仅是在局部范围内，而且在全球范围内都是如此。[①] 总之，气候变化表明，这个故事不可能像本书那样在 1950 年代戛然而止。从那以后，又翻开了很多重要的篇章。

较之此前，我今天讨论这个主题的第二个重要区别是范围问题。当我还是一名年轻的历史学者时，我认为一项全国性的烟雾研究计划是足够野心勃勃的。也许我曾经是对的。然而今天，随着历史学领域越来越允许研究主题超越国界，特别是当这些主题需要这样做的时候，我想我应该把煤烟作为现代城市的一个共性问题来研究。事实上，当我完成关于美国反烟运动

---

① 有关煤炭的有用历史，参见 Barbara Freese, *Coal: A Human History*（Cambridge, MA: Perseus Pub., 2003）。

的研究时，其他学者正在英国和德国讨论这个问题。毫无疑问，今天其他煤炭消费国也值得进一步关注。① 换言之，煤炭作为一种跨国商品，是 20 世纪早期工业发展的驱动力，它要求跨国研究城市居民如何适应烟雾或努力减少烟雾。

当然，在我今天讨论这个主题的方式上，这两个显著的差异——关注气候变化和全球范围的使用是密切相关的。在整个 20 世纪，西欧和北美消耗了大量煤炭，而中国和印度在最近几十年加入了全球煤炭消费大国的行列。就在老牌工业经济体通过能源转型逐步解决煤烟问题之时，亚洲各地蓬勃发展的城市却遭遇了严重的空气污染问题。汽车使用量同时增长，进而产生汽车尾气，这使空气问题变得更加复杂。

尽管今天任何一位研究这一问题的历史学者都会有不同的看法，但我相信这项研究——聚焦于 20 世纪初改善美国城市大气质量的斗争仍然具有指导意义。接下来的正文部分明确了公众需求在推动技术变革方面的重要作用，既直接通过影响企业在研发方面的投资，也间接通过影响技术创新政策的形成。事实上，也许从本书得到的最相关的经验是：政策可以加速能源转型，造福整个社会。

---

① 尤其参见 Peter Thorsheim, *Inventing Pollution：Coal, Smoke, and Culture in Britain since 1800*（Athens, OH：Ohio University Press, 2006）; Frank Uekoetter, *The Age of Smoke：Environmental Policy in Germany and the United States, 1880 - 1970*（Pittsburgh：University of Pittsburgh Press, 2009）。

目　　录

引　言　模糊的视野

1899 年 5 月，纽约《论坛报》（*Tribune*）的一篇社论对最近几次环境灾难的代价表示了哀悼。这篇题为《当牛奶洒出时》（When the Milk Is Spilled）的文章讲述了纽约市内小公园的逐渐破坏、国家森林的鲁莽毁坏以及水路的迅速污染问题。社论写道："曾经，小溪和河流是纯净而甜美的，但人们却把它们当作污水的容器，直到它们变得极其肮脏。"作者悲叹道："如果公园得到保存，遮阴的树木得到保护，森林得到维系，溪流保持纯净，那该多好啊！"[1]

由于城市公园和国家的森林、水道已经受到破坏，《论坛报》预测煤烟会导致下一场巨大的环境灾难。虽然许多其他工业城市，如匹兹堡、芝加哥和辛辛那提，长期以来都经历过浓烟污染，但是在 1890 年代，纽约仍以其纯净的空气而闻名。不过在那十年里，一些企业开始把高污染性的软煤当作动力来源。正如社论所断言的那样，"人们故意、肆意污染（大气），将它变成一个烟雾弥漫、阴暗、窒息的状态，这个状态目前为止已在少数城市出现"。作者担心在为时已晚之前人们仍不能采取行动，就像 19 世纪末发生的其他生态灾难一样。"总有一天，"作者哀叹道，"当恶作剧完成，当我们曾经透明和水晶似的大气转化为芝加哥的臭气、匹兹堡的烟、伦敦的雾，人们就会意识到他们失去了什么。他们将会达成约定，通过决议，制定法律，花费巨额的金钱消灭恶作剧，恢复大气至原先的状态。"[2]

作者极具预见性。照其看来，在接下来的 17 年里，中产阶级的改革者不仅在纽约，而且在数十个工业城市，将意识到他们因烟雾而失去了什么。他们将举行会议，通过决议，颁布法律，并花费大量金钱试图净化他们的空气。然而，这篇社论不仅仅是预言。总的来说，考虑到它对过去和未来环境退化的关注，这篇文章反映了在 1890 年代，越来越多的人认识到有必要采取行动保护美丽、健康和清洁的环境。事实上，这篇社论反映了世纪之交工业城市环境保护主义情绪的增长。[3]

在进步主义时代，也即从 1890 年代到 1910 年代，中产阶级城市居民在很大程度上反思了他们所建造的城市。他们经常从郊区的住宅中看到有严重缺陷的创造物，大多数人都相信适度的改变——拆除贫民窟，改善垃圾收集，控制卖淫，减少烟雾等——可以让他们的城市变得道德和高效。当然，讽刺的是，能够推动中产阶级改革者改善城市环境的社会结构，也能引起许多需要解决的问题，或者使其恶化，而烟雾尤其如此。大多数反烟活动人士都从城市工业秩序和经济增长中获益。烟雾和经济的增长如此紧密地联系在一起，以至于在城市所有阶层的美国人脑海中，烟雾象征着繁荣。在世纪之交的美国，浓重的烟雾——无论是文学上的还是图片上的，经常代表着经济的健康。

包括反烟活动人士在内的进步主义改革者很少对工业秩序提出全面的批评，而工业秩序正是他们希望解决的很多问题的根源。一些改革者的确组织起来反对特定的行业，甚至反对特定的公司。但是，对大多数进步人士来说，改革的目标是维护使他们的社区和他们自己变得如此繁荣和富裕的工业体系。在第一次世界大战前的几十年里，大多数城市改革者并不怀念过去的农耕生活，他们为更好的城市未来而努力。工业和商业建立了一种新的文明，美国人持有的进步信念阻止了人们对退却复古的普遍怀念。[4]

话说回来，改革的关键在于杰出公民有能力为文明提供一个主导性的定义，即文明究竟应该是什么样子。通过控制文明修辞（rhetoric），中产阶级和上层阶级的城市居民可以决定美国城市的哪些方面需要改革，比如卖淫和烟雾，哪些方面不需要改革，比如私有财产和私有利润的神圣性。到了19世纪的最后十年，干净、健康和吸引人的城市环境已经成为维多利亚时代文明生活观念的重要组成部分。接下来的几十年，根源于中产阶级创造一个更加文明社会的理想，环境改革主义在进步主义运动中发挥了重要的作用。[5]

不幸的是，对于那些想要改造城市环境的人来说，文明的概念和现代城市本身一样复杂和矛盾。因为正如污物和污染可以象征不文明一样，烟雾也可以象征工业文明的高度。一幅1896年共和党竞选海报揭示了烟雾与文明之间的密切联系。威廉·麦金利（William McKinley）手持美国国旗站在"国内繁荣，国外声望"的标语前，他的两侧是"商业"（以高大的船桅为代表）和"文明"（以工厂喷出的黑烟为代表）。"文明"（Civilization）这个词不可能离污染很近，除非烟流（smoke stream）自己拼出了这些字母。当然，对于许多镀金时代的城市居民来说，烟雾的确拼出了文明。他们每天都能在天空中清晰地看到它，就像在海报上看到的那样。[6]

　　然而，烟雾不仅仅是一种象征，就像它不只停留在高空一样。随着浓烟笼罩城市，并以黑色、酸性烟尘的形式飘落下来，它给工业城市带来了许多严重的问题。乌云遮蔽了远景和阳光，给城市蒙上了一层阴影，甚至在白天也需要使用人工照明。烟灰比烟雾本身要麻烦得多，它附着在衣服、家具、窗帘和地毯上，使工业城市里里外外都变得污秽不堪。烟灰染黑了建筑物，含有的酸腐蚀了石头和钢铁。商人们抱怨商店货架上的商品卖不出去，家庭主妇们抗议没完没了的清洁工作，医生们警告城市人的肺正被烟雾损害。

　　那么，对于那些想要改善烟雾环境的人来说，问题就来了，即如何在不威胁到进步理念的前提下，利用烟雾令人烦恼的事实，摧毁其作为进步标志的形象。中产阶级城市居民如何能在不抱怨工业秩序的情况下，对烟雾污染和其他工业污染现象提出切实可行的批评？有改革意识的公民能否将烟雾定义为一个问题，同时继续提高导致烟雾的工业生产力？

　　最早的反烟活动人士中许多是中产阶级和上层阶级的妇女，她们浸润在维多利亚时代关于清洁、健康、美学和道德的观念中。她们的环境改革意识来自她们认为的清洁与美丽之间的关系，以及清洁与人类身心健康之间的关联。在尝试治理煤烟污染的过程中，这些妇女和其他受维多利亚时代思想影响的改革者们创造了一种环境哲学，把美丽、健康、清洁、繁荣和安全作为文明的目标。这种哲学观是反烟运动和改善城市环境的其他运动的必要基础。出于关心城市栖息地的目的，许多市民组织起来进行研究、宣传、游说活动，甚至提起诉讼，试图改善他们的环境。早期烟雾减排运动的言论主要聚焦于健康和美丽，显示出这种环境哲学推动反烟运动如此密切地与现代环境保护主义（environmentalism）结合起来。[7]

　　大多数关于环保主义发展的讨论都集中在二战后的富足时代，认为富裕能够允许郊区居民在20世纪末建立一些环境设施。但是，战后时代的财富和环境恶化对美国城市来说都不是新鲜事。对健康、美学和娱乐空间的关注，即推动战后环境运动的那种关注，也推动了几十年前的环境改革者。事实上，19世纪末和20世纪初，城市和郊区的环保主义例子比比皆是，其中很多都取得了成功。尽管一些历史学家对这些努力做出了杰出的研究，但是大多数进步主义时代的调查基本上都忽略了这些努力。[8]战后郊区的繁荣也许可以解释最近环保运动的迅速发展，但仅仅繁荣并不能解释这项运动的真正缘起。在获得一些财富之后，为什么居住在郊区的人会去建立**环境**设施呢？换句话说，战后环保主义者必须发展出能够改善环境的手段和兴趣。这种兴趣源自几十年前发展起来的环保主义哲学，这是19世纪晚期维多利亚时代美国城市中产阶级的价值观。

　　反烟运动的故事不仅使得有关战后环保主义起源的争论复杂化，也使得自然资源保护主义（conservationism）的定义复杂化。一般来说，历史学家把自然资源保护主义定义为一种进步运动，目的是改善国家对重要自然资源的利用，尤其是对水资源和木材的利用。大多数相关的历史书写不外乎涉及美国西部的河流和森林。尽管在多数情况下，历史上的自然资源保护主义仍然几乎完全是一场西部、农村和森林的运动，但是实际上，它所涉及的远不止通过政府对森林和草原的管理来保护西部流域那样狭窄。[9]这是一场基础广泛的运动，旨在有效地管理国家的资源，包括所有公共的和私人的资源。在后来的反烟运动中占主导地位的言论，强调促进效率和通过减少烟雾来节约煤炭，正是自然资源保护主义渗透到进步城市的一个明显例子。事实上，自然资源保护包括在城市中为保护资源、健康和美丽而进行的无数运动。在进步的城市和西部土地上都存在着自然资源保护主义。

接下来是一个关于早期环境运动转型的故事。反烟运动包括三个阶段。早期阶段始于1890年代，深刻地反映了维多利亚时代中产阶级的理想，特别是通过发展美好、道德的环境来创造更高文明的愿望。在这些维多利亚时代理想的影响下，反烟改革者领导了一场净化城市空气的运动。第二阶段始于1910年代，反映了中产阶级对科学、技术、专业知识和经济进步日益增长的信心的影响。在这些进步的理想中，改革者们发起了一场自然资源保护主义运动，通过减少与烟雾有关的浪费来提高效率和发展经济。最后，在1930年代末，经历了多年微不足道的进步后，这一运动又发生了转变，出现了一种新的策略，即致力于净化燃料，而不是改善燃烧。当这个工业国家从对煤炭近乎完全的依赖中脱离出来的时候，这个最后的阶段得以实现。燃料限制政策的实施，反映了煤炭工业的新弱点。① 早期的环境改良主义和自然资源保护主义者的争论都未能消除烟雾。随着煤炭在美国经济中失去影响力，以及它对美国空气污染问题的"贡献"不断下降，几十年来笼罩在工业城市上空的烟云在1940、1950年代消散了。

---

① 由于煤炭不再是许多地方唯一的可用燃料，地方政府可以通过立法限制煤炭的使用。在此之前，由于没有经济上的替代品，限制煤炭的使用是不可能的。——译者注

第一章　煤炭：我们文明的精华

但是从某种意义上说，煤炭是我们文明的精华。如果它能得到保护，如果矿井的寿命能得到延长，如果通过防止浪费，使得在我们这一代人充分利用了这种能源之后，这个国家还能剩下更多的煤炭，那么我们的子孙后代也将得到福祉。

——吉福德·平肖（Gifford Pinchot），《保护的斗争》
（*The Fight for Conservation*），1910 年

文明的——从野蛮的生活和行为中开化；在艺术、学习和文明礼仪方面受过教育；举止优雅的；有教养的。

——《韦伯斯特美国词典》
（*Webster's American Dictionary*），1880 年

1902 年 5 月，14.5 万名无烟煤矿工在宾夕法尼亚东部山区发起罢工运动，东海岸城市的居民立即对这场罢工产生了异乎寻常的兴趣。这场无烟煤地区煤矿工人三年内的第二次罢工运动，导致矿区生产陷入瘫痪。罢工及其影响成为纽约市的头

版新闻，并持续了六个月之久。就在开采活动停止五天之后，
《纽约时报》警告说，"长期罢工可能意味着会发生煤荒"。在
这座城市，无烟煤的价格很快从每吨 5.35 美元增长至 6.35 美
元，此后一路飙升至罢工结束前的 16 美元。许多无烟煤使用
者迅速转向使用烟煤，后者是一种价格较低但污染更严重的替
代能源，是从较远的宾夕法尼亚西部和西弗吉尼亚仍在运营的
煤矿运来的。[1]

  《纽约时报》在无烟煤地区煤矿工人罢工的最初几天警告
即将到来的"煤荒"，选择这个词再恰当不过了。如果没有煤
炭，这座城市就会"挨饿"。到 1902 年，东部和中西部的工
厂长期依赖煤炭发电和供热。一位早期的观察者沉醉地说道：
"煤炭对于工业世界就像太阳对于自然世界一样重要，是光和
热的主要来源，具有无数的好处。"[2] 但是煤炭不仅仅是城市工
厂的燃料，它所做的更多是让城市持续保持运转。铁路、拖船
和轮船使用煤炭，把货物和人员运进或运出城市，就像高架铁
路和渡船使用煤炭，把人员和货物运进或运出城市一样。在摩
天大楼里，煤炭也能驱动电梯运送人员和货物。同样重要的
是，煤火提供的热量使得城市无论是在家里还是在工作中都能
保持温暖。尽管无烟煤罢工开始时正值一年中最热的几个月，
但是纽约人也会为即将到来的缺煤的冬天而担心。在美国并不
是只有纽约人担心冬季煤炭短缺，因为煤炭也已用于为中西
部、大西洋中部和东北部的城市居民提供热量。这种对煤炭的
依赖如此彻底，以至于有人在 1887 年写道："如果燃料供应突
然中断，我们就连能够存活几个星期也是值得怀疑的。北方各
州会受冻，每个州都会挨饿。"[3]

  关于烟雾的故事离不开对煤炭的关注，因为没有人能在

不考虑燃料的前提下首先想到烟雾。而有些城市居民低估了煤炭对他们文明的价值。煤炭遍及美国工业城市的每个部门。每个阶层的居民都看到它、触摸它、购买它，并且吸到它的灰尘。居民们知道什么是好煤，什么是坏煤，什么煤在他们的炉子里燃烧得最好。他们知道煤矿和采矿区的名称，这些煤矿和矿区的标签就是其生产的"黑钻石"。中产阶级的房主大量购买煤炭，并将其储存在地下室中。贫穷的工人按桶购买煤炭，并在他们廉租公寓的炉灶中很节省地用于取暖和做饭。那些极度贫困的人们则在煤渣堆中寻找未燃尽的煤炭，或者在穿过城市街道的铁道上捡拾从颠簸的火车上掉下来的煤块。[4]

正如来自烟雾中的烟灰和来自未燃尽煤炭的烟尘在城市表面混合在一起一样，烟雾减排和煤炭利用的问题也在城市居民的脑海中连接起来。烟雾和煤灰在城市中弥漫，煤炭利用问题也是如此。在几乎所有城市居民都与煤炭存在很大关联的情况下，在19、20世纪之交全国每40名工人中就有1人，也即有近100万人以从事地下挖煤或铲煤入火为生。1910年，平均每天有72.5万人在煤矿中工作，其中大部分在地下。数以千计的其他矿工没有列入美国矿工普查名单，因为他们年龄太小，无法进行官方计算。10岁大的男孩们在矿井口工作，他们在传送带上从煤炭中拣选小石子。1910年，人口普查还报告说有超过10万人依靠照看煤火而谋生。仅在芝加哥，就有3057人以铲煤为生；在纽约，这个数字是7320。在全国，超过75000人在火车上充当锅炉添煤工。此外，数千人在城市里以零售和批发煤炭为生，反过来，他们又雇用了数千人在他们的煤场里劳动。总之，煤炭产业直接雇用了成千上万的各行各业的人，包括挖煤的人、运煤的人、卖煤的人，以及把煤炭铲入火堆的人。[5]

除了那些在煤炭工业中谋生的人之外，许多大公司不止出于获取廉价燃料供应的目的而依赖煤炭。几家铁路公司的大部分收入都依赖煤炭。东部最重要的铁路，包括巴尔的摩至俄亥俄，宾夕法尼亚，切萨皮克至俄亥俄，以及雷丁铁路都运输了大量的燃料。对于一些铁路公司来说，煤炭变得如此重要，以至于它们在宾夕法尼亚和西弗吉尼亚的煤田购买了土地，以确保供应和利润。因此，煤炭工业本身就构成了美国一个重要的经济部门。[6]

当那些致力于烟雾减排的中产阶级改革者在 19 世纪晚期开始他们的运动时，他们很清楚煤炭对城市的重要性，以及空气污染和煤炭市场之间的关系。的确，当地煤炭供应的构成情况在很大程度上决定了城市的相对烟雾程度，并影响了人们对烟雾的看法。美国市场上供应了两种非常不同的煤炭：烟煤（软煤）和无烟煤（硬煤）。[7]它们都是古代植物的碳质残留物，储存着太阳能，在岩石和土壤下以暗黑纹理的形式存在。这两种煤炭在化学成分上有很大的不同，并最终体现在产生烟量方面。烟煤中挥发性物质的比例要高得多，如水、碳氢化合物、硫分和其他"杂质"。所有这些物质都可以在低热量环境下排出，剩下的是煤炭的主体成分——碳。事实上，烟煤中较多的挥发性物质使其成为焦炭的理想原料。烟煤在缺氧受控的条件下加热时，会排出挥发性物质，产生能比煤炭燃烧得更热、更清洁的焦炭。焦炭虽然比未加工的煤炭更贵，但是在重视纯洁度、高温特性的钢铁生产商中找到了现成市场。[8]

基本上可以说，美国所有的硬煤都来自宾夕法尼亚州东部斯克兰顿和威尔克斯－拜尔附近山区的四条大矿脉。无烟煤干净、慢速燃烧的特点使得它在家内用户中很受欢迎，而且它坚硬的外表使它在燃烧前不至于脏得那么难以处理。硬煤也可以长时间燃烧而不需要照管，这意味着居民们可以让炉子、壁炉或火炉里的火彻夜燃烧，第二天发现还是热的。不过，即使是在离无烟煤矿区最近的大城市费城和纽约，硬煤的价格也远远高于更为丰富的烟煤。此外，在圣路易斯等更远的港口，无烟煤每吨的价格可能是附近伊利诺伊煤矿所产烟煤的四倍多。

　　软煤的广泛分布使其相对于无烟煤具有竞争优势。到1900年，20多个州的矿工都挖出了烟煤，这意味着大多数主要城市都能很容易地获得廉价的软煤。然而，烟煤相对不利于在家内使用。它储藏起来很脏，而且燃烧时烟雾弥漫，气味难闻。烟煤燃烧的火焰需要更密切的关注，因为它们留下了更多的烟灰和坚硬的、未燃烧的铁质残余物以及其他一些被称为熟料的杂质。使用者需要具备相当多的专业知识，才能准备可以整夜燃烧而不需要进一步照管的烟煤炉火。尽管如此，作为一种家内燃料，1870年后烟煤的全国销量还是远远超过了无烟煤。凭借可获性和低成本，软煤成为阿巴拉契亚山脉西部大部分工业的首选燃料，同时，作为煤炭主要消耗者的铁路也因为木材变得昂贵而转向烟煤燃料。无烟煤的相对稀缺性，使得美国持续的工业化将主要由肮脏的烟煤推动。[9]

　　除了在软煤和硬煤之间进行选择外，消费者还可以就各种燃料的大小进行选择，每一种都有一定的优点和缺点。当然，每一种的价格也不一样。消费者可以购买大块煤、团状煤或小一点的炉煤，以及鸡蛋、栗子、豌豆和荞麦大小的煤。燃烧煤炭的炉子或火炉的类型在很大程度上决定了消费者购买煤炭的大小，因为即使豌豆状煤的成本比块煤低，但是如果它从炉子的格栅中掉下来，对购买者也没有什么好处。当然，煤炭的大小不一定决定其质量的高低。有些煤矿可以生产多达 15 种不同大小的煤炭，都在矿井口进行加工和分选。消费者还知道哪些煤矿能够生产燃烧温度最高、时间最长的最高质量的煤炭。例如，圣路易斯的消费者知道大泥煤（Big Muddy coal）是伊利诺伊州能提供的最好的煤炭，他们为此支付了更高的价格。相似的，工业部门知道康内尔斯维尔（Connellsville）焦炭是市场上所有产品中最好的。这种声誉有助于宾夕法尼亚燃料在全国各地进行销售，尽管它的价格相对较高。[10]

10 　　由于煤炭和焦炭的运输成本都很高，需要消耗大量能源的行业往往选择建于煤矿附近。最重要的煤田覆盖了宾夕法尼亚州西部、西弗吉尼亚州、俄亥俄州东部和肯塔基州东部的大部分地区，为匹兹堡、克利夫兰、辛辛那提和许多其他较小的工业城市提供廉价的烟煤。另一个重要的煤田从伊利诺伊州中部一直延伸到印第安纳州西部和肯塔基州西部，为附近的芝加哥、圣路易斯、路易斯维尔和印第安纳波利斯提供烟煤。到 1900 年，亚拉巴马州北部和田纳西州中部一块重要的煤田帮助伯明翰成为一个繁荣的钢铁城市，并刺激了田纳西工业在查塔努加（Chattanooga）、纳什维尔和孟菲斯地区的发展。然而，并非所有的煤炭都能进入当地，甚至是区域市场。例如，宾夕法尼亚州的无烟煤进入了全国市场，向东北到达波士顿，向南到达巴尔的摩，向西到达芝加哥。事实上，无烟煤和烟煤的输出使宾夕法尼亚州成为美国最大的煤炭生产者。1910 年，宾夕法尼亚州开采了全国 47% 的煤炭，其中近 2/3 是烟煤。[11]

　　尽管煤炭贸易通过铁路、轮船和驳船等方式在全国范围内运输燃料，但是煤炭运输的高成本还是确保了靠近大煤田的工业城市获得了更好的发展机会。[12]由于廉价的煤炭吸引了高能耗的工业，这些城市中许多都成为燃料密集型城市。例如，匹兹堡位于世界上能源最丰富的地区之一，1910 年消耗了 1560 万吨煤，相当于每人 29 吨以上。那一年，匹兹堡消耗的煤炭几乎和纽约一样多，而纽约的人口接近匹兹堡的十倍。矿井口的廉价煤炭满足了当地的高需求，而靠近烟煤田的城市的高能源使用量，加剧了城市的烟雾问题。[13]

　　在中西部地区，当地烟煤和外来无烟煤之间的成本差异确保了即使是非常脏的燃料也会取得成功。例如，圣路易斯煤炭市场提供了各种各样的煤炭：宾夕法尼亚的无烟煤，西弗吉尼亚的高质量波卡洪塔斯（Pocahontas）烟煤，伊利诺伊的大泥烟煤和密西西比河对岸多烟的、低品位的橄榄山煤。尽管波卡洪塔斯的煤炭燃烧效率很高，而且几乎不产生烟，但在锅炉房使用它的成本却是上述煤炭的两倍多。对于一个每周消耗数百吨煤炭的工厂来说，即使是两种煤炭之间微小的价格差异，也可能意味着相当大的损失。对于每周要消耗数千吨煤炭的铁路公司而言，找到最便宜的煤炭可能意味着利润和亏损之别。因此，在圣路易斯和其他中西部城市，当地肮脏的煤炭所排放出的烟雾污染了空气，尽管可以获得更清洁的替代品。[14]

　　虽然相对干净的煤炭替代品进入了工业城市的市场，但是许多中西部城市直到 20 世纪还没有重要的非煤替代品（non-coal alternatives）。随着 19 世纪石油在宾夕法尼亚和俄亥俄被发现，各种各样的石油产品开始对美国的燃料市场做出重要贡献。但在 1910 年，按照 BTU① 单位计算，石油仅占美国能源消耗的 6.1%。第一次世界大战前，煤油用于照明，汽油供应于汽车，燃料油供应于一些铁路和工业。汽油和煤油都无法与煤炭竞争，燃料油也仅在西部油田附近地区成为重要的能源，特别是在加利福尼亚和得克萨斯，那里与煤田的距离使得利用液态燃料更为经济。直到第一次世界大战后，燃料油才开始在更大的东部和中西部燃料市场上与煤炭展开真正的竞争。[15]

天然气最终也参与到与煤炭的竞争之中，但进入 1920 年代，船舶运输和储存问题极大地限制了这种清洁燃料的使用。1883 年，宾夕法尼亚莫里斯维尔（Murrysville）地区发现一个大型天然气储存地，曾导致其在匹兹堡的利用得到短暂扩大。不过，很大程度上，天然气在第一次世界大战之前只扮演了一个小角色，它在 1910 年只占能源市场 3.3% 的份额。这么小的比例使得天然气与水力发电同列，后者对城市能源市场的影响也非常有限。[16]

可能非煤替代能源的局限性正显示在木材燃料的持续重要性上。1910 年，木材燃料是美国第二大能源来源（按 BTU 单位计算），占能源市场的 10.7%。木材曾是家庭、工厂、铸造厂和铁路的重要能源。到 1910 年代，木材已主要成为农村燃料，仍然为大城市以外的家庭提供热能和烹饪燃料。然而，在很大程度上，相对较高的价格阻止了木材在城市地区与煤炭的竞争。随着美国持续的城市化，木材燃料继续失去其相对重要

---

① 英国热量单位（British Thermal Unit）。1BTU 就是在每平方英寸 14.696 磅的大气压下，将 1 磅纯水从 59 华氏度升温至 60 华氏度所需的热量，约等于 251.9958 卡路里。——译者注

性。到 1940 年，其仅占能源市场的 5% 多一点。[17]

虽然在 19 世纪末和 20 世纪美国城市地区的煤炭消耗量激增，但是煤炭的使用却早于内战后的快速工业化。早在 1830 年，匹兹堡就开始依靠煤炭来满足家内和工业需要。到 1840 年代，无烟煤进入了费城、纽约和其他工业城镇的市场，推动了制造业的迅速扩张。因为新的煤炭供应为城市提供了廉价的燃料，能源密集型工业如钢铁制造业开始远离原来的能源供应者——森林地区，迁入城市。正如历史学家阿尔弗雷德·钱德勒（Alfred Chandler）所言，煤炭，尤其是进入东部市场的无烟煤，为钢铁制造企业提供了一种更高质量的燃料，从而推动了美国的工业革命。虽然木材和水力在早期美国工业的发展中扮演了重要的角色，但是伟大工业城市的诞生需要等到更丰富、更灵活的燃料出现后才成为可能。从本质上说，美国城市制造业的增长曾经受到燃料供应的限制。随着煤炭不仅在重工业领域，而且在经济的各个领域逐渐取代木材，其促进了工业化和城市化进程。新的煤炭能源供应，消除了城市扩张最严重的障碍之一。正如著名工程师威廉·戈斯（William Goss）在谈到工业城市芝加哥时说的那样："煤炭不仅在这里或那里燃烧，它在城市里的每一个地方燃烧。城市的存在是以燃料的消耗为基础的。"[18]

虽然煤炭为内战之前城市的新兴产业提供了关键的能源，但是煤炭消费量的快速增长却是在内战之后才出现的。在历史学家常说的煤炭时代，美国的煤炭消费量从 1860 年的 2000 万吨增加到 1918 年高峰时的 6.5 亿吨。换句话说，在 60 年里增长了 32 倍多。消费增长如此之快，以至于 1908 年美国地质调查局宣布之前十年的消费已经超过了前一个世纪。虽然其他燃料，特别是石油和天然气的使用，在这几十年里也迅速增长，但是

12

在 1910 年代，煤炭供应了全国 75% 以上的能源。[19]

同样重要的是，无烟煤的供应跟不上烟煤的生产速度。因此，相对少烟的无烟煤在 1860 年占煤炭消耗量的 54%，到了 1918 年就只占煤炭消耗量的 17% 了。很明显，无烟煤有限的供应及其集中于宾夕法尼亚东部的地理分布特点，使得中西部和南部的工业化将由其他能源来推动。到 20 世纪初，就连东部市场也严重依赖于阿巴拉契亚地区肮脏的烟煤。1906 年的《医疗记录》（*Medical Record*）写道："东部的大城市一个接一个地被黑烟怪兽吞噬"，"就连整洁的费城也变得脏兮兮的。"早在 1899 年，波士顿人就公开反对软煤的引进和随之而来的烟雾。在第一13 次世界大战之前的几十年中，随着美国工业城市消耗了越来越多的煤炭，他们也消耗了越来越多最多烟的煤种。[20]（见表 1 - 1）

表 1 - 1   "煤王"的生产：表观消费量[①]

单位：吨

年份	烟煤	无烟煤
1870	20817000	19822000
1880	51036000	28210000
1890	110785000	45614000
1900	207275000	55515000
1910	406633000	81110000
1920	508595000	85786000

注：四舍五入至净千吨。

资料来源：Sam H. Schurr，Bruce C. Netschert，*Energy in the American Economy*，*1850 - 1975*（Baltimore：Johns Hopkins Press，1960），pp. 508 - 509。

① "煤王"（King Coal）是煤炭作为主要燃料时的昵称。美国人给某些商品贴上"王"的标签并不少见，比如如"棉王"。表观消费量系指产量加进口量再减去出口量，未考虑库存量的变化情况。——译者注

美国煤炭消费量的增长非比寻常，其煤炭产量与世界其他地区相比同样令人印象深刻。1913 年，地质调查局估计全世界的煤炭产量不足 14.5 亿吨。其中，美国贡献了 5.7 亿吨（约占 40%），英国以 3.2 亿吨（约占 22%）的产量位居第二。而在 15 年前，英国还超过美国。也许没有其他的统计数据，甚至包括那些关于钢铁生产的数据，能如此戏剧性地揭示美国在世界经济中的领导地位。正如一位作者在 1897 年（当时英国的煤炭产量仍高于美国）指出的那样，"最文明的国家在未来也离不开煤炭，一个国家的文明程度几乎可以用它所消耗的燃料数量来衡量"。[21]

煤炭对美国工业化的影响引起了人们相当多的评论。各阶层的城市居民都很清楚这种黑色燃料的重要性，那些依赖煤炭的城市的当地商人和政界人士赞美他们靠近能够满足市场和工厂需求的煤矿。即使是在对烟雾的谩骂中，亨利·奥伯迈耶（Henry Obermeyer）也于 1933 年向"煤王"致敬，指出煤炭是美国财富的基础。"在美国，几乎所有现代建筑物的总和不过是一座煤炭纪念碑而已。"他宣布，并哀叹缺乏污染性较少的替代能源。[22]许多热心的煤炭支持者指出，煤炭不仅与世界各地的工业化有着特殊的关系，而且伴随着一个新时代的发展。史密森尼博物馆（Smithsonian Museum）的矿物技术策展人切斯特·吉尔伯特（Chester Gilbert）总结了煤炭在美国社会中的作用："简而言之，煤炭是文明的物质发展所围绕的核心。"根据吉尔伯特的说法，煤炭具有根本性意义。现代文明起源于"有组织地使用机械能"，而在19、20 世纪之交，煤炭提供了这种能源。另一位评论员、

14

肖托夸运动①的讲师查尔斯·巴纳德（Charles Barnard）总结道："可以说，我们整个文明现在都依赖于蒸汽动力，国家的舒适和安全取决于我们山峦中的煤炭储量。"著名的环保主义者吉福德·平肖在游说提高煤炭开采和燃烧效率的同时，也推崇煤炭的作用。虽然美国的煤炭供应量很大，但是平肖却强调这是有限的。更重要的是，用平肖的话说，"在某种意义上，煤炭是我们文明的精华"。像大多数美国人一样，平肖很难想象没有煤炭的未来。[23]

至少有一位观察家罗伯特·布鲁埃（Robert Bruere）认为煤炭不仅是美国文明的中心，也是未来世界文明的中心。1922年，布鲁埃写道："随着煤炭和煤炭驱动的机械的出现，地球和它的丰裕由此被打开了，并服务于人类。"美国人利用煤炭创造了世界历史上前所未有的财富盈余。从乐观的基督教观点来看，布鲁埃看到了地球上光辉的潜力："不仅有可能给每个人带来美好的生活，也有可能给所有人带来高尚、有序的文明。"他认为，煤炭象征着"一个世界文明的机会"，在那里，消除稀缺将会给世界各国之间带来和平与合作。[24]

对煤炭的心理依赖及其在经济上的重要性，为那些希望减轻煤炭使用过程中最麻烦的一面——烟雾——的人造成了很大

---

① 肖托夸运动（Chautauqua）是 19 世纪后半期美国兴起的以成人教育和函授教育为主的教育运动，由新泽西州基督教卫理公会牧师文森特等创办的主日学校教师集训会演变而成。1874 年，在纽约州肖托夸湖边主办集会，容纳各教派参加，其活动远超出对《圣经》的研究。1879年，哈珀建立了一所语言学校，并在夏季集会。后应学员请求开办函授学校。不久形成运动，并迅速扩展到全国许多地区，1924 年达到顶点。1930 年后渐趋衰落，但其后仍在肖托夸湖边开展吸引许多成人参加的活动。——译者注

障碍。由于大多数煤炭在燃烧时产生烟雾，许多美国人开始将烟雾看作煤炭消费的必要组成部分。因此，整个 19 世纪，美国人都把烟与煤带来的所有积极变化联系在一起：生产、繁荣和进步。对于许多依赖肮脏的软煤的城市居民来说，烟流就像文明的旗帜一样，从工厂烟囱、机车和蒸汽船上升起。在一个经济繁荣与萧条并存的时代，工人们常常把闲置的烟囱看作邪恶的征兆，因为这表明没有工作。一些城市中狂热的支持者甚至声称烟雾有助于吸引工人和企业到他们的城市。伯明翰《时代先驱报》（*Age-Herald*）在 1913 年援引一名亚拉巴马州工人的话说："我于 1886 年来到伯明翰，因为这里有烟雾。"他坚信经历了 1890 年代的萧条之后，"从大工厂冒出来的烟雾，给伯明翰的每个人都带来了鼓舞和乐观"。如果有些工人看到烟雾会兴奋不已，那么另外一些人会简单地把它当作城市生活的一部分。"大多数人都是工薪阶层，他们不反对烟雾，因为他们不得不忍受烟雾来维持生计。"伯明翰另一名工人说。当然，伯明翰周围钢铁厂的工人并不是唯一接受城市烟雾的美国人。[25]

并不只有工人们对烟雾持欣赏态度。在芝加哥，煤炭交易商威廉·伦德（William P. Rend）宣称烟雾对城市有利。"煤炭的创造者知道会有烟雾，"伦德说道，"也知道烟雾对世界是一件好事。"伦德对煤炭持有异常的热情，认为一个商人不需要立即对煤炭市场感兴趣，就能在烟雾中找到一些荣耀。在 1914 年出版的小说《骚动》（*The Turmoil*）中，布斯·塔金顿（Booth Tarkington）很好地对烟雾积极形象背后蕴藏的哲学进行了总结。"很好！很好！"小说中的富商谢里登（Sheridan）大声说道。"好的、干净的烟灰是我生命的血液，上帝保佑它！"他取笑那

15

些希望他能帮助减轻城市烟雾的妇女们。"烟雾是让你们的丈夫在周六晚上能够带钱回家的东西……回家问问你们的丈夫,烟雾给他们的工资单带来了什么——下回你们会过来让我排放更多的烟雾,而不是堵住它们!"像虚构的谢里登一样,依赖煤炭的城市中的工人、管理者和财产所有者——尤其是那些依赖烟煤的城市,包括芝加哥、匹兹堡、圣路易斯、辛辛那提和伯明翰——对他们烟雾缭绕的生活即使没有愉悦感,也能欣然接受,直到进入 20 世纪。[26]

在这方面,世纪之交的人们对烟雾的态度与其他形式的污染有很大的不同。威廉·巴尔(William Barr)是克利夫兰的一名工程师,也是烟雾问题的研究人员,他在 1882 年评论道:"有些事情是必须忍受的,因为它们无法治愈。我毫不怀疑,许多人把烟雾视为一种必要的邪恶;另一些人则以此为傲,他们把烟雾想象成当地活力和企业的标志。"因此,那些对控制烟雾感兴趣的人的第一个任务就是改变公众对烟雾的看法,让城市居民相信他们生活中的烟雾既不是必要的,也不是进步的标志。第二个任务将是使一个严重依赖于煤炭的社会相信对烟雾的攻击不是对煤炭的攻击,减少烟雾不需要放弃曾经推动创造美国工业文明的能源。[27]

16　　　进步的城市居民,甚至是那些最积极参与禁烟运动的人,也不太可能放弃工业、城市生活或者为他们提供食物的煤炭。他们设想的完美文明应该是繁荣的城市、充裕的富余、一定的道德、美丽和健康的集合物。不幸的是,在 19 世纪晚期,带来繁荣和盈余的工业秩序同样损害了道德秩序,并使美丽和健康妥协。笼罩着国内许多著名城市的浓烟反映了进步与丑陋之间的联系,象征着新兴工业城市的不健康和不洁净。当时,反烟活动人士的主要目标是让依赖煤炭的美国人相信烟雾是不文明的、不进步的，与许多人所认为的完全相反。这不是一项容易的任务。

在 1902 年长时间的煤炭罢工期间，这项任务的难度在纽约变得明显起来。面对无烟煤的短缺，纽约人前所未有地转向了软煤。烟煤消费的急剧增加同样导致了烟雾的急剧增多，城市卫生委员会被投诉所淹没。纽约人不习惯城市里开始弥漫着的浓烟。到 6 月中旬，《纽约时报》宣布烟雾问题已构成危机。纽约《论坛报》上刊发了一篇标题为《城市上空的乌云》的文章，不仅显示了这座大都市的现实状况，也显示了市民的心理状况。[28]

在不到一个月的时间里，无烟煤罢工对纽约的环境造成了严重的破坏。气象局声称纽约的空气从未如此浑浊，而且浓烟开始引起各种各样的问题。巴拿马草帽（Panama hats）的销量直线下降，因为想买帽子的人注意到在纽约最近煤烟弥漫的环境下，这种轻型草帽很容易被弄脏。一家洗衣店报告说，由于衣服被迅速弄脏，生意增加了三分之一。医生和外行人表达了烟对眼睛、肺部以及对人整个身体健康影响的担忧。到 6 月 13 日，烟雾造成的低能见度威胁着纽约港的航运，"渡船、拖船、汽船——每一种船——都从烟囱里喷出烟灰"，《纽约时报》报道称，水面上覆着"一堆黑烟"。[29]6 月 14 日，一个当地肉贩联盟抱怨曼哈顿高架铁路的浓烟。联合切肉机公司（Amalgamated Meat Cutters）主席威廉·沃尔曼（William Wollman）说："滚滚浓烟不仅会损害肉的外观，还会对肉的味道造成明显的影响，当然不会是朝着好的方向。"R. C. 托马逊（R. C. Thomson）从美国烟雾弥漫最严重的城市——匹兹

17　　堡来到纽约，坐在咖啡馆里，看着烟灰落在白布上、黄油上和他的奶油上。"我知道你不喜欢，"他对一名记者说，"但你最好还是习惯它，倒奶油的时候闭上眼睛。"[30]

　　无论如何，纽约人都不会对这场烟雾危机视而不见。长期以来，居民们都对空气的纯净感到无比自豪。许多纽约人在烟雾中看到这座城市的美丽、市民的健康以及将两者结合在一起的文明的道德受到了威胁。纽约市有一项长期且严格执行的反烟法令。虽然它只禁止在软煤的燃烧过程中产生浓烟，但是在实践中其执行完全阻止了大多数煤炭用户燃烧软煤。受现有技术的限制，纽约人发现在不产生浓厚黑烟的情况下，几乎不可能燃烧软煤。罢工开始后，这座城市仍然严重依赖于价格稍高但燃烧更清洁的无烟煤。但是，由于无烟煤的价格在罢工期间急剧上涨，旅馆、办公楼、公寓、工厂和拖船的老板，以及通勤铁路、泵站和发电站的管理者，都冒着被捕的危险，转而使用软煤。[31]

　　在来自全市各地的行动号召之下，逮捕活动迅速开展起来。就在罢工开始的五天后，"青石切割"（Blue Stone Cutters）组织的一名代表在一次中央联邦工会会议上提交了一份决议，呼吁该市"执行软煤条例，以保护公众健康，并唤起公众对经营者的不满"。这位代表进一步表示，"如果在这里普遍使用软煤，就会增加死亡率，破坏我们美丽的城市"。尽管是受到团结的工会的刺激，但中央联邦工会的决议呼应了那些认为烟雾会威胁健康并破坏城市美观的中产阶级的观点。居民们担心纽约会加入美国污染最严重城市的行列，并失去其作为一个宜居大都市的声誉。安德鲁·卡内基（Andrew Carnegie）在他位于第五大道的豪宅外接受记者采访时说："如果纽约允许烟煤在这里立足，那么这座城市将失去她在世界大城市中最重要的荣誉之一——她那纯净的空气。"[32]

为了避免这样的命运，在罢工开始两周后，纽约健康委员会委员欧内斯特·莱德勒（Ernest Lederle）就开始对那些烟雾违规行为发起逮捕活动。仅仅两周后，卫生部门就发起了150起针对软煤用户的投诉，警方还逮捕了25名违规者。那些被逮捕的人如果被判有罪，将面临50~250美元的罚款。到6月底，法庭开始清理烟雾案件。在判决河滨冷库公司（the Riverside Cold Storage Company）被处以50美元罚款时，一位城市法官说，"我们街道的情况很糟糕。由于烟雾的滋扰，烟灰沾染在家具、书籍和其他家居用品上，带来损害，并使物品变色，这种情况正迅速变得无法忍受"。被告们只能说他们找不到，也买不起无烟煤。检察官唯一需要做的是发现一个愿意宣布他有无烟煤，并以公平价格出售的煤炭零售商，从而为这些案件作证。[33]

城市官员怀疑许多人转而使用软煤并不是因为无烟煤的真正短缺，而是因为他们可以以罢工为借口，购买价格较低的烟煤，节省燃料费用。然而，对于大多数消费者来说，无烟煤的短缺确实已经很严重了。罢工一开始，控制无烟煤煤矿的铁路公司就停止向煤炭交易商发货，目的是为自己的机车节省煤炭，或者等待涨价。零售商也坐拥无烟煤，等待价格飙升。每一个关于罢工解决方案即将出台的新传言都会给市场带来更多煤炭，因为零售商希望以最高价格出售煤炭。对罢工持续性的每一次新的认识，都迫使纽约最大的消费者——铁路公司在更远更广的范围内寻找清洁燃煤的新来源。截至7月25日，无烟煤的价格为每吨8美元；一个月后，达到了9.5美元。到

18

9 月底，无烟煤的价格达到每吨 16 美元，是罢工前价格的三倍多。一些居民将木材作为家里生火的替代燃料；一些企业转而使用相对清洁的、产自威尔士和苏格兰的英国煤炭，以此作为权宜之计。[34]

当罢工进入第 6 个月时，《国家》（*The Nation*）宣布矿业利益集团已使得东部陷于包围。"季节性的游行还没有结束。冬天来了，我们东部的人们正在准备实行这些经济措施，并面对第一批移民所遭受的苦难。这意味着文明的倒退。"由于罢工持续，城市急需燃料，学校没能开学，医院也在努力保持温暖。《国家》评论道，这场持续的罢工使整个城市都被摧毁了。10 月中旬，纽约市市长暂停了烟雾条例的实施，因为无烟煤的稀缺使得燃烧烟煤成为一种必要。纽约人和纽约的空气终于屈服于罢工。[35]

许多纽约人哀叹失去了纯净的空气，并诅咒着具有污染性的煤烟。但是，究竟能做些什么呢？这个城市需要燃料。如果这个城市找不到干净的燃料，那么它就必须燃烧肮脏的煤炭，除此别无选择。没有人有能力清洁天空，工业城市所依赖的复杂系统不受任何单个群体的控制。发生在 100 英里外宾夕法尼亚山区一个系统的故障，对纽约的居民造成了真实而直接的后果。越来越多的烟雾表明，城市居民越来越无力控制他们的环境。纽约找不到解决烟雾问题的办法，它加入了美国和欧洲其他工业城市的行列，它们都为了追求繁荣而牺牲了纯净的空气。在联邦政府介入帮助解决罢工问题和无烟煤重返市场之前，这座城市将一直笼罩在黑色的覆盖物之下。[36]

最终，纽约人发现，他们曾经之所以能拥有纯净的空气，与其说是因为足够的法律和执法，还不如说是因为这座城市毗邻宾夕法尼亚丰富的无烟煤储备。由于缺乏无烟煤，法律和市政府管理城市环境的能力都成了笑柄。烟雾也充分证明了燃料类型在决定空气质量中的中心地位。正如历史学家彼得·布林布尔科姆（Peter Brimblecombe）在有关中世纪欧洲的著作中所指出的那样，"空气污染的历史几乎就是燃料的历史"。尽管如此，一些纽约人仍对重新获得纯净的空气抱有希望，即使继续使用软煤。在该市努力降低烟煤消费之际，官员们经常宣布软煤可以在不冒烟的前提下燃烧，这借用了沥青煤主导燃料市场的城市反烟雾者的语调。报纸引用"有能力的工程师"的话，试图教读者使用软煤而不产生有害的烟雾。文章指出，如果对火焰的正确处理不能完全防止烟雾的产生，一些"装置"可以"消除"剩余的烟雾。[37]曼哈顿的许多居民也在游说，希望能针对高架铁路的烟雾问题制定一个长期的解决方案：电气化。尽管在罢工之前，高架铁路就已经开始电气化了，但是高架机车所产生的烟雾，特别是其对于邻近的高层住宅和办公室引起的攻击，强化了公众对于快速发展清洁电力的支持。[38]

大多数纽约人继续表现出对科技改善生活能力的信心，尽管他们明白许多技术进步虽然大大丰富了他们的生活，但也损害了他们的环境。工业扩张提高了人们的收入和生活水平，扩大了中产阶级，但也污染了城市的空气和水道。现代的交通系统推动城市扩张，却也给街道增加了相当多的烟雾和噪音，以及一定程度的危险。大多数进步的改革者相信，只有进一步的科技进步才能解决使用技术过程中产生的环境问题。或者，用那个时代的术语来说，唯一能"解决文明罪恶的方法，就是更加地文明"。[39]

1902 年秋末，随着无烟煤价格下跌和软煤消费量减少，

20

罢工的停止逐渐结束了烟雾危机。但是纽约严重的烟雾问题只是变成了慢性问题，因为许多煤炭消费大户继续使用软煤，并从使用廉价燃料中获得经济上的意外收获。尽管纽约的烟雾问题从未像中西部工业中心那样严重，但是其市民对"烟雾恶魔"的反应与内陆城市相似。积极分子创建反烟组织，赞助科学研究，支持禁烟立法，并游说政府强化寻求文明空气的运动。[40]纽约人加入了芝加哥人、辛辛那提人、匹兹堡人以及其他一些人的行列，赞扬他们良好的经济状况，诅咒他们环境的不良状况，并对创造了这两者的半建成文明（half-built civilization）进行改革。如果一个更高文明的愿景被遮蔽，那么城市的浓烟就应该受到相当大的谴责。

第二章 地狱是一个城市：
生活在烟雾中

地狱是一个很像伦敦的城市——

一个人口众多、烟雾弥漫的城市；

这里有各种各样被毁掉的人，

却极少或没有快乐的事情；

公正不多，怜悯更是少见。

——波西·比希·雪莱（Percy Bysshe Shelley），

《彼得·贝尔三世》（"Peter Bell the Third"）（1819）

烟雾——从燃烧的物质中，尤指从燃烧的有机物质（如木材、煤炭、泥炭或类似物）中排出或逃逸的可见排放物、蒸汽或物质。

——《韦伯斯特字典》，1895

随着美国在内战后的几十年里迅速发展成为世界上最大的经济体，美国的煤炭推动创造了一种新的文明。到 20 世纪初，美国的煤炭和钢铁产量都超过了英国。内陆工业城市，如芝加哥、匹兹堡、克利夫兰和圣路易斯，经历了人口、生产和消费的显著增长。这些城市和其他城市都进入了繁荣发展的新时代。但是，尽管美国创造了前所未有的产品和利润，美国城市的许多方面却显示出混乱的迹象，工业社会的矛盾在城市里暴露无遗。这个国家的城市经济蓬勃发展，但是贫穷却大量存在。新的繁荣给城市生活带来了摩天大楼、电力、改善了的交通运输系统以及其他无数的进步，但是与此同时，贫民窟却滋生了疾病和不满，城市环境在人口快速增长和污染性工业的重压下遭受重创。尽管美国在生产和商业方面已接近世界领先地位，但是美国城市仍在努力收集垃圾、清除污水、供应饮用水和保护清洁的空气。在这个世界上最富有的国家里，城市看起来贫穷而混乱。[1]

22   烟雾象征着城市的矛盾。对许多城市居民来说，烟雾意味着进步和就业。与此同时，烟雾很脏且令人感到压抑。对许多游客来说，烟雾是工业城市景象的中心，显而易见地主宰着天空和大气。1919 年，美国作家瓦尔多·弗兰克（Waldo Frank）在谈到芝加哥时写道："天空被污染了。空气中遍布一道道油烟，像脏黑色的暴风雪覆盖着草原，一直不停……烟囱矗立在世界的上空，喷出黑漆漆的东西。现在，这里已经没有天空了。"这里，在包含碳和硫的、浓厚而移动着的云层中，飘浮着与进步、城市生活和新文明明显矛盾的证据。尽管黑烟遮蔽了现在，就像城市居民的眼睛因刺痛而眯着，但是黑烟也可能遮蔽了未来。这种肮脏的文明会发展到什么地步呢？[2]

    当然，烟雾绝不可能仅仅是城市工业化固有矛盾的象征，它太真实，太明显了。就像一位雄辩的密尔沃基人在 1888 年写的那样："烟雾渗入我们的房子，污染了空气，玷污了一切，没有带来任何好处……我的衣服被烟雾弄脏了。我吞下了它。它充满了我的眼睛，阻塞了我的支气管。它挡在我和太阳之间，我看到我的同胞们一天天地受苦。"当然，这不是小的麻烦事。然而，在美国城市中那些令人窒息、阴云密布的日子里，一场即将来临的暴风雨却从未到来。[3]

　　19世纪末的纽约《论坛报》或许发出了针对烟雾问题最持久、最清晰的反对声音。在纽约市相对干净的空气中，燃烧软煤排放的黑烟似乎是一个肮脏的入侵者。一位编辑认为允许烟囱排放黑烟是"最黑暗的丑行"。1898年冬，一篇题为《黑暗的末日》的社论继续了该报反对城市里浓烟增加的运动。它讲述了在一个清爽晴朗的冬日清晨，在"灿烂蔚蓝"的天空下，在充满活力的"纯净和令人兴奋的空气"里散步的故事。但是，这种享受被打断了。"有一片长长的黑云，在风中不停地向东飘去，就像一条黑暗的河流，流过这座城市。它一小时又一小时地流着，没有断裂。"滚滚的浓烟持续着，"这不仅违反了自然的规律，也违反了人类的法律"，为未来的岁月埋下了不祥之兆。第二年春天，编辑哀叹道："空气一天比一天黑，一天比一天脏，一天比一天闷。"作者明确了他对纽约到底发生了什么事情的理解："在这个城市里，大自然所做的比世界上其他大多数大城市都多，而人们却故意用黑暗玷污大地、空气和天空。"[4]

　　相比烟雾在纽约被看作一个不受欢迎的入侵者，在许多城市，烟雾则被看作一个成熟的、土生土长的本地公民。其中一些城市产生的烟雾量令人震惊。由于研究人员几乎无法测量烟雾本身的数量，许多人转而研究烟灰，将其作为一种反映烟雾浓密度的指标。1912年，作为匹兹堡烟雾问题的一项大型研究的一部分，梅隆研究所（Mellon Institute）测量了匹兹堡不同地区的烟灰沉降情况。该研究得出的结论认为，一些地区每年每平方英里沉降量约为 2000 吨。1912 年，总共有 42683 吨烟灰笼罩着这座城市。在匹兹堡烟尘减排联盟（Smoke and Dust Abatement League）组织的一场展览中，梅隆研究所展示了一个表示匹兹堡烟灰排放总量的、有着类似方尖碑形状的华盛顿纪念碑的复制品。在这个非常生动的展示中，黑色的烟灰塔使得白色的那座黯然失色。[5]

对烟灰沉降情况的研究还证实，并不是所有城市居民在烟云下都遭受着同样的痛苦。在辛辛那提，研究人员发现，烟灰沉降最严重的地方是中央商务区。1916 年，估计每平方英里为 217 吨。与此同时，在辛辛那提附近地势较高的郊区，烟灰沉降量每平方英里不超过 20 吨。位于闹市区附近的贫民窟和工业附近工人阶级社区的居民受到烟雾的危害最大。但是，当烟雾和烟灰在靠近火车站、轮船码头和工厂的城市中心最为严重时，那些抱怨最多的人却往往住在烟雾之外，正在从不远的地方看着云层。在辛辛那提克利夫顿社区的一处中产阶级居民区，烟灰沉降仅相当于市中心商业区的一小部分。那里的居民在家里可能会觉得烟雾所带来的影响不大，但是他们对城市烟雾问题的严重性仍有很好的了解。从浓烟密布地区以外的角度来看，问题的严重性是显而易见的。中产阶级城市居民常常站在郊区的高地上，透过烟雾凝视着他们具有创造性的作品，并渴望表达更大的自豪感。[6]

一些历史学家从最近的空气污染问题中吸取了教训，他们注意到烟雾在经常出现逆温的地区变成了令人讨厌的东西。当涌入的暖空气将下面较冷的空气困住时，就会出现逆温现象。这种现象在丘陵地区尤其常见，而且持续存在，因为在这些地

区，冷空气可能被困在山谷中，比如匹兹堡或辛辛那提。逆温
所产生的"天花板"（ceiling）可以阻止温暖烟雾的上升过程。
在这种情况下，烟雾会在城市中形成，产生浓厚的覆盖物。在　24
匹兹堡一次类似的逆温过程中，一名游客从附近的一座山上往
下看时，形容这座城市是"被揭开盖子的地狱"。当时，他透
过一层厚重的、不断移动的烟雾观看匹兹堡，发现除了包围这
座城镇的焦炉的火焰外，一切都被烟雾藏了起来。然而，尽管
天气确实对烟雾的浓密度和分布有很大影响，但是即使没有逆
温的俘获效应（trapping effect），烟雾也可能成为一种麻烦。
煤烟中相对较重的颗粒不需要特殊的天气条件就能阻止它们的
扩散，尤其是在 19 世纪末，当时烟囱的高度很少超过它们所
服务的建筑物的高度。除了在多风的条件下，浓烟盘旋在排放
者附近，而烟灰沉降最严重的地方生产量也最高。[7]

　　尽管大量的烟雾造成了一些问题，尤其是能见度方面，但
是除了它的不透明性之外，还带来了更多严重的问题。以煤灰　25
为例，它尤其令人反感，因为它不仅在城市的所有东西上都覆
盖了黑色的灰尘，而且它还具有油性，这使得它附着在衣服、
窗帘、家具和其他物品上。它使得物品被涂抹和染色。烟灰会
附着在暴露在外的皮肤上，在鼻孔、肺部、眼睛和胃里积聚。
它附着在建筑物、墙壁、书籍和盘子上，不能被轻易地擦掉。
烟灰进入了橱柜、壁橱、阁楼和地窖。当城里的孩子们在布满
灰尘的街道上玩耍时，烟灰染黑了他们的脸颊。[8]

　　浓烟造成了严重的健康问题。在美国的工业城市中，几种
肺部疾病一直是导致死亡的主要原因之一。毫无疑问，空气污
染导致了死亡率的提高。在 19、20 世纪之交的几十年里，结
核病一直在城市众多"杀手"中位列前茅。不过，尽管烟雾

确实让肺病患者的生活不那么舒适，甚至生命被缩短，但是结核病的死亡率与煤烟几乎没有关系。确切地说，住房条件，特别是贫民窟地区的拥挤程度和污秽程度，在结核杆菌的传播中是更为重要的因素。另一方面，肺炎、支气管炎和哮喘的死亡率受到烟雾的影响。虽然这三种疾病在今天很少致死，但在19世纪末，它们都是严重致命性的。例如，在辛辛那提，1886年的三大主要死因是肺结核、肺炎和支气管炎。那一年，辛辛那提所有死亡病例中有31%与肺部有关。在那几十年里，烟雾对健康的影响究竟有多大仍不得而知，但是城市死者尸体变黑的肺部表明了问题的严重性。[9]

尽管与健康方面的影响相比，烟雾问题对美感方面的影响可能相对不重要，但是对于世纪之交的城市居民来说，烟雾对视觉的影响要比对健康的威胁更为明显和直接得多。特别是在20世纪的头几十年，当进步主义者在他们的城市开展全面性的美化运动时，控制烟雾变得极其重要。在查尔斯·罗宾逊（Charles Mulford Robinson）和 J. 麦克法兰（J. Horace McFarland）等改革者的带领下，20世纪初的"城市美化"（City Beautiful）运动试图利用城市规划来美化和"教化"美国城市。典型的城市美化规划包括一组新古典建筑风格的公共建筑、大型公共空间（特别是正规的公园）、宽阔的大道和行道树改造过的街道，以及对包括烟雾在内的城市污染物的控制。正如芝加哥《记录先驱报》（*Record Herald*）在1911年指出的那样，"肮脏的城市不可能美丽。烟雾、烟灰和煤渣使一切装饰的努力都变成了空洞的笑柄"。在芝加哥，烟雾对城市美化的努力具有特殊的特殊的意义。伊利诺伊中央铁路（Illinois Central）是该市最繁忙的线路之一，这一线路沿着城市的湖岸，穿过格兰特公园，到达市中心。几十年里，来自伊利诺伊中央铁路机车的浓烟和煤渣让游客无法进入公园，甚至从附近的房子里也看不到湖景。然而，不仅是芝加哥，所有依赖煤炭的城市都面临着观感上的挑战。正如克利夫兰商会（Cleveland Chamber of Commerce）总结的那样，"大量煤烟的存在，可能是对城市美丽和优雅最高发展程度的最大阻碍"。[10]

烟尘也有美感上的影响。城市居民经常抱怨建筑物的污染。那些对建筑上成熟的城市美化概念如此重要的，新的、大型的、白色的、新古典主义的建筑结构，遭受的打击最为沉重。在1894年的世界博览会上，芝加哥创建了"白城"（White City），这标志着最高的文明成就。一个整洁、纯净、精心规划、令人印象深刻的白色城市在世纪之交为其他城市树立了标准。芝加哥的白城主要是由涂成类似石头的易燃材料建造而成，其在接下来的几年里没有在一系列火灾中幸存下来。通过建造令人印象深刻的新古典主义市政建筑，其他城市试图复制白城，但是最后没有在煤烟中幸存下来。公共建筑、法院、图书馆、工商业活动中心的石墙和大理石墙上都积满了烟尘，它们深色的色调暗示着早期的衰败。就像芝加哥白城的逐渐破坏一样，说明在不洁净的环境中不可能持久保持洁净。[11]

烟雾不仅使建筑物变黑，而且使整个天空变黑。烟云在工业城市上空投下阴沉的阴影。心理学家 J. E. 华莱士·沃林（J. E. Wallace Wallin）认为烟雾"用一种乏味的、肮脏的、不透明的煤烟"，取代了"大自然的教堂。① 它会激发人们的不

---

① 美国人有时把美丽的自然景观称为"大教堂"。这反映了一个事实，即许多人对大自然有着近乎宗教般的热爱。——译者注

满，并常常引发病态的情绪"。在芝加哥，黑烟确实引起了艺术家们的不满，他们抱怨黑烟"污染了艺术气质所必需的纯净大气"。实际上，许多观察人士认为减少阳光照射会产生更严重的影响。正如内科医生指出的，阳光中的紫外线通常对健康的环境很重要，能够杀死细菌。出于这个原因，一些医生将烟雾列为导致烟雾弥漫、疾病缠绕的贫民窟死亡率上升的间接原因。[12]

　　烟雾还会影响天气本身，不仅会使天空变暗，还会改变大气的化学成分。在天气多变上，也许没有哪个城市比伦敦更出名了，在那里，难以控制的大雾可能会一度吞没这座城市达几个星期之久。当然，伦敦本就容易出现雾蒙蒙的天气，但是煤烟会使雾更浓、更持久，而且通常还会致命。匹兹堡也因烟雾诱发的阴暗天气而获得了类似的名声。梅隆研究所的一位气象学家得出结论，认为烟雾使雾在城市比在乡村更持久，这降低了城市日照的强度和时长。烟雾也可能起着类似毯子的作用，能够留住热量，使城市比周边乡村更温暖。[13]

　　至少有一名研究人员，即瑞典科学家斯万特·阿伦尼乌斯注意到煤火排放的二氧化碳日益增多所具有的更加严重的影响。1896 年，在研究地球长期温度变化时，阿伦尼乌斯得出结论，认为大气中二氧化碳含量的巨大变化可能导致地表温度的显著升高。著名的威斯康星大学学者查尔斯·范·海斯（Charles Van Hise）在他颇受欢迎的关于环境保护的著作中重新阐述了阿伦尼乌斯的观点，他在 1910 年提出了人类燃烧化石燃料导致全球变暖的观点。到 1912 年，《科学美国人》（Scientific American）表示最近异常温暖的夏季可能是由煤炭消费持续增长所致，并重申了查尔斯·范·海斯的警告，即人类活动可能会对气候造成影响。[14]

当然，烟雾对自然界有着更明显和直接的影响，尤其是对城市内外的植被而言。1906 年，圣路易斯市森林管理员德鲁·迈耶（Drew Meyer）估计该市去年损失的树木中，有四分之三死于与烟雾有关的问题。迈耶特别担心城市森林公园中老硬木的持续损失。烟灰堆积在树叶上，硫黄气体的存在对一些植物来说是剧毒性的。都市人经常感叹城市里针叶树的消失。虽然有些植物能忍受烟雾弥漫的天气，但是另一些植物却很糟糕。植物尤其是开花植物多样性的丧失，令许多城市居民诅咒烟雾。1905 年，一位生活在克利夫兰美国钢铁和电线公司（American Steel and Wire Company）阴影下的妇女抱怨说："晚上我们能听到煤渣像冰雹一样落在屋顶上。这里什么也长不出来。我的树和花都死了。"如果树木和花草都无法在浓厚的烟雾中长久生存下去，那么城市的植物景观就很难得到改善。[15]

19 世纪末，城市的中产阶级非常重视健康和审美，不仅因为它们对城市生活构成了直接影响，也因为它们影响了道德。到 1890 年代，改革者们认为城市环境对居民的性格有很大的影响，许多对烟雾的直言不讳的批评都把肮脏的环境和道德败坏联系起来。在一项有关匹兹堡烟雾问题之于精神方面影响的研究中，马克斯·威特（Max Witte）博士总结道："我毫不怀疑，城市阴暗、烟雾弥漫的大气或多或少地影响着习惯住在其中的年轻人的道德和素质。"辛辛那提著名的内科医生查尔斯·里德（Charles Reed）博士评论道："身体上的脏东西与道德上的脏东西很接近，两者结合在一起会导致身体的退化。"许多评论家指出了清洁与虔诚（Godliness）之间的密切关系。城市的中产阶级居民经常为污秽对城市穷人，特别是对

29

贫困儿童的道德影响表达关注。为了唤起公众的注意，辛辛那提烟雾减排联盟的负责人马修·纳尔逊（Matthew Nelson）甚至宣称烟雾会导致犯罪。"说我们大城市里普遍存在的许多犯罪行为都是由空气中的烟雾直接造成的，这似乎有些牵强，但是没有什么比这更真实的了。"[16]在进步主义时代，许多改革者坚持19世纪关于健康、美丽和道德之间紧密相连的观念。对这些改革者来说，健康、清洁和美丽都影响着道德。一位密尔沃基的家庭主妇注意到其所在社区存在严重的烟雾问题，她把注意力集中在无处不在的灰尘上。"我有时认为这将使整个国家失去基督教信仰，"她说，"我们将不得不召回我们的传教士，让他们在家里工作。"[17]

尽管烟雾严重影响健康、审美和城市道德（至少在进步人士看来），但是关于烟雾对城市负面影响最具体的证据则来自经济学。烟雾通过无数的渠道对城市居民施加影响，不仅使他们的生命更短，而且使他们的生活更单调、更昂贵、效率更低。总之，黑烟是一场经济灾难。

肮脏的烟灰意味着额外的清洁费用。衣服需要更频繁的水洗，有时挂在晾衣绳上被弄脏还要反复地清洗。在烟雾弥漫的城市里，建筑物的内部需要额外的清洁，因为地毯、家具、绘画、墙壁、窗户，以及其他所有裸露的表面都聚集了污秽的残留物。在图书馆，烟灰损坏了书籍，就像在几周内堆积了数年的灰尘一样。建筑物的外墙，就像已经提到的那样，也聚集了烟灰，如果不加清除，可能会永久性地损坏石头。在芝加哥，居民们抱怨新摩天大楼的白色釉质赤陶土表面沾满了烟灰。芝加哥《论坛报》报道说，环形巨型办公楼（loop's giant office）的经营者每年在清洁上要花费上百万美元。[18]

　　除了清洁费用之外，烟害还迫使窗帘、地毯、家具等物品过早地更换。在烟雾弥漫的城市里，居民们谈论道这些替代品通常是深色的，这样它们可能比原件更能长久地遮盖烟灰。匹兹堡以其单调的服装和陈设而闻名，其具有的深色调意味着向烟灰的屈服。建筑物的外墙和内墙需要更多的涂料，而在烟雾弥漫的城市中，居民们更多地选择用更深色的遮棚去遮盖灰尘。研究还表明，烟灰中的硫酸会腐蚀未受保护的钢铁和建筑石材，使之变得疏松和脆弱。[19]

　　在被售出之前，纺织品也会遭受烟雾严重的损害。零售商经常抱怨被烟雾污染的商品，这可能意味着大的百货商店每年损失达数千美元。圣路易斯的一名批发商抱怨说，"所有公开出售的商品都因烟灰飞粒、烟渍变色等原因，在外观和销售上受到负面影响"。像所有的白色物品一样，包括丝绸、花边和缎带在内的精细织物特别容易受到烟雾的伤害。为了避免烟灰带来过度的损失，零售商花了额外的精力和金钱来清洁他们的商店。圣路易斯一家商店声称雇用了三个男孩，他们的唯一职责就是清除仓库里的烟灰。[20]

　　在多烟的城市中，烟雾会遮挡阳光，即使在中午也需要人工照明。匹兹堡因黑烟滚滚而臭名昭著，不得不（在白天）使用路灯。更常见的是，零售商店、办公室、工厂、公寓——尤其是靠近城市中心的那些——整天都点着电灯或煤气灯，大大增加了在烟雾弥漫的城市经营企业的能源成本。[21]

　　烟雾还抑制了房产的价值，因为洁净的空气成为郊区的卖点，污浊的空气成为逃离市中心附近社区的理由。机车冒出的浓烟大大降低了火车站和繁忙轨道附近地产的价值。1912年，纽约一家法院认识到这个问题的严重性，判决纽约中央铁路公司（New York Central Railroad）赔付美国租赁及控股公司（United States Leasing and Holding Company）1.8万美元，以赔偿烟雾对后者地产租赁价格造成的损害。[22]

尽管一些城市居民担心控制烟雾的措施会阻碍工业在他们的城市落户，或者迫使现有的工业转移到更友好的地区，但是较之减排效应之于工业的影响，持续的烟雾状况很可能对城市的经济基础造成更大的损害。梅隆研究所对匹兹堡的研究表明，烟雾严重影响了那个城市的工业结构。匹兹堡大学经济学家约翰·奥康纳（John O'Connor）在研究中确定了264种工业类型，其中1909年宾夕法尼亚运营的有245种，费城有211种，而匹兹堡只有136种。奥康纳认为匹兹堡的烟雾阻碍了当地几个重要工业的发展，包括一些与纺织品相关的行业。在相对干净的费城，烟雾对经济的负面影响要小得多。[23]

显然，企业由于煤烟而遭受了重大损失。他们承担了清洁、涂料、人工照明和更换受损物品的费用，就像居民在家里所做的一样。但是企业还因烟雾承担了另一项重大的支出：制造烟雾的成本。正如当时的文献所阐明的那样，烟雾的产生代表着煤炭的浪费。烟囱喷出的碳越多，煤炭产生的热量就越少。1909年，美国地质调查局总工程师，同时也是烟雾问题的专业研究人员赫伯特·M.威尔逊（Herbert M. Wilson）估计，烟雾意味着所烧煤炭中8%的损失。根据这一估计，他认为美国每年浪费2000万吨煤炭，至少耗费4000万美元。正如威尔逊所指出的，由烟雾导致的热量损失并不仅仅等于烟囱中未燃尽碳的数量所代表的热量损失。烟雾表明煤火燃烧不当，要么太冷，要么缺氧。在任何一种情况下，烟雾的存在都意味着火焰原本可以燃烧得更热，效率更高。[24]

20 世纪初进行的几项研究试图对美国城市因烟雾造成的损失做一个总的估算。作为最早的几个个案之一，克利夫兰商会保守估计该市每年因烟雾造成的损失为 600 万美元。商会的估算主要基于百货公司和纺织品店提供的数据，但是也考虑了酒店、医院和银行等其他企业以及居民的直接损失。虽然商会承认烟雾也会对人类、动物和植物的健康造成影响，但是它并没有提供这些相关损失的具体数字。报告指出，克利夫兰每个家庭每年因为烟害的实际影响而损失 44 美元，相当于一个非技术工人 4 周的工资。[25]总之，克利夫兰居民支付的"烟税"和他们缴纳的城市税额差不多。这项研究为其他估算提供了参考。例如，在芝加哥，首席烟雾检查员保罗·伯德（Paul Bird）认为该市烟雾量比克利夫兰少 1/3，并将损失定为人均 8 美元，即每年总计 1760 万美元。在辛辛那提，烟雾检查员马修·纳尔逊估计该市每年损失 800 万美元。1909 年，赫伯特·威尔逊估计美国因烟雾造成的损失总计达 5 亿美元。[26]

尽管威尔逊、纳尔逊和伯德公布的数字只不过是一种猜测，但是他们构成了对一个显然代价高昂问题的保守估计。[27]然而，最终没有人能提出一个关于美国城市烟雾造成的真实损失的经济数据。没有人提供关于被缩短的生命、慢性亚健康、持续清洁的苦工或沉闷日子的损失。市政领导人也无法评估他们城市的声誉价值。许多城市居民担心城市肮脏的名声会带来经济上的损失，即使在像芝加哥和匹兹堡那样繁荣的城市，居民也怀疑他们肮脏的名声会给地方经济造成不利影响。1891 年，芝加哥卫生署的一位前任督导安德鲁·杨（Andrew Young）宣称："水质污染、街道污染、空气污染的坏名声对城市的繁荣和进步是一种持续不断的威胁。"[28]

与此同时，空气较清洁城市（如纽约、波士顿和费城）的居民则认为他们纯净的空气有助于经济增长。正如安德鲁·卡内基在 1898 年指出的那样，纽约作为一个宜居城市的声誉继续吸引着美国的富人，从而吸引着美国的财富。卡内基本人选择远离他烟雾缭绕的匹兹堡公司，住在第五大道舒适而干净的豪宅里。"我刚刚在匹兹堡待了十天，"卡内基在 1898 年写给纽约《论坛报》的信中说，"烟雾是那个城市未来的唯一障碍。"至于他的第二故乡，他说，"毫无疑问，宜居城市的角色对纽约的利益是至关重要的，这吸引了其他州的显要人物，而这都是拜烟雾问题所赐"。《论坛报》对此表示赞同，认为由于烟雾的弥漫，"我们即将失去最有价值的财产"，并且"名誉、荣誉、舒适、健康、繁荣都岌岌可危"。匹兹堡经济的持续繁荣伴随着其声誉的不断受损。虽然卡内基能够逃离其"贡献良多"的烟雾缭绕的环境，但是其他人却不能。人们想知道芝加哥的居民在阅读《记录先驱报》上关于"城市肮脏，新娘结束生命；女孩和妻子不能忍受烟雾缭绕的匹兹堡，想要去克利夫兰"的报道时，对这座阿巴拉契亚地区多烟城市的看法。毫无疑问，这座城市的声誉不能再低了。[29]

这位新娘对匹兹堡烟雾的反应是不同寻常的，因为有研究表明美国烟雾最严重的城市并没有比最干净的城市有更高的自杀率，可以说她对烟云的非理性反应并不具有典型性。普通居民对污浊空气的反应往往是直觉性的，而不是集中在有关清洁烟灰花销的数据上。污垢和黑暗同样能够引起人们的情绪，许多烟雾弥漫城市的居民表达了对黑云心理影响的担忧。匹兹堡大学精神诊所的主任 J. E. 华莱士·沃林就梅隆研究所的调查课题撰写了一份公报。沃林在描述他在匹兹堡居民中发现了

"慢性倦怠"和抑郁症的同时，还描述了烟雾对自己工作的影响。在匹兹堡待了不到两年，沃林还没有习惯肮脏的环境。"清晰、犀利、深思熟虑的思维似乎更困难，"他写道，"尝试简洁、精练、细致入微的写作也似乎更费劲。"和其他城市居民一样，沃林的意识中弥漫着浓重的烟雾。[30]

小说作家知道烟雾对城市读者具有重要的意义，他们对烟雾笼罩的氛围进行了很好的描述。厄普顿·辛克莱（Upton Sinclair）在 1906 年的作品《丛林》（The Jungle）中，解释了烟雾的情感力量。当小说的工人阶级主人公尤吉斯·鲁德库斯（Jurgis Rudkus）第一次看到芝加哥的包装城（packingtown）时，浓烟吸引了他的眼球，恶臭也充满了他的鼻孔。尤吉斯看到"六根烟囱，高得像最高的建筑物，触着天空——从烟囱里蹿出六根烟柱，又厚又油，黑得像黑夜"。浓烟在空中汇合成"一条大河"。这是阴谋的烟雾，以一种令人窒息的力量聚集在一起。这是"可能来自世界中心"的烟雾，也是来自地狱本身的烟雾。它不仅仅使天空变暗，并且威胁着所有观察到它"扭动"的人。辛克莱的烟雾充其量是不祥的预兆，往坏了说是邪恶的预兆。如果说烟雾代表着移民（尤吉斯就是其中之一）的工作，那么它也反映了他们在可怕的条件下工作。如果尤吉斯不能猜中那翻滚的烟雾的含义，辛克莱知道他的中产阶级读者会猜中。烟云里笼罩着恐惧和不确定，蕴含着工业文明的矛盾。[31]

烟雾彻底损害了美国的工业城市，以至于几乎没有哪位评论者能提供一份对于其全部影响的陈述。医生对健康方面发表了评论；工程师们评论了烟雾所代表的煤炭的浪费；女性倾向于关注美学方面的问题，以及煤烟造成的额外清洁。然而，在某些时刻，对烟雾问题严重性的更完整描述变得清晰。1907
年，芝加哥就出现了这样一种时刻，当时城市俱乐部的烟雾委
员会对"烟魔"（smoke evil）进行了一项研究。在一周内，城
市规划师丹尼尔·伯纳姆（Daniel Burnham）明确了减少烟雾
排放对美化城市的重要性。伯纳姆因其在1893年世界博览会
上对白城的规划工作而闻名，并与人合著了1906年的芝加哥
规划书。美国著名的零售商马歇尔·菲尔德（Marshall Field）
指出烟尘对他的生意——以他的名字命名的、著名的芝加哥百
货商店——造成了损失，比他财产中缴纳的地产税都要多。[32]

34 一名来自芝加哥结核病研究所的医生强调了"烟雾对于重要
器官的摧残"，并且宣布烟雾有助于肺病的传播。伊利诺伊大
学的机械工程师莱斯特·布雷肯里奇（Lester Breckenridge）
当时在进行一项有关伊利诺伊州煤炭的重大研究，明确宣称烟
雾是不必要的。长期积极参与禁烟运动的芝加哥《记录先驱
报》保证把所有这些声音都发表在每天的报纸上。[33]

　　尽管烟雾对城市造成了严重的影响，但是为解决日益严重
的空气污染危机而工作了几十年的城市居民从未完全成功。事
实上，在城市迅速工业化过程中面临的主要污染问题中，烟雾
受到的关注最少。大多数大城市找到了解决垃圾、污水和供水
问题的办法，虽然只是暂时的，但也算够用。但是，烟雾却继
续笼罩着他们的城市。不止一名评论者注意到城市在解决环境
问题上的不一致。"随着城市系统的发展，"一位作者在1907
年写道，"水供应充足，交通设施得到改善，城市环境变得人
性化，但是大城市的大气已经变成了有害的蒸汽。"城市居民
是否更重视净化水、污水处理和垃圾收集，而不是清洁的空
气，或者只是证明烟雾问题更加难以解决？[34]

　　成千上万的城市居民对烟雾的哀叹之声不绝于耳，显示并不缺少对纯净的空气、晴朗的天空和无烟环境的欣赏。至少从表面上看，城市发现烟雾问题更难解决的命题似乎是显而易见的。很明显，关于烟雾问题的某些方面阻止了一个简单的解决方案。但是，当我们考虑到一些城市为纠正其他环境问题所付出的代价和努力时，这个结论就不那么站得住脚了。例如，在19世纪中期，纽约市投入了数十年的努力和数以百万计的劳动力来建造克罗敦水库（Croton Reservoir）和它的水道系统，以确保充足的饮用水能够到达曼哈顿。与此同时，芝加哥加高了所有的街道，并修建了一条排水运河，以防止城市街道、密歇根湖或芝加哥河中的污水停滞不前。因此，其他环境问题推动经费和技术难题得以解决的事实，表明城市确实有耐心、意愿和财力来解决复杂的环境难题。[35]

　　另外两个因素在区分烟雾问题与当时其他环境危机方面更为重要。首先，与污水、垃圾和净化水的解决方案不同，那些解决烟雾问题的方案都建议工业做出一些牺牲。污水、水和垃圾是城市问题，然而城市居民却把烟雾定义为工业问题。[36]事实证明，很少有城市居民，甚至是那些最积极参加反烟运动的人，愿意要求企业做出巨大牺牲，而这似乎是清除烟雾所必需的。因此，尽管解决垃圾、污水和水问题的办法帮助了企业，就像它们帮助城市居民一样，解决烟雾问题的办法却可能威胁到工业秩序，或者至少看起来是这样。虽然制造烟雾本身会给污染者带来成本，即造成燃料的损失，但是一些企业担心控制烟雾的成本会更大，特别是如果政府下令立即减少排放或使用特定的控制装置的话。许多商人对新设备的费用和新装置不能有效控制烟雾的可能性表示担忧。

35

其次，尽管城市居民可以对纯净的空气、清洁的水和干净的街道表达同样的欣赏，但是他们并没有把所有的环境问题都归为一类。19世纪晚期，疾病主导性的瘴气理论认为从污水或一些腐烂的有机物中散发出来的污浊气味，以及从死水中排放出来的气体，会引起特定的疾病和普遍的不健康。随着时间的推移，越来越多的人开始接受疾病的微生物理论，该理论认为无论是否存在污水和异味，微生物、细菌都会导致疾病。这两种理论，以及在长时间过渡期间城市居民所持有的两种理论的奇怪组合，都表明了充足的净水供应、高效及时地清除垃圾以及适宜的污水排放系统对健康的极端重要性。城市在这些问题上采取行动，可能更多的不是出于它们与疾病的关系，而是出于它们所导致的疾病类型以及这些疾病如何袭击城市。到1850年代，城市居民将霍乱和伤寒这两种通过水传播的疾病的可怕流行与糟糕的排污系统、肮脏的街道以及不洁净的水源联系起来。流行病引发的危机可能会在几周内杀死成千上万的城市居民，这迫使人们行动起来。[37]

与不纯净的水、不充分的污水和垃圾处理引起的后果相比，与烟雾相关的问题并不严重。烟雾没有造成流行病，没有引发短暂的、剧烈的危机。[38]烟雾所造成的问题是地方性的，而不是流行性的，因此控制烟雾不太可能获得政治能量和公众的牺牲意愿，而这是成功所必需的。正如《美国医学杂志》(*American Medicine*)的编辑在1902年总结的那样，"导致对烟雾公害的改革漠不关心的主要原因之一，可能是大部分人并没有将这一问题视为健康问题，而仅仅将其视为美学问题"。只要居民们认为烟雾只是一个审美问题，浓烟就会持续存在，因为大多数城市居民在追求经济进步的过程中都能忍受丑陋。[39]

为了推动在烟雾问题上采取行动，反烟活动人士必须说服当地居民，使他们相信对烟雾造成的地方性问题需要立即采取行动，而且烟雾对健康和道德的影响与污水和腐烂的垃圾一样严重。反烟运动团体——包括妇女、医生、市政和机械工程师、商人、艺术家和学者——将不得不使居民相信烟雾是一个环境问题，其重要性相当于不充足或污染的水供应、停滞的污水或腐烂堆积的垃圾问题。改革者必须让他们的城市同胞相信烟雾对他们的社会构成了真正的威胁，健康、美丽、道德与财富和增长同等重要，一个文明的国家需要文明的空气。

第三章　空气中的麻烦：运动开始

> 我们透明和水晶似的大气被遮蔽；建筑物内部被污染，外部被损坏；城市的美丽和前景被破坏了；人民的舒适受到损害，人民的健康受到威胁。这些都是纽约空气中存在的问题，正在把空气从纯粹的快乐变成一场噩梦。
>
> ——纽约《论坛报》，1899 年 9 月 16 日

当美国人转向用煤炭来为他们的工业提供燃料，为他们的家庭供暖，并驱动他们的交通工具时，烟雾在美国的城市中弥漫。在整个 19 世纪的大部分时间里，城市居民倾向于接受烟雾，只是偶尔表达不适和不满，很少要求治理。许多城市居民甚至表达了对烟雾的赞赏，或者至少接受污染是工业进步的必要组成部分。但是在 19 世纪的最后十年，人们对烟雾的看法开始发生变化，以前温和的抗议活动变得焦躁和紧张起来。根据许多中产阶级改革者的说法，慢慢笼罩美国工业城市的烟云突然对他们的生存构成了威胁。1890 年代，随着中产阶级城市居民重新评估他们的工业文明，并对城市环境（包括被污染的空气）产生了新的认识，有组织的烟雾减排努力开始了。

当然，1890 年代的改革者们并不是第一批注意到烟雾或对其流露出抱怨的人群。在经历了数十年的空气质量恶化之后，许多城市居民发现了与烟雾有关的很多问题。在匹兹堡，这座软煤第一次发挥了重要经济作用的美国城市中，反对声音随着浓烟而起。一名匹兹堡人早在 1823 年就在给匹兹堡《公报》（*Gazette*）的信中表达了他对浓烟的不满。在感激煤炭和工业把繁荣带给他的城市的同时，作者指出"烟囱的数量增加了，不断冒出又黑又大的烟柱，开始被认为是一种几乎无法忍受的、讨厌的东西"。几十年后，在游客传言的影响下，匹兹堡的恶名扩散开来。1868 年，一位游客，同时也是《大西洋月刊》（*Atlantic Monthly*）撰稿人的詹姆斯·帕顿（James Parton）向全国描述了匹兹堡："这座市镇地势低洼，就像在洞穴的底部。透过烟和雾的混合物，可以看到里面每样东西都是黑色的。烟，烟，烟——到处都是烟！"16 年后，当威拉德·格雷泽（Willard Glazier）在他的旅游书籍《美国城市的特点》（*Peculiarities of American Cities*）中描绘匹兹堡时，也强调了浓烟严重的审美和心理影响。"事实上，"格雷泽写道，"匹兹堡在最好的时候都是一个烟雾缭绕、阴郁沉闷的城市，而在最糟糕的时候，很难想象还有什么地方比这里更黑暗、更阴暗或更令人沮丧。"[1]

虽然匹兹堡因烟雾笼罩而臭名昭著，但它并不是美国唯一一个烟雾弥漫的城市。在克利夫兰，煤炭使用量在内战之后迅速增长。《日常领导》（*Daily Leader*）的一篇社论在 1869 年发出了警告："克利夫兰正处在失去美丽城市声誉的危险之中，同样的原因迫使匹兹堡成为众所周知的西部最肮脏的城市——在那里因制造业的发展和烟煤的使用，烟雾笼罩了城市。"尽

38

管《日常领导》赞扬了空气污染带来的经济增长，但它列举了烟雾造成的几个严重威胁，其中包括"衣服不断被弄脏""对动物和植物生长造成的不健康"，以及每年高达 100 万美元的经济损失。[2]

美国几个年轻的工业城市，包括匹兹堡、芝加哥、辛辛那提和密尔沃基，早在 1890 年代之前就见证了为烟雾减排而付出的努力。然而，这些早期的努力并没有带来多少实际的结果。许多早期的反烟努力集中在单个的、违规的大烟囱，而不是一般性的烟雾上，而且行动往往是短暂的。即使这些努力在广泛的反烟法令通过后达到高潮，也并不意味着更清洁空气的到来。虽然城市居民确实通过狭隘的运动迫使一些烟囱得到了改进，但是蓬勃发展的工业经济带来了一些新的、肮脏的烟囱以取代每一个被改造过的烟囱。[3]

在 1890 年代之前，一些城市确实试图通过立法来禁止烟雾排放。1869 年，匹兹堡通过了一项法令，禁止在市内机车中使用软煤。尽管市议会通过了该法案，但有限的公众支持和强制性的绝对缺失，使得该法案变得毫无意义。很少有匹兹堡人能想象他们的城市没有软煤，限制软煤的使用并不能证明是一种控制烟雾的有效手段。[4]1881 年，辛辛那提市一位著名的医生——朱莉娅·卡朋特（Julia Carpenter）博士为一项新法令争取支持，以取代 1871 年一项无效的法律。虽然新法令允许任命一名烟雾检查官，但是 1881 年条例及 1883 年替代条例都没有产生多大价值。改革者们未能组建一个组织来对该市施加压力，而法令也在很大程度上并未得到执行。芝加哥也在 1881 年通过了反烟法令，但是即使有司法支持，该法案也无法阻止空气质量的持续下降。[5]

在大多数城市，控制烟雾的努力并非始于市政立法，而是始于公众对个别污染者的狭隘攻击。尽管公民的积极行动可能会迫使烟雾缭绕的企业试图减少烟雾，但是鉴于当时技术的局限性，令人满意的烟雾公害处理结果往往需要违规企业暂停运营或搬迁至异地。例如，在密尔沃基，当蒸汽供应公司（Steam Supply Company）的烟雾排放在 1879 年秋变得令人反感时，第七区的居民直接投诉这家公司。在市卫生署和《每日哨兵》（Daily Sentinel）的协助下，居民们的行动迫使该公司安装了三个新的锅炉和一个"烟雾消耗器"，以缓解这一问题。然而，事实证明烟雾消耗装置是无效的，该公司将其移除。这迫使卫生专员奥兰多·怀特（Orlando Wight）发布命令，要求该公司"立即消除（烟雾）公害"。不过，尽管存在市政干预的威胁，蒸汽供应公司仍无法找到解决烟雾问题的简单办法。两年后，烟囱仍在排放烟雾。社区的行动主义引起了人们对烟雾问题的关注，但是它并没有推动问题的解决。[6]

在许多情况下，当公众压力未能缓解烟雾公害时，一些重要污染者附近的居民也可以向法院寻求正义。然而，在 1890 年代之前，法官们往往对抱怨烟雾者表现出很少的同情。1871 年，宾夕法尼亚州最高法院裁定一名原告败诉，该原告曾希望法官能阻止一家砖厂排放的烟雾损害他的葡萄园和果园。在判决书中，阿格纽（Agnew）法官认为在大城市，比如匹兹堡附近，制砖是一种必要的工作，法院不能干涉这种有益的事业。"住在这样一个城市或在其影响范围内的人，他们选择这样做，"阿格纽写道，"他们自愿屈从于城市的特性和不适，因为他们认为自己从居住或在那里做生意中获得了更大的利益。"[7]

40   阿格纽的逻辑在镀金时代的法理学中得到了广泛的支持。1876 年，一位纽约法官断言，"如果一个人住在城市里，肯定会对遭受城市生活附带的灰尘、烟雾、恶臭、噪音和混乱有所预料"。1880 年，一位肯塔基州的法官在支持一家路易斯维尔排放浓烟的棺材厂时，也赞同这一观点。首席大法官普赖尔（Pryor）认为，制造业的利益"对每个城市的发展和繁荣都是必不可少的"，尽管它们破坏了周边地区的清洁和美丽，但是"个人的舒适必须让位于公众的利益"。本质上，这些镀金时代的法庭在裁定公民对于清洁空气的权利时，会因个人生活环境的不同而不同。城市居民无法享有农村居民所期望的那种清洁、健康环境的权利。1868 年，宾夕法尼亚州最高法院明确了权利的区别，指出每个公民都有权"享受符合他所生活社区纯净、健康的空气，至少是尽可能纯净的空气"。[8]

在内战结束后的 20 年里，由于法官致力于确保经济增长，法院对城市空气几乎没有提供保护。然而，也有一些重要的例外。一些企业确实在城市环境中制造了如此明显的麻烦，以至于法院常常支持遭受痛苦的原告。例如，冶炼企业产生的空气污染与大多数工业烟雾在性质上有所不同。宾夕法尼亚州铅业公司（Pennsylvania Lead Company）在匹兹堡郊外冶炼厂造成的铅和砷蒸汽问题，迫使该州最高法院做出有利于一个拥有小块土地的原告，而不利于占全国铅供应总量五分之一的生产商的裁决。在判决书中，斯托（Stowe）法官写道："在一个散布农场和乡村住宅的、富饶的郊区山谷中进行铅冶炼，至少可以说不是非常谨慎的行为。"十年后，密歇根法院在一起针对底特律白色铅厂（Detroit White Lead Works）的案件中也发现了类似的情况，该厂排放了含铅烟雾和恶臭气体。邻居们抱怨恶心、头痛和呕吐，说服法庭做出不利于被告的判决。因此，当原告成功地说明空气污染物造成了严重的健康问题时，他们可以期待通过法院判决得到真正的解脱。含铅和砷的化学品对健康的负面影响，使冶炼厂成为这种行动的明显目标。[9]

在19、20世纪之交以前，煤烟和健康问题之间的联系仍然很薄弱，而且与有毒的含铅烟雾生产商不同，产生大量碳排放的企业通常得到了法院的保护。法官经常裁定肮脏、不适等不方便的现象不应成为法院干预合法经济活动的理由。然而，再一次有一个主要的例外：法院经常支持希望将污染工业驱逐出居民区的原告，即使原告没有提出特别担心污染对健康影响的恳求。在这个分区前的时代（pre-zoning era），中产阶级居民利用法庭来保护他们社区的完整性。一些城市居民甚至在企业在他们的社区运行之前，就将企业告上了法庭，从而控诉了一个尚不存在的麻烦。在许多案件中，法院都支持那些能证明污染工业位置不适宜的投诉者。例如，1895年，底特律一个社区的19名居民成功地反对了在他们住家附近开始经营的小熔炉。法官考虑到社区的性质，当然也包括那些中产阶级的投诉者，认为从铁匠铺散发的烟雾和噪音令人讨厌，并要求其拆除。[10]

因此，在1890年代之前的几十年里，控制向城市大气排放污染物的努力取得了一些切实的成果，特别是在将许多有毒污染源驱逐出人口密集地区和保护一些居民区免受工业侵犯方面。但是这些零零碎碎的努力无法取得全市范围内的改善，全国工业城市的空气质量继续恶化。

然而，反烟运动的形式在1890年代开始改变。私人组织开始研究烟雾公害，并特别针对黑烟的排放而游说立法。几类利益团体参与了与烟雾的斗争，包括健康保护协会、妇女社会俱乐部、商人俱乐部，甚至专门为烟雾减排而成立了组织。匹兹堡、圣路易斯和克利夫兰都见证了 1892 年有组织的反烟运动的开始。在这些城市里，改革者们超越了对单个性污染烟囱的攻击，建立了实体机构来调查烟雾问题，并将烟雾视作一个全市范围的问题，寻求一个全市范围的解决方案。[11]

1880 年代，匹兹堡一度摆脱了臭名昭著的烟雾，当时可靠的天然气供应大大减少了该市的煤炭使用量（可能达三分之二之多）。但是到了 1890 年，随着清洁燃烧的天然气供应开始减少，煤炭消费量再次飙升。1892 年，一位匹兹堡人哀叹道："我们又回到了烟雾时代。"但是，曾拥有相对清洁空气的经历让许多城市居民不愿意回到烟雾弥漫的环境中。1891 年，阿勒格尼县妇女健康保护协会（Women's Health Protective Association）——一个由中产阶级妇女组成的组织，她们中许多人是匹兹堡有影响力的人物的妻子——参加了针对卷土重来的烟雾（the returning smoke）的斗争。在那一年，该协会的秘书伊莫金·奥克利（Imogene Oakley）夫人，该市一位著名经纪人的妻子，对烟雾问题的工程方面进行了研究，以期发现最先进和最有效的"烟雾消耗"装置。她求助于芝加哥公民协会（Chicago's Citizen's Association），该协会曾在 1889 年的一份报告中列出了这种装置。奥克利和健康保护协会的其他成员掌握了这些新信息，次年开始与西宾夕法尼亚工程师协会（Engineers' Society of Western Pennsylvania）合作。后者为应对女性施与的压力，成立了一个烟雾预防委员会。这些妇女还游说市议会制定一项新的、有效的法令。[12]

尽管这些妇女明白有必要用技术手段解决烟雾问题，但是她们从健康和审美角度对问题本身进行了定义。这些妇女求助于医生和其他有关烟雾问题的专家，因为她们不知道社会上还有哪个群体对烟雾之于家庭和健康的影响了解得如此透彻。她们的组织名称——妇女健康保护协会——强调了会员们的信念：女性有保护家人健康，进而保护城市所有居民健康的特别责任。维多利亚时代的中产阶级认为，在家庭私人领域工作的妇女是健康、清洁和道德的传统保护者。当中产阶级妇女开始组织起来，特别是加入社会俱乐部和专门的利益团体如健康保护协会时，她们解决了许多直接影响健康、清洁和审美的环境问题。这些女性改革者还认为丑陋、肮脏和不健康的环境影响了城市居民的道德。除了烟雾，许多妇女组织还致力于其他卫生问题，包括垃圾收集和街道清洁，这是匹兹堡妇女联盟自1889 年成立以来一直在解决的两个问题。通过这些组织，积极的妇女将她们的活动范围从家庭领域扩大到公共领域，并扮演"市政管家"（municipal housekeepers）的角色。在此过程中，她们确保环境保护的公共话语将以健康和美学为中心，对话将包含一种道德上的必要性。[13]

　　一些人担心匹兹堡刚刚起步的禁烟运动会对城市的工业造成不利影响，他们直接质疑这些妇女有关烟雾对健康影响的断言。在向西宾夕法尼亚工程师协会所做的关于烟雾的报告中，资深成员威廉·梅特卡夫（William Metcalf）对出席他的演讲活动的妇女的指控做出了直接回应。"我断言烟雾并没有什么特别不健康的地方，相反，它可以减轻其他更坏的罪恶。"在讨论梅特卡夫演讲的过程中，人群中的一名医生在妇女的要求下参与了进来。他引用《英国医学杂志》（British Medical Journal）的一篇文章，并运用自己的逻辑得出结论，认为烟雾确实有害健康。"假使有一种环境，在其中树木也无法生长，"萨顿（Sutton）博士说，"那么它对人类来说也不是一种好的环境，而这正是匹兹堡市的环境。"作为回应，威廉·伦德——一名到访的芝加哥煤炭交易商，他在自己的城市里反对刚刚兴起的反烟运动——为烟雾辩护。"现在，我不是医生，但如果我是，我可能会和那位先生有不同的看法，"伦德说道，"我相信烟雾是健康的，我挑战证明它不健康的医生。"[14]

尽管在这些讨论中有人表示反对，但工程师协会还是成立了一个研究烟雾技术方面的委员会，并对健康保护协会和通过一项新条例表示官方支持。匹兹堡对妇女和工程师的压力反应迅速，在 1892 年初通过了一项法律，禁止任何与固定锅炉有关的烟囱排放烟煤产生的烟雾。然而，这项法令有严格的限制。除了完全不处理机车的烟雾之外，它只适用于特定地区的固定锅炉，这一地区的边界整齐地围绕着匹兹堡的工业中心。市议会专门划定了铁、钢和其他重工业的边界。这个城市又一次制定了一项无法治理浓烟的法令。[15]

在妇女健康保护协会于匹兹堡发起反烟运动的同年，圣路易斯一个由杰出女性组成的社交俱乐部即星期三俱乐部（Wednesday Club），帮助创建并支持了该市新的反烟组织——公民烟雾减排协会（Citizens' Smoke Abatement Association）。星期三俱乐部通过为这项事业设立的一个委员会，加入了公民协会和圣路易斯工程师俱乐部，继而为制定新的禁烟条例进行游说。女性通过一项决议，宣布支持烟雾减排以及该种努力背后的原因："我们觉得城市的现状，即笼罩在持续的烟云之中，危及家庭的健康（特别是虚弱的肺部和易损的喉咙），损害学校中孩子的视力，并将在家庭管理方面无限地增加我们的劳动和费用。这是一种令人讨厌的东西，不能再忍受了。"在列举了烟雾对城市居民造成的严重影响后，这些妇女宣布需要团结起来，"谴责我们美丽城市面临的这种状况，并抗议其继续存在"。妇女们决心支持公民烟雾减排协会，并协助通过一项新的烟雾条例。1893 年，她们成功地实现了后一个目标，因为该市通过了一项立法，规定"排放到户外的浓密的黑烟或浓厚的灰烟"是一件公害，并成立了一个三人委员会来执行新法令。不同于匹兹堡的条例，圣路易斯的法令在接下来的三年里对该市的空气质量产生了显著影响，因为烟雾委员会对锅炉房经营者如何正确燃烧进行了指导，并使他们相信烟雾预防具有经济好处。然而，在 1896 年，一场成功的法律挑战将这项法律从名册上抹去，因为州最高法院裁定该市无权宣布烟雾为公害。[16]

　　就像匹兹堡和圣路易斯一样，克利夫兰有组织的反烟运动也是正经从 1892 年开始的。虽然克利夫兰在 1882 年通过了一项减少烟雾排放的法令，但是直到 10 年之后查尔斯·奥尔尼（Charles F. Olney）领导创建大气净化促进协会（Society for the Promotion of Atmospheric Purity），该市在减少烟雾方面几乎没有取得什么成就。奥尔尼是一名艺术教师，同时也是一家画廊的老板。他曾担任该协会的会长，很大程度上以审美为基础领导了争取清洁空气的斗争。"让我们的大街、街道和公园都闪耀着美丽的光芒，"他在美术俱乐部（Fine Arts Club）的一次聚会上说，"让天堂的微风到达没有被人污染过的地方。"奥尔尼的协会声称该市 400 名杰出市民都是它的会员。该协会帮助克利夫兰执行了新的条例，该条例授权卫生部门减少烟雾公害。法律禁止"从城市的任何地方，或从克利夫兰市范围内的任何船只、机车、固定发动机或锅炉的烟囱"排放浓烟。就像在圣路易斯一样，克利夫兰的法律比匹兹堡的法律更具包容性，不过新的条例也被证明在监管方面过于宽泛，措辞也过于含糊。1896 年，上诉法院宣布该条例无效，同时推翻了根据该条例对烟雾违规做出的第一次定罪。[17]

在这三个城市中，尽管不同类型的组织领导了反烟运动，但是最积极的改革者用明显的女性化术语定义了这个问题。[18]这个女性化的定义涉及四个相互关联的方面：健康、美学、清洁和道德。早期的反烟活动人士对他们城市的美丽表达了深切的关注，他们经常评论烟雾对景观的阻碍。但是一般来说，当改革者站出来反对烟雾的时候，他们把烟雾的明显的审美问题与更明显的负面影响联系了起来，包括持续降下的烟灰造成的严重污染。煤烟是一个清洁问题，这再清楚不过了。实际上，烟雾和烟灰侵犯了家庭的神圣性，这是中产阶级女性对这个问题感兴趣的核心所在。正如 1903 年密尔沃基的一位家庭主妇所言："烟雾熏得整座房子都变黑了，里里外外都很暗。"事实上，烟灰黑色和肮脏的性质为反烟改革者提供了专门词汇。烟雾是"不洁净的"、"污秽的"和"污损的"。[19]

但是改革者不能仅仅依靠清洁或美学问题来迫使城市采取行动。事实上，要开始对烟雾进行有效的政府监管，将需要比污染家具和破坏视野更严重的影响。因此，反烟改革者将空气污染与公共卫生问题联系起来，采用了促使城市采取行动以改善排污和供水的论点。积极分子热切地将烟雾与各种各样的健康问题联系在一起，争辩说烟雾会导致多种多样的后果，比如痤疮和肺病。事实上，改革者甚至将相互矛盾的症状归咎于烟雾中毒，比如腹泻和便秘。肺病受到了反烟改革者的高度关注，他们经常将高结核病死亡率归因于肮脏的城市空气，并将百日咳、支气管炎和肺炎与烟雾弥漫的空气联系起来。改革者们还将心理疾病归因于烟雾，其中包括一种描述模糊的、由能量消耗引起的不适，以及由日照减少引起的抑郁。一些评论人士甚至认为在烟雾弥漫的城市，抑郁会导致自杀率上升。然而，这些心理暗示也可能自相矛盾，就像烟雾会因激发人的倦怠感和刺激人的犯罪活动而遭到责备一样。[20]

由于进步主义时代的改革者倾向于将美丽、清洁、健康与道德发展联系起来，他们还认为烟雾有害于城市公民的道德。流行的观点认为过度的肮脏造就了公民对清洁的好处视而不见，也无法维持家庭的健康。芝加哥妇女俱乐部（Chicago's Women's Club）的主席约翰·B. 舍伍德（John B. Sherwood）女士总结说："芝加哥的黑烟遮挡了阳光，使这座城市变得黑暗、阴郁，在其范围内导致了大多数卑鄙、龌龊的谋杀和其他罪行。肮脏的城市是不道德的城市，因为肮脏滋生不道德。烟雾和烟灰因此是不道德的。"[21]和中产阶级的其他环境和社会改革努力一样，反烟激进主义可能会招致家长主义的作风，因为改革者认为他们清理工人阶级社区和贫民窟的努力将改善下层阶级的道德。尽管如此，大多数反烟人士更关心的是空气污染对他们自己家庭和社区的影响，而且与清洁和健康相比，道德争论得到的关注要少得多。[22]

中产阶级妇女有关烟雾的定义在致力于烟雾减排的非专业组织之外获得了广泛的接受。即使是对控制烟雾感兴趣的工程师，也倾向于用非专业改革者强调的术语来定义这个问题，至少在运动的最初几年是这样。例如，圣路易斯工程师俱乐部

（St. Louis Engineers' Club）在 1892 年报告说烟雾在一定程度上是一个审美问题，因为它减少了对城市进行装饰的动力；还有一部分是一个健康问题，正如肺部和喉咙疾病的流行所证明的那样。这些工程师还注意到"那些忍受污垢和不健康的人"也遭受到道德方面的损失。当然，所有的工程师都认识到控制烟雾需要一些科学的解决办法。虽然他们用机械的、科学的术语讨论了潜在的解决方案，但是许多工程师却用不科学的方式描述了问题本身。对一些工程师来说，这个问题是无形的和不可量化的，但仍然是非常真实的，需要立即引起关注。到 20 世纪初，许多工程师接受了由非正统改革者描述的有关烟雾问题的主导性定义。[23]

在女性定义的四个方面中，烟雾与公共健康的关系无疑是最重要的。通过将大量的对健康的负面影响归咎于烟雾，改革者们说服城市官员相信空气污染像净水、污水和垃圾处理问题一样，也需要即刻的城市行动。1890 年代末，基督教改革杂志《展望》（Outlook）发表社论，明确指出烟雾与健康的重要关系。随着软煤继续进军东部工业市场，《展望》杂志强调了美学的重要性，警告纽约市将笼罩一层烟雾，而且告诫人们"上帝并非无缘无故地创造了美丽的世界"。更确切地说，正如社论在别处总结的那样，"天空是上帝的礼物，玷污它是一种亵渎行为"。显然，《展望》对烟雾的关注主要源自其美学效果。不过，该杂志也经常提到不洁净空气对健康的影响，只是没有予以具体说明。该杂志对形势有了明显的了解，认为"软煤产业是一个巨大的产业，只有在公共健康的基础上才能使之受到干扰"。换句话说，那些为保护大气纯净而采取行动的人如果争论的是健康而不是美学问题，更有可能取得成功，即使他们更确定烟雾对美丽的影响。[24]

烟雾对健康的影响促使人们采取必要的行动，甚至在研究证明确实需要行动起来之前，就在整个美国引发了地方性的反烟运动。早期的改革者们声称烟雾导致了严重的健康问题，并不是在简单地宣传一些公认的知识。事实上，通过将烟雾与不健康联系起来，改革者们希望通过前所未有的方式改变公众对烟雾的看法。几个世纪以来，医生和门外汉都认为烟雾具有消毒剂的特性，治病的术士们也长期使用烟煤来"净化"疾病肆虐的空气。即使到了19世纪末20世纪初，一些美国人仍然对烟雾有害健康的说法表示怀疑。1897年，在富兰克林研究所（Franklin Institute）对烟雾问题进行广泛的审查期间，康奈尔大学的一位工程师评论说烟雾"相当有益健康"。费城的另一名烟雾辩护者声称烟雾具有净化、消毒的特性，降低了朱尼亚塔山谷（Juniata Valley）的疟疾发病率。宾夕法尼亚铁路公司的机车路过该山谷，并从它们的烟囱中定期排放出有益健康的物质。[25]

尽管有些人仍然认为烟雾是消毒剂，但是在19、20世纪之交，大多数从事空气污染的研究者都明白烟雾有害健康。[26]在1897年富兰克林研究所关于烟雾的讨论中，提及烟雾对健康影响的观点没有得到多少支持，甚至引起了相当多的取笑。不过，到1890年代，许多医生开始相信烟雾对健康有害，尽管几乎没有科学数据来证实他们的怀疑。这些医生对烟雾之于健康的负面影响表示肯定，不过对烟雾究竟如何影响人类健康则表示不确定。[27]

污浊空气的不健康当然不是一个新问题。不过，虽然城市空气几十年来一直都是健康关注的问题，但是煤烟与早期的恐惧没有什么关系，这使得反烟主义改革者在 1890 年代几乎没有可以依靠的医学基础。早期对城市空气质量的关注是以"污浊空气"为基础的，卫生学家约翰·格里斯科姆（John Griscom）在 1848 年出版的《空气的使用和滥用》（*The Uses and Abuses of Air*）一书中对其进行了详细的讨论。相比充满烟雾的室外空气，格里斯科姆对室内污浊空气的反应更为强烈。和其他卫生学家一样，格里斯科姆特别关心的是学校的教室和贫民窟公寓，他认为这些房间由于缺乏通风而变得极度缺氧。当然，在内战之前，任何人都很少关注烟雾污染，但是这些关于"污浊空气"的旧的恐惧仍然存在，甚至持续到烟雾成为城市空气污染中更加明显的因素之后。在整个 19 世纪和 20 世纪早期，通风和氧气水平一直是一个重要的问题，经常盖过人们对烟雾弥漫环境的担忧。[28]

48

几十年来，人们最担心的是煤火对室内空气的潜在影响，而不是对室外空气的影响。在寒冷的天气里，公寓的门窗都紧闭着，设计和安装不佳的设备会将烟雾泄漏到公寓内部。居民和改革者都对用煤加热的房间缺乏通风表示担忧，担心煤烟（甚至来自无烟煤）可能会超过居民的承受能力。1868 年，波士顿的一名外科医生乔治·德比（George Derby）描述了与煤火有关的一些症状，包括头痛、恶心和全身无力。他认为这些症状是由于居民对"氧化碳气体"（现在简称一氧化碳）的慢性中毒造成的。他在研究燃烧的无烟煤的化学性质之后，确定问题的解决方案是完全燃烧，以此产生无害的二氧化碳气体，而不是在一定浓度下会致命的一氧化碳。他还建议安装密封炉具和管道，以防止一氧化碳的无意泄漏。德比对数千支煤火从密闭管道向城市喷出排放物的影响不感兴趣。在他看来，大气显然为不需要的室内污染物提供了一个可以接受的归宿。[29]

到了19世纪末，对"污浊空气"的恐惧与对拥挤的贫民窟环境的其他担忧融合在了一起。在城市拥挤的地方，在地下室、小巷和狭窄的街道，氧气水平下降，所以按照相关理论的推理，这将阻碍道德和身体的发展，威胁人类的健康。这种对空气质量的担忧反映了一种幽闭恐惧症，而害怕拥挤、局促的地方则反映了整个社区想要氧气的愿景。一些观察人士认为，煤火的真正危害在于过度消耗氧气，而不是产生碳排放。根据这一理论，火与人类争夺珍贵的资源。

在19世纪的后60年里，支持城市公园发展的人士也表达了对城市空气"不纯洁"和氧气水平的担忧。这些拥护者认为开放空间不仅为城市居民提供了呼吸的空间，也为城市本身提供了呼吸的空间。他们常称公园为"城市之肺"，声称通过促进空气公园（air parks）的运动，可以有效净化污染的空气，甚至可以清除传播疾病的瘴气。按照当时的理论，卫生工作者将流通（motion）定义为"净化大气的自然方法"。正如一位内科医生在1896年指出的那样，"当空气不运动时，它就会像水一样停滞不前，变得令人讨厌而有害，因为它很容易被微小的动植物尘埃和有毒气体所浸染"。[30]

在1890年代，英国人罗伯特·巴尔（Robert Barr）在短篇故事"伦敦的末日"（"The Doom of London"）中将对停滞、缺氧空气的恐惧发挥到了极致。在故事中，一个有幸拥有一台制造氧气机器的人在浓雾中茫然地走过伦敦。这座城市的所有居民都瘫倒在街上，死于窒息。在燃尽了所有的生命氧气后，伦敦的火熄灭了，包括火车站机车的火。数千人挤进火车车

49

厢，希望逃离令人窒息的雾气，结果却遭遇了厄运，因为机车的火在吞噬了城市最后的氧气分子之后就熄灭了。[31]

对缺氧的恐惧可能分散了好心的（wellmeaning）改革者的精力，使他们无法关注更严重的空气污染问题——煤烟。尽管如此，早期的积极分子证明他们和其他人一样，只是愿意假设烟雾有害健康，就像愿意假设氧气耗尽的危险现实（而这实际上远非事实）。实际上，早期的反烟言论把各种各样的健康问题都归咎于煤烟，而这恰在科学证据能够支持或在许多情况下推翻这种说法之前。对于从清洁与健康密切关系中得出一般性结论的妇女而言，不需要任何科学数据来支持肮脏的烟雾和煤烟对健康有害的观点。考虑到女性作为家庭和道德保护者的角色，谴责污浊空气破坏性的女性声音在社会上影响至深。

然而，在19、20世纪之交，女性在健康问题上的公共权威逐渐为专业医生取代。尽管中产阶级女性经常与医生联手改善城市健康和卫生条件，但是这两个群体也在关于公共领域内健康问题的权威性上相互争斗。随着医生们开始将从事烟雾问题作为一种职业，通过研究和信息传播，女性在这个问题上失去了很多影响力。在一个越来越迷恋科学的社会里，包括中产阶级女性在内的普通人士对健康问题的看法逐渐失去了重要性。妇女可以把烟雾识别为肮脏的和不纯洁的，但是在世纪之交后不久，只有内科医生拥有确定它对健康实际影响的专业知识。[32]

在世纪之交以前，美国内科医生对烟雾与健康的讨论很少，也许是因为他们不愿意抛弃关于烟雾的积极影响的旧理论，或是在没有新证据的情况下难以得出新结论。当医生进入早期的反烟对话时，他们经常只是简单地重复其他非专业领域关于反对烟雾的一般论点。很少有美国医生通过研究来确定烟雾对健康的确切影响，而且当时出现的大部分研究都是模糊的流行病学研究，几乎没有科学价值。通常，卫生官员只是简单地比较不同城市的死亡率和大概的烟雾程度。通过利用这些类型的研究，一些医生断定烟雾并没有在很大程度上影响死亡率，因为匹兹堡和伦敦这两个无可否认的烟雾弥漫的城市，死亡率并不是特别高。其他研究使用了更具体的数据——例如肺结核的死亡率，并比较了病房层面的数据而不是全市的数据。然而，这些研究范围太广，仅表明除了烟雾之外还有许多其他因素影响了疾病的死亡率。[33]

20世纪初，医生们开始直言不讳地把健康问题归咎于烟雾，甚至在新研究提供确凿的证据之前。例如，1905年春，《美国医学协会杂志》（*Journal of American Medical Association*）宣布，"可以肯定……软煤燃烧产生的烟雾和其他物质会破坏大气，对生物体产生消极的影响"。文章继续模糊的断言：那些无法逃离城市社区烟雾弥漫环境的儿童，往往"脸色苍白，身体羸弱"。尽管其杂志列出了烟雾对健康的这些一般性影响，但是该组织仍对烟雾问题保持沉默。事实上，在同一篇文章中，该杂志声称"反对城市中不必要的烟雾的运动与其说是医学运动，不如说是社会运动"。[34]

然而在1906年，美国医学协会的态度发生了变化。同年7月，其杂志评论了一名德国医生路易斯·阿谢尔（Louis Ascher）的发现，后者于前一年在斯图加特发表了自己的成果。阿谢尔编制了死亡率统计数据，结果显示在烟雾特别浓厚的制造业地区，急性肺部疾病有所增加。他还进行了实验室研究，让感染结核病的动物暴露在不同程度的烟雾中。阿谢尔发现，小型哺乳动物在进入烟雾环境后死于肺结核的速

度更快。根据阿谢尔的发现，《美国医学协会杂志》的编辑
们建议控制烟雾"应该成为现在抗击结核病和肺炎运动总体
计划的一部分"。[35]

51　　　就在一个月后，《美国医学协会杂志》报道了由费城县医
学协会（Philadelphia County Medical Society）赞助的一项关于
烟雾与健康讨论中五名参与者的研究结果。这些医生强调烟雾
对鼻子、喉咙和眼睛具有刺激性影响，而且增加了被刺激器官
感染的可能性。1907 年，两位美国医生发表了有影响力的文
章，探讨了烟雾对健康的影响。堪萨斯城的西奥多·谢弗
（Theodore Schaefer）博士报告了他关于二氧化硫对健康影响的
研究结果，纽约的亚伯拉罕·雅各比（Abraham Jacobi）博士
提供了一份关于烟雾与健康关系的更为一般性的概述。这两个
人都非常依赖于欧洲，尤其是德国和英国过去十年进行的研
究。他们都得出结论认为，烟雾对城市居民的健康构成了严重
的威胁，并建议政府对排放进行监管。[36]

　　　医生们也开始更加重视烟雾的间接影响，尤其是对通风
和阳光的影响。一些医生担心在特别恶劣的天气下，公寓的
住户为防止烟尘在他们的房间里聚集而关闭窗户，但无意中
却造成室内空气的"污浊"。这样，烟雾使污浊空气和缺氧
等原来的空气污染问题变得更加复杂。很明显，在浓烟弥漫
的时候，室内和室外都不可能有"新鲜"的空气。同样，浓
烟阻挡了阳光，而后者长期以来被认为是一种有益健康的力
量。20 世纪初，医生们就知道阳光可以杀死细菌。因此，阳
光在防止疾病传播中起到重要作用。例如，医生们开始把浓
烟和肺结核的传播联系在一起，因为浓烟阻止了阳光消灭灰
尘中的细菌。[37]

然而，总的来说，随着医生开始更加确定烟雾如何影响健康，他们往往只强调浓烟对呼吸系统的影响（特别是呼吸器官的炎症和受到的刺激），而不是从腹泻、便秘、嗜睡到犯罪冲动等的许多症状，而这些都被非专业人士归因于烟雾。关于烟雾对健康影响的新研究为这种联系的真实性提供了更有力的证据，也有助于限定烟雾邪恶的界限。烟雾不会导致肺结核，它只会加重病情。烟雾提高了肺炎和哮喘的发病率和严重程度，但与非专业人员归因于污浊空气的胃病或其他无数健康问题无关。

随着研究人员开始对烟雾之于健康的影响表达更多的确定性，烟雾减排运动获得了新生。1890 年代中期的大萧条中断了早期有组织控制煤烟的努力，不过此后许多城市发展起了复杂的反烟运动。在一些城市，改革者创立了极具影响力的单一问题利益集团（single-issue interest groups）。在更多的地方，这一运动迫使当地通过了复杂的法规，并建立了强大的烟雾调查部门。事实上，像辛辛那提和纽约这样不同的城市支持了非常相似的、有影响力的烟雾减排运动，这昭示了改进后运动的规模之大。[38]

在 19、20 世纪之交，辛辛那提是一个人口密集，环境污染严重，长期依赖烟煤的工业城市。被困在河谷泛滥平原的辛辛那提经常出现逆温和烟雾弥漫的情况。精英市民们痛苦地意识到他们的城市在中西部工业大城市中的影响力相对下降了。另一方面，纽约是美国最大的城市，以其良好的住宅区和相对晴朗的天空而闻名，这要归功于它长期以来对宾夕法尼亚东部清洁燃烧的无烟煤的依赖。虽然纽约是一座工业城市，却面向海风的吹拂，不太容易受到困扰河流城市的逆温的影响。尽管经济和环境各不相同，但是这两个城市在同样的健康和美学基础上发展出了相似的运动。在这两个城市，运动在 1905 年之后随着单一问题反烟联盟的建立而加强，之后都获得了足够的影响力来制定公共政策。然而，这些运动的结果却大相径庭。[39]

在辛辛那提，由 150 名杰出女性组成的妇女俱乐部发起了反烟运动。虽然商人组织长期以来讨论这座城市的烟雾问题，而且反烟条例自 1881 年已记载于册，但是有限的公共行动只能确保有限的成功。[40]在 1904 年，当妇女俱乐部的朱莉娅·沃辛顿（Julia Worthington），一位律师的妻子，致信市长朱利叶斯·弗莱希曼（Julius Fleischmann）要求其执行城市的条例时，这一切开始发生变化。沃辛顿和俱乐部的其他成员观察了城里的烟囱，注意到了它们排放烟雾的浓厚度，并希望观察结果可以作为在庭上反对烟雾罪犯的证据。[41]

第二年春天，妇女俱乐部邀请辛辛那提著名的外科医生和妇科医生查尔斯·里德博士就烟雾问题发表演讲。在一篇后来经常被引用和转载的演讲中，里德明确表示他理解女性在治理烟雾方面抱持的特别兴趣。里德指出，女性是日益严重的烟雾问题的殉道者。他指责说，妇女的权利"似乎从来没有被生产商阶层考虑过，后者认为有权为了自己的事业而制造烟雾，同时不受任何阻碍"。他接着说，"公司从来没有考虑过女性在家务上所承担的额外的苦差事，它们的工厂使空气中充满烟尘，烟尘同样渗进了客厅和卧室"。除了清洁的问题之外，里德还强调了污染的健康方面，认为烟雾与肺结核、黏膜炎和其他呼吸道疾病有关。[42]

同年晚些时候，朱莉娅·卡朋特博士，这位在 1880 年代首次领导辛辛那提反烟运动的医生，也向俱乐部提出了有关烟

图 3 – 1 俱乐部女会员

说明：原来的标题为"提议帮助伯德探长发现那些令人讨厌的烟囱"。志愿的烟雾检查员可能会提供一些帮助，和其他城市一样，芝加哥的中产阶级妇女积极参与控烟的行动。

资料来源：*Record-Herald*，19 April 1909。

雾减排的问题。紧随卡朋特的建议，俱乐部市民部门（civics department）的妇女们制订了行动计划。俱乐部成员梅蒂·米勒（Mettie Miller）总结了女性的哲学观。她说道："无论何时何地都要提倡清洁，因为没有清洁就没有健康，没有美丽。"

除了继续监视各个烟囱外，这些女性每天还对城市的空气进行一般性观察，以确定造成城市烟雾的最主要原因。她们注意到周日的烟雾要比工作日少得多，得出结论认为家庭炉火虽然在周日做饭时最活跃，但是由此产生的烟雾只占总烟雾量的一小部分。她们认为烟雾在很大程度上是一个工业问题，也明白烟雾问题的解决必须通过工程改进来实现。她们还发现在城市那些干净的烟囱下使用了几台（消烟）设备，希望其他人也能安装有效的设备。为了确保城市居民理解忍受浓烟是不必要的，俱乐部公布了使用清洁烟囱的企业名单，以说明无烟燃烧的可能性。[43]

1906 年，朱莉娅·卡朋特、朱莉娅·沃辛顿、查尔斯·里德和其他几十位关心此事的居民成立了烟雾减排联盟（Smoke Abatement League），扩大了他们控制城市烟雾的努力。在接下来的几年里，该联盟在辛辛那提发展成为一股强大的力量，其成员名单就像"辛辛那提名人录"（Who's Who in Cincinnati）一样，拥有足够的政治影响力来影响公共政策。查尔斯·塔夫脱（Charles P. Taft）夫人和她的丈夫——辛辛那提《时代明星报》（Times-Star）的所有者和编辑——成为活跃的会员。该市著名的律师之一默里·西曾古德（Murray Seasongood）也是。前市长以及该州最富有的人之一朱利叶斯·弗莱希曼也加入了该联盟。宝洁公司（Proctor and Gamble）总裁威廉·普洛克托（William Proctor）、蒸汽和福斯特公司（Steams and Foster）总裁塞斯·福斯特（Seth Foster）以及奥尔姆斯和多普克公司（Alms and Doepke Company）总裁威廉·奥尔姆斯（William Alms）也加入了该联盟。安德里亚斯·伯克哈特（Andreas Burkhardt）、亨利·波格（Henry

Pogue）太太和乔治·麦卡宾（George McAlpin）同样加入了这一行列。就连美国总统、土生土长的辛辛那提人威廉·塔夫脱（William Howard Taft）也支持联盟，并缴纳了年费。总共有200多名最有影响力的市民加入了这个联盟，其中包括许多成功的商人，他们公司的锅炉房都面临着冒烟的问题。[44]

联盟不仅游说市政府，而且雇用了一名监督人——乔治·西利（George Sealey）进行他自己的调查，并让公民逮捕那些烟雾罪犯。不到一年时间，市长就任命西利担任首席烟雾检查员，联盟接着任命马修·纳尔逊接替了他的位置。纳尔逊原是一名保险推销员，后来成为该市最重要的反烟活动人士，他的勤奋工作使联盟成为辛辛那提禁烟运动的推动者。联盟将这一问题暴露在公众视线之下（特别是通过查尔斯·塔夫脱的《时代明星报》），纳尔逊的积极行动取得了相当大的成功。1910年，新当选的共和党市长任命纳尔逊为该市首席烟雾检查员，以表彰他的辛勤工作。[45]

值得注意的是，就像在克利夫兰、圣路易斯和匹兹堡一样，辛辛那提最早的活动分子明白需要一种技术方法来解决烟雾问题，但是他们并没有试图将任何特定的解决方案强加给企业。正如里德在烟雾减排联盟的一场演讲活动中面对全国固定工程师（stationary engineers）组织明确指出的那样，"在烟囱的底端进行的是三个人的专门工作，即业主、工程师和火夫。联盟不是由工程师组成的，也不雇用工程师"。[46]换句话说，任何公民都可以通过观察排放烟雾的颜色来识别攻击性的烟囱，这就是妇女俱乐部和烟雾减排联盟所做的，但是只有专家可以通过检查设备来提供解决方案。联盟和城市允许业主和他的员工在锅炉房解决这个问题。眼下，改革者们满足于观察烟囱，

55

他们认为烟雾的来源是烟囱，而不是下面的炉子。[47]

里德在辛辛那提发表具有影响力的演讲仅仅三天之后，《纽约时报》就报道了查尔斯·巴尼（Charles T. Barney）在纽约市所做的努力。巴尼是一名房地产经纪人，住在大中央车站（Grand Central Station）以南仅三个街区的公园大道（Park Avenue），他希望通过组织一个烟雾减排联盟在纽约掀起一场有效的反烟运动，就像里德在辛辛那提所做的那样。巴尼首先向市长发出信息，要求更有效地执行该市的法令。巴尼担心随着无烟煤经销商带头指责软煤用户，他所在城市的减排努力已演变成一场硬煤和软煤利益之间的贸易战。他希望重新定义城市的烟雾问题，同时重新点燃公众对净化空气的支持。正如巴尼所指出的，纽约的法令并没有取缔软煤，而仅仅是取缔它的烟。他还抱怨自从公众对 1902 年无烟煤罢工伴随的烟雾发出强烈抗议以来，卫生委员会在烟雾减排方面就逐渐失去了兴趣，变得懒散和无效。[48]

在巴尼和他创立的反烟联盟（Anti-smoke League）的压力下，卫生委员会恢复了一项要求使用烟雾消除装置的旧法令，并加强了执法力度。在反烟联盟和 60 名被指派到卫生委员会调查公害的警察的帮助下，该市在 1906 年的头几个月发起了几十起针对烟雾罪犯的案件。该联盟的成员将违规烟囱的情况通知了卫生部官员，以便该市可以提起法律诉讼。更重要的是，一旦案件进入审判程序，联盟就会找出那些违规烟囱的目击者，他们会证明烟雾给他们带来了麻烦，这是定罪所必需的流程。联盟律师在协助城市检察官准备待审案件方面发挥了非常积极的作用。在 1906 年，193 名因烟雾违规而被逮捕的人中有 132 人被判有罪，而过去两年在没有联盟帮助的情况下，该市连一个烟雾违法者都没能得到定罪。显然，反烟联盟的帮助对城市的效率具有显著影响，在净化空气方面产生了很大效果。纽约一份名为《医疗记录》（*Medical Record*）的出版物指出该联盟和纽约市在 1906 年夏天取得了进展。"这种每天频繁逮捕的方法，"该杂志写道，"已经产生了效果。现在除了发电厂、快速交通公司（Rapid Transit Company）和爱迪生公司的烟囱外，几乎没有烟囱冒出黑烟。"[49]

反烟联盟盯上了所有的违法者，甚至纽约最大的公司之一宾夕法尼亚铁路公司（Pennsylvania Railroad）控制的长岛铁路公司（Long Island Railroad）和纽约最大的电力公司纽约爱迪生公司也受到了联盟的关注。在这两起案件中，联盟都与公司以及法院进行了合作，以协商结束烟雾的排放。长岛铁路公司同意在市区范围内只燃烧焦炭和硬煤，纽约爱迪生公司开始使用各种防烟装置进行一系列复杂的实验。在联盟的支持下，在城市法院最近成功的鼓舞下，该市卫生专员托马斯·达林顿（Thomas Darlington）博士甚至试图逮捕纽约中央铁路公司的主席威廉·H. 纽曼（William H. Newman），因为后者"允许公司在旅客列车和其第一百五十号大街的圆形房屋（roundhouse）内燃烧软煤。"警方将这一指控通知了纽曼，并命令他在哈莱姆法院出庭。从本质上讲，反烟联盟通过复活烟雾条例，在纽约市获得了足够的权力。当联盟为一个更干净的环境进行谈判和诉讼时，甚至迫使纽约市最具影响力的污染者被逮捕或被起诉。[50]

就像在辛辛那提一样，那些在纽约反烟运动中最活跃的人在健康、清洁、美学和道德方面对烟雾问题进行了定义。巴尼承诺将继续保持活跃，直到他能"确切地发现曾经作为纽约主要魅力之一的晴空得到恢复"。对于那些不太关注天空面貌的人，反烟联盟声称烟雾会给城市居民造成严重的健康问题。当《纽约时报》称赞反烟联盟时，它宣称后者的工作是"为了大城市的健康和晴朗的天空，是值得称赞和支持的"。[51]

纽约的反烟联盟和辛辛那提的烟雾减排联盟都代表了一场旨在控制城市环境的成熟的社会运动，但是它们的运动结果却大相径庭。纽约的改革者们获得了更大的成功，因为清洁燃烧的无烟煤仍然为这座城市的大部分地区提供燃料，且积极分子往往能说服最糟糕的违法者转而使用无烟燃料，而不是面对公众的鄙视。然而，在辛辛那提，大环境不允许这样一个简单的解决方案。由于软煤和硬煤的价格差异较大，改用燃料以减少烟雾在经济上是不切实际的。因此，烟雾减排联盟只能使城市的空气质量逐步改善。然而，不管这些改革运动的单个结果如何，到1907年，在纽约、辛辛那提和其他几十个城市之中，中产阶级妇女、医生、商人和工程师已通过利益集团（interest group）采取行动，将烟雾定性为一个需要市政立即关注的问题。这些改革者成功地指出烟雾对健康、清洁和美学构成了严重威胁，而在未来十年，美国每一个大城市都会对这些威胁做出反应。

表面上看，反烟行动主义会自然而然地随着烟雾量的增加而增加，但是两者之间的关系并不是那么简单。正如纽约和辛辛那提的故事所清楚表明的那样，参与到烟雾治理运动的城市并没有经历相似的经济增长、煤炭消费量的增加，或者相当数量的烟雾。大约75个美国城市在20年的时间跨度里相继立法禁止烟雾，这显示并不仅仅是煤炭使用量和烟雾的增加在起作用。尽管烟雾确实随着煤炭使用量的上升而有所增加，特别是在中西部工业城市，但是居民显然不需要烟雾达到阈值①才认为其是一个问题。[52]实际上，一些城市将反烟运动作为防止公害的一种手段，而不是作为对现有危机的反应。就像 1897 年一位费城工程师威廉·英格汉姆（William Ingham）在富兰克林研究所关于烟雾问题的讨论中所抱怨的一样，"费城没有烟雾公害，我们晴朗的天空证明了这一点"。英格汉姆认为费城之所以开始关注这个问题，只是因为包括伦敦、匹兹堡和芝加哥在内的其他大城市都在关注这个问题，而费城只是在努力跟上这个潮流，毕竟烟雾减排很流行。[53]

很明显，全国范围的烟雾减排运动不仅仅是对全国性环境危机的反应。反而，这场运动的强度在很大程度上要归功于进步主义时代日益高涨的改革热情，正如它对日益增多的烟云所做的那样。从 1890 年代到 1910 年代，城市环境问题引起了公众的广泛关注。当所有阶级和职业有改革意识的居民观察他们的城市时，他们看到了严重的缺陷。一些改革者指责机器政治②导致了城市问题，强调改革市政；而另一些人则指责移民和堕落的工人阶级导致了城市问题，强调节制、清理贫民窟和限制移民。许多人指责垄断托拉斯扼杀了竞争，支持政府监管大企业的努力；还有人指责被忽视的城市环境本身，努力改善公园、操场、街道和城市的空气。一个进步的城市居民持有所

① 阈的意思是界限，故阈值又叫临界值，是指一个效应能够产生的最低值或最高值。——译者注

② 美国在 19 世纪后半叶的政党政治演变成了后来人们所常说的机器政治（machine politics）或者老板统治（boss rule），也即老板筹集款项，让某个政党上台，政党上台后瓜分公职和公共工程，然后再从公共工程中捞钱。——译者注

有这些信念，并支持所有这些改革是很正常的。在一些改革者看来，城市社会需要改善它的政府、公民、商业结构和环境。[54]

然而，问题依然存在。为什么进步主义时代的改革者如此关注烟雾？环境改革不仅仅是对环境恶化的理性回应。毋宁说，人们对城市环境态度的变化和环境本身的变化一样快。这种转变的态度在很大程度上要归功于工业繁荣所创造的财富。随着新的财富刺激人们对文化和环境设施的追求，城市中产阶级追求的不仅仅是经济安全。新的公园、风景优美的林荫大道、美丽的市政建筑、清洁的水和干净的空气将使城市居民过上更长久、更愉快的生活。环境的改善成为中产阶级努力建设一个更好的、更符合富裕社会的文明的重要组成部分。[55]许多改革者不是仅仅为了舒适而要求一个健康的环境，而是将其作为人类发展和幸福的必要组成部分。也许查尔斯·里德1905年于辛辛那提妇女俱乐部之前发表的演讲最能概括这种新的态度，当时他宣布："呼吸纯净的空气必须被视为人类不可剥夺的权利。没有人有权污染我们呼吸的空气，就像他无权污染我们喝的水一样。没有人有道德上的权利把烟灰扔进我们的客厅，就像他无权把灰烬倒进我们的卧室一样。"这些被里德称为"空气伦理"的条款，我们可能会认为是一种成熟的环境伦理。根据里德的说法，工业城市的居民并不次于美国农村的居民，也有权享受清洁、卫生和良好的环境。[56]

在19世纪末和20世纪初，那些反对烟雾公害的男人和女人清楚地表达了意见，他们的观点无异于一种环境哲学。这些改革者相信，健康、美丽和清洁对他们城市和国家的进步而言与经济问题一样重要。这些改革者并不向往前工业社会，他们经常对工业经济带来的生活水平的提高表示赞赏。尽管他们承认工业化使美国变得现代，但是他们认为公民的健康和道德以及城市的美丽和清洁将使美国保持文明。20 世纪初高涨的烟雾减排运动是一场环境保护主义运动，旨在努力控制城市的工业环境，试图使美丽、健康与繁荣和利润一样，成为文明的最终目标。[57]

具有讽刺意味的是，改变人们对城市环境态度的动力既来自工业扩张的成就，也来自它的失败。美国经济的飞速发展使环境改革迫在眉睫。在内战以后的四十年里，美国已发展成为世界上首屈一指的经济强国。许多观察人士指出，美国文明似乎正在接近成功。与此同时，在美国进步的中心——城市，这个国家却看起来像是"半建成的"、混乱的。如果美国要充当许多美国人所认为的世界民主模式的榜样，那么城市肯定需要改变。芝加哥既不是罗马，也不是巴黎，甚至也不是伦敦。尽管当烟雾弥漫时，人们可能会把它和伦敦搞混。为了应对国际经济成功与当地文化和环境失败之间的巨大差距，中产阶级城市居民试图让他们的城市成为世界级城市，让它们配得上世界上最先进的文明。对于改革者来说，仅仅创造财富是不够的，花钱也是文明的标志。[58]

肯定没有一个文明城市能蜷缩在浓烟之中。尽管反烟活动人士有直接和切实的担忧，但是对许多改革者来说，烟雾不仅仅意味着不适、额外的开支和被破坏的景色。正如芝加哥前首席卫生官员安德鲁·杨所言，"只有严格遵守清洁和健康的规则，我们才能使自己和周围环境保持在一个符合开明的人类和文明常识的状态。我们的大气也不例外"。虽然生产力发达的工厂是现代化的标志，但是工厂的烟雾"确实是野蛮的标志"。在辛辛那提，《时代明星报》称这场运动是"为盎格鲁－撒克逊人的清洁美德而战"，并指出对于进步文明来说，没有什么能比烟雾减排更重要了。一些改革者把烟雾减排和其他环境改革与文明美国的生存联系起来。积极的环保主义者，那些把环境和道德联系起来的改革者，努力美化和整顿他们认为丑陋和混乱的东西，试图不仅改善他们城市的美学，而且改善城市居民的品格。[59]

有改革意识的城市居民带着一种紧迫感和道德使命感成立了相关组织和委员会，开展研究和调查，并公布了他们的发现和忧虑，最终都得出了一个结论：煤烟是一个严重的问题，需要政府采取行动。几乎没有人建议让私人部门在没有市政参与的情况下寻找解决烟雾公害的办法。[60]工业化创造了一种城市环境，在这种环境中强调个人主义、自治和私人产权的文化必须演变成一种基于组织、公民合作和公共权利的社会哲学。工业城市需要一个能够有效改造城市环境的市政府，以保护市民的健康和城市的美丽。改革者们知道，市政府必须在建设和保护现代美国文明方面发挥重要作用。尽管在 20 世纪的第二个十年里，反烟运动将导致政府更多地参与环境管理，但是成功仍然是难以实现的，而烟雾将继续笼罩这个国家的工业城市。[61]

第四章　大气将被管制

　　无论如何，可以肯定的是，在不久的将来，大城市对大气的使用将受到管制，其谨慎程度不亚于现在大街上的交通。这似乎是解决大气危机的唯一可能方法，而文明正因此受到威胁。

　　　　　　——《现代文学》（*Current Literature*）

　　　　　　　　第 43 期，1907 年，第 332 页。

　　公害——按照法律规定，是指在财产的使用或行为过程中，不论是实际侵害他人还是恶意的犯罪意图，违反了对使用或行为进行正当限制（这些限制是在文明社区接近其他人或财产时所强加的）的现象。否则，就是合法的自由。

　　　　　　——《世纪词典和百科全书》（*The Century*

　　　　　　　　Dictionary and Cyclopedia），1911 年

　　当妇女俱乐部、商人协会、工程协会和新成立的烟雾减排联盟迫使市政府进行有效的反烟立法时，市议会的回应则是出

台了一些极不完善的法令。这些新法令简短而含糊，经过实践，法院经常发现它们不合理和违宪。然而，在 20 世纪的头几十年里，市政当局制定了更复杂的法律。在国家立法的支持下，这些法律被证明是合理的和合宪的，但也只是适度有效。反烟条例持续存在的缺点反映了问题的复杂性，包括不容易通过立法解决的技术和经济问题。市政府可以轻易地宣布排放烟雾为非法行为，但是城市居民却不那么容易找到有效的技术解决方案，尤其是在符合经济成本的前提之下。因此，20 年的市政行动虽然大大改善了法律，但也只是适度改善了城市的环境。

62　　城市官员通过市政当局管制公害的做法来自英国普通法的规定，以此证明那些新的、往往具有高度限制性的烟雾条例是正当的。公害法要求所有公民以不伤害他人的方式利用财产。在 19 世纪的城市里，大多数公害涉及基本的环境问题：有缺陷的或满溢的私人便池，街道上的垃圾，恶臭、腐烂的内脏等等。在前工业化的城市，公害法的作用是追溯性的，比如没有人可以抱怨屠宰场的恶臭，除非他们闻到。然而，随着城市工业化的开展，市政当局在公害法原则下扩大了他们的权力。城市开始通过先发制人的法律来禁止公害，例如禁止在城市的某些地区建屠宰场，以防止恶臭骚扰居民。在整个 19 世纪，城市不仅通过设立事后处罚，而且通过把公害法塑造成一种管制发展的工具的方式，将公害法扩展成了一种管制城市环境的重要手段。旨在减少烟雾危害的法律是沿着相似的路线发展起来的，首先对违规者处以罚款，然后作为防止烟雾产生的手段，为所有使用煤炭的企业制定一系列法规。[1]

　　19 世纪末，执行公害法的责任落在了卫生部门身上。市民可以直接向市政卫生官员投诉，而卫生官员有权要求业主减少违规的公害，并对拒绝遵守规定的人处以罚款。19 世纪的环境管理结构反映了同时代人对于这一问题的理解，即恶劣的环境主要影响公民的健康以及卫生官员可以最好地确定什么对公民构成真正的环境威胁。卫生官员经常对针对满溢的私人便池、排水不良、场地脏乱、地下室积水、小巷污秽的投诉做出回应，所有这些都被认为是疾病传播的源头。[2]

对大多数城市来说，具体烟雾法规的执行属于卫生部门的权限范围，而城市官员像对待威胁健康的其他任何公害一样对待烟雾。到 1897 年，芝加哥、辛辛那提、克利夫兰、密尔沃基、明尼阿波利斯和纽约都通过了法令，授权卫生官员减少烟雾危害。因此，在许多城市，最早控制烟雾的市政努力来自那些对烟雾的产生或者火夫控烟能力知之甚少的官员。卫生部门官员的专门知识，通常与那些领导反烟立法努力的妇女和医生相同：当他们看到烟从烟囱里排放出来的时候，他们就识别了带有攻击性的烟雾。锅炉房的条件和具体的减排措施与他们无关。[3]

虽然市政当局根据公害法拥有管制烟雾排放的权力，但是并没有明显的方法来区分哪些烟囱的排放构成了公害，而哪些没有。并非所有的烟囱整天都在排放烟雾，事实上很少有这么做的。有些烟囱每天只排放一次浓烟，在早上开火燃烧时排放。另一些则在整个工作日间歇性地排放浓烟，而烟囱里冒出的浓烟显示正往炉火中增添燃料。当然，烟囱里会冒出各种不同颜色的烟，有些是黑色的，有些是不同程度的灰色，还有一些是白色的。当考虑到昏暗的天空，白色建筑物上的黑色条纹，或者浅色衬衫上的煤烟污渍时，烟雾问题似乎很明显。但是，当试图制定一项能够从源头上减轻公害的法令时，一个看似黑白分明的问题却暴露出了各种各样的灰色阴影。

63

19 世纪末，大多数城市最初的反烟法令避开了排放的复杂现实，只是简单地禁止了**所有**从烟煤燃烧中排放的烟雾，就像匹兹堡和纽约所做的那样。或者，他们禁止一种未加定义的"浓烟"，就像密尔沃基和圣路易斯那样。辛辛那提的 1883 年法令避免了定义哪种烟雾造成公害的困难，只是规定城市里的所有火炉都须使用"有效的防烟措施，使得产生烟雾的燃料或物质进行最完全的燃烧"。毫不奇怪，事实证明这些方法都不够用。城市官员根本无法执行那些禁止一切烟雾的法令，因为正如许多商人所指出的那样，所有的燃烧都会产生一些烟雾。即使是在第一次点火时，每天也须持续 5 到 10 分钟的排放。这些法令很快就面临法律挑战，法官们发现其不合理程度不亚于直接起诉企业的所有者。禁止"浓密"或"浓厚灰色"烟雾的法令遇到的问题与那些不含形容词的法令一样。在这些早期的法令中，"浓密"仍然没有定义，业主可以合法地认为他们在操作炉子之时需要排放一些黑烟。少数几项法令要求使用某种未指明的装置，比如在辛辛那提。尽管在法庭审理层面更有弹性，但是事实上这些装置并不能减少烟雾，因为企业只需表现出减少烟雾的努力就可以了。实际结果不那么重要，法院同情那些声称拥有最好可获设备的业主，只是设备没有减少烟雾而已。事实证明，法官通常不愿意对那些已经投资新型烟雾减排设备的公司进行罚款，不管其表现如何。[4]

1893 年，圣路易斯成为美国最早通过有效禁烟法令的城市之一。市议会实际上通过了两项法律，其中一项就是禁止向大气中排放"浓密黑烟或浓厚灰烟"，另一项设立了一个三人专家委员会来研究烟雾问题，并允许任命检查员，这些检查员有权进入违规烟囱的建筑物。在检查污染设备时，官员们向业主建议改进措施，并收集信息以起诉不听话的违法者。该市最活跃的反烟委员会成员、工程师威廉·布莱恩（William Bryan）估计在新法律的影响下，他的办公室主要通过鼓励公司安装烟雾消除装置的方法，在短短四年时间里就将该市的烟雾量减少了75%。与1890年代许多其他城市的反烟官员不同，布莱恩在蒸汽工程方面有相当多的专业知识，这使他能够指引固定工程师和企业主向无烟操作方向迈进。[5]

尽管通过执行该条例取得了一些进展，但是1895年有几家制造商对该法的合宪性提出了质疑，他们利用针对黑特伯格包装和供应公司（Heitzeberg Packing and Provision Company）的诉讼作为上诉其合法性的手段。1897年11月，在听取辩方和代表巴克炉与兰奇公司（Buck Stove and Range Company）以及其他几家在下级法院待审烟雾案件的公司律师的辩护后，密苏里州最高法院宣布该法令无效，因为它超出了"城市根据其宪章宣布和治理公害的权力"，是"完全不合理的"。正如最高法院法官詹姆斯·甘特（James Gantt）在他的裁决中所写的那样，普通法视域下的烟雾本身并不是一件公害，而且国家并没有通过任何立法宣布其为公害。也就是说，普通法只把造成损害的烟雾视为公害。[6]因此，密苏里市政当局通过的任何法令都必须包括一些证据，表明要管制的烟雾排放会给某些特定的公民或财产带来烦恼或损害。城市不能像1893年法令那样宣布所有的浓烟都是公害，也不能对其一概加以禁止，但它可以阻止对人或财产造成损害的烟雾排放。[7]

由于1893年的立法被宣布违宪，圣路易斯在随后两年没有制定烟雾条例，也没有设立烟雾检查部门。然而，在1899年春，该市通过了一项新的法律，其中包括一项禁止对任何城市居民或财产造成损害、伤害或烦恼的烟雾排放的条款。正如布莱恩指出的那样，新法案要求在反对排放浓烟的公司的案件中提供更多证据，这带来了一些严重的实际困难。在一个烟囱林立的城市里，人们如何证明是哪个烟囱产生的烟灰损害或惹恼了特定的人或财产？

65　和其他城市一样，在圣路易斯检察官们开始依靠烟雾调查部门以外的目击者，尤其是妇女，她们可以为住家附近烟囱排放的烟雾给她们带来的烦恼，尤其是弄脏了晾干的衣服而作证。[8]

　　在圣路易斯，针对反烟立法的第一次法律挑战使市政部门对排放的控制失效，但是经过两年的停摆，新的立法赋予该市足够的权力来监管该市的空气。实际上，尽管市议会在1899年通过了新的条例，圣路易斯的制造商却表达了对减少烟雾排放将严重阻碍工业发展的担心，因为它会给那些需要廉价、肮脏的伊利诺伊煤炭的企业造成不应有的负担，而该种燃料支撑了城市内多数工厂的运行。与其他城市和其他时候反对禁烟的许多人一样，制造商也注意到软煤对这座工业城市的繁荣以及对其自身存在具有的重要意义。在与布莱恩的一次公开对话中，制造商总结道："布莱恩会发现制造商准备配合任何公正的措施、合理的计划来减少烟雾，但是也会发现他们中的大多数人坚决反对小规模的起诉。在某些情况下，这些小额罚款和持续的骚扰会转化为迫害行动。"显然，一些制造商明白控烟官员根据新条例将重获权力，而这座城市的制造商们也在恳求宽大处理。[9]

　　1890年代圣路易斯对反烟法令的法律挑战在这一时期相当典型。在克利夫兰和圣保罗等其他城市，类似的上诉也对地方政府监管烟雾排放的权力提出了质疑。在这第一波法律挑战中，烟雾法令的反对者利用州对城市权力的限制来阻碍环境管理。在黑特伯格案件和全国其他几起类似案件中，挑战者都知晓州立法机构对市政府的严格限制。他们成功地指出在城市宣布烟雾本身为公害之前，需要有特定的州立法。换句话说，法院裁定城市不能宣布烟雾是一种公害，直到州立法机构说它们可以这么做。在俄亥俄州，克利夫兰和辛辛那提官员们游说了州立法机构多年，才终于通过了一项充分授权法案。事实上，直到前克利夫兰烟雾检查员约翰·克劳斯（John Krause）以参议员身份进入立法院，并在哥伦布协调游说活动之后，这些城市才取得了成功。这场斗争非常艰难，因为包括铁路和煤炭公司在内的强大利益集团发动了一场秘密运动，阻止在该州首府的立法活动。只是在烟雾减排协会和商会的持续游说下，克劳斯才确保该法案于 1911 年得以通过。[10]

随着各州通过这类授权立法，烟雾监管运动的反对者失去了击败市政府控排努力的最有效手段。实际上，支持政府有权将烟雾排放作为一种公害加以监管的最具影响力的观点来自哥伦比亚特区的一个上诉法院，该法院确认国会有权在首都地区管制烟雾。1900 年通过的"摩西诉美国案"（Moses v. United States）否定了一系列反对 1899 年国会通过的烟雾条例的论点。原告是一家家具店的老板，他们辩称特区官员无法证明从他们的烟囱里冒出的烟雾对附近房产或居民有任何负面影响。他们还辩称，为减少建筑排放而采取的措施本应使他们免于犯罪起诉。法院认为这两种观点与维护国会宣布烟雾为公害的权力并不冲突，裁定特区内官员不需要为此案提供损害证明，而该公司试图减少烟雾的失败尝试也并没有为他们的罪行开脱。[11]

摩西案中对于广泛的市政管理权力的支持，在后来的州案件中找到了共鸣。哥伦比亚特区的裁决为支持一些法令提供了先例，这些法令宣称在许多其他城市，烟雾本身就是一个公害。最重要的是，摩西案为 1904 年的一个事件开创了先例，当时密苏里州的一个法院承认了该州的授权法案，该法案允许 10 万人口的城市宣布烟雾为公害。摩西案和密苏里州的"州诉塔"（State v. Tower）案件为此后一系列裁决奠定了基础，这些裁决不仅肯定了各州有权授权自治市去监管烟雾，还维护了城市在改善空气质量方面所行使的广泛权力。[12]

最后，在 1915 年，美国最高法院听取了反对城市排放管制的众多案件中的一个上诉。在"西北洗衣诉得梅因案"（Northwestern Laundry v. Des Moines）中，法院驳回了宪法第十四条修正案中有关保护私人企业免受政府通过排放管制加以干预的论点。该上诉是位于得梅因的一家洗衣公司发起的，它宣称这是不合理和专制的。最高法院对此的驳斥再清楚不过了："就联邦宪法而言，我们毫不怀疑该州可以自己或通过授权的市宣布城市或人口稠密地区的浓烟排放是一个公害，并应对此施加尽可能多的限制；这种立法的严厉程度或者其对商业利益的影响如果不是由于武断的立法所致，则不属于有效的宪法异议。"[13]

当然，法庭支持城市对排放进行监管的普遍事实并没有结束烟雾违规者的上诉行为。例如，芝加哥市在 1905 年就面临着针对反烟运动的法律挑战，尽管法院一再支持该市减少烟雾的权力，而且伊利诺伊州在 1871 年就针对芝加哥通过了一项异常广泛的授权法案。但是，当市政府对葡萄糖精炼公司（Glucose Sugar Refining Company）施加压力之后，巨大的葡萄糖托拉斯决定与烟雾法斗争，而不是控制其排放。早在 1904 年 4 月，芝加哥的烟雾检查员就发现葡萄糖公司在泰勒街和芝加哥河的工厂是该市最严重的烟雾制造者之一。然而，早期几次针对精炼公司的起诉最终没有构成罚款。1904 年 10 月，

《记录先驱报》的一篇社论在抗议烟雾问题时特别提到了这家葡萄糖工厂的排放。当注意到法院在过去案件中的宽大处理后，社论报道说"这家公司现在又把它的污染物散布到了整个下西区（the lower West Side）"。首席烟雾检查员约翰·舒伯特（John Schubert）对低额罚款和持续不断的烟雾（不仅来自制糖厂，也来自该市的许多大污染者）感到失望，承诺每天都会逮捕那些惯犯。在曾审理大量烟雾案件的沃尔特·吉本斯（Walter Gibbons）大法官新的合作态度的鼓舞下，舒伯特许诺对每一项违法行为最高可处以 100 美元的罚款。[14]

正如舒伯特所指出的，葡萄糖厂每天燃烧 450 吨煤。通过购买最便宜的、最低等级的煤炭，公司每周节省了数百美元。当时，舒伯特的目标是对该公司处以高额罚款，以使公司使用这种廉价、污染严重煤炭的行为在经济上变得毫无意义。舒伯特在他新的运动中得到了《记录先驱报》和西奥多·萨克斯（Theodore Sachs）博士的大力支持。后者是一名内科医生，其在舒伯特开始他的运动时曾宣称烟雾是在芝加哥导致肺结核病的主要原因。萨克斯在犹太妇女委员会（Council of Jewish Women）发言时曾呼吁严格执行烟雾法，因为他认为公民的健康需要清洁的空气。在萨克斯发表评论的同一天，《记录先驱报》发表了一篇社论，以确保当读者思考烟雾对健康的影响时会记住像葡萄糖公司这样的惯犯。"找借口的日子在很久之前就已过去了，"社论总结道，"必须采取行动了。"[15]

随着压力的上升和罚款的增加，这家精炼公司向联邦法院申请强制令，以阻止芝加哥烟雾条例的执行。与此同时，该公司开始了自己的宣传运动，致力于吹捧烟雾的积极方面。公司总裁问道，"没有烟雾的芝加哥会是什么样子？那将是一个小

68

车站"。《记录先驱报》以冷幽默扩展了这一旧观点，在一篇社论中写道："我们需要的是更多的烟雾。我们所能想象到的最幸福的状态就是大气中含有大量的烟雾，使城市污浊不堪，使太阳永远处于日食之中。"反烟活动人士意识到把烟雾视为繁荣标志的旧观念已经失去了很大的影响力，这让编辑们可以嘲笑这家葡萄糖公司的总裁。[16]

《记录先驱报》的报道超越了对葡萄糖精炼公司芝加哥工厂及其总裁对烟雾的无力辩护的批评，它还披露了该公司作为另一个城市的工业公民的不良记录。葡萄糖托拉斯不仅在芝加哥经营着一家烟雾缭绕的工厂，它在纽约的工厂也产生了浓烟。《记录先驱报》报道说，纽约的几个社区组织已经联合起来保护"他们的家庭和肺部不受公司的烟雾、烟尘和毒烟的侵害"。该报毫不含糊地总结道："我们的葡萄糖精炼公司需要被强制服从于烟雾条例。"[17]

然而，服从需要等待，因为在听取了初步辩论后，联邦地方法院法官克里斯蒂安·科尔萨特（Christian Kohlsaat）发布了一份临时限制令，禁止该市执行烟雾条例。葡萄糖公司的律师辩称该条例是不合理和不公正的，同时声称由于工厂在制造业区排放烟雾，从烟囱里冒出的烟并没有造成真正的伤害。然而，经过三个月的听证和深思熟虑之后，法官做出了不利于葡萄糖公司的判决，宣布烟雾条例有效，并解除了限制令。科尔萨特在提到该市明确减少公害的使命后总结道："从各个角度来说，个人和国家的福祉都要求公众的健康、生命和道德不应受到损害。"显然，追求利润的污染在芝加哥遭受了挫折。[18]

1906 年，在法令的保护下，吉本斯法官对惯犯们表示了厌恶，并对葡萄糖精炼公司施加了压力。当年初，标准石油

(Standard Oil) 收购了该托拉斯,此后葡萄糖精炼公司更名为玉米制品公司 (Corn Products Company)。7 月,吉本斯向违规者开出了一堆大罚单,其中包括几例 100 美元的最高罚款。在当年夏天的运动中,这家葡萄糖工厂远不是唯一一家被处以巨额罚款的企业,但它确实积累了数百美元的罚金,因为检方一再将这个桀骜不驯的违规者带到法官面前。这家公司一直坚持自己的老观点,认为既然工厂位于制造业区之内,那么它的烟雾就没有冒犯任何人。然而,烟雾检查员舒伯特反驳道,那些住在工厂附近的"是穷人,比富人更需要新鲜空气"。[19]

到了 10 月,葡萄糖托拉斯已经受够了芝加哥的烟雾法。这家标准石油控股的公司声称没有资金改进设备,决定停工 60 天,以解决目前的状况,并阻止烟雾排放罚款的累积。公司在考虑了各种选择后,解雇了数百名员工。在停工期间,这座城市有 13 起关于精炼工厂的案件悬而未决。11 月底,该公司了结了其余案件,并支付了 400 美元的罚款。1909 年,芝加哥的工厂空置待售,巨大的托拉斯继续重组,将生产转移到一个新的、最先进的工厂之中。当然,在决定关闭这家老工厂时还考虑到了其他因素,但是律师费、诉讼费和罚款带来的经济压力以及大量的负面宣传,可能有助于解释糖业托拉斯放弃这家烟雾缭绕工厂的时机。[20]

在一位精力充沛的烟雾检查员的指导下,在一位富有同情心的法官的支持下,烟雾条例明显有效地提醒了芝加哥烟雾缭绕的工业一个事实,即该市能够对煤炭消费者施加真正的影响。1906 年的一项修订条例引起了人们对芝加哥铁路的新关注,这些铁路在先前的条例下"几乎不受影响"。舒伯特通知,城市检查员从今以后将对机车给予相当大的关注,而其减少铁路烟雾的热情最终将对该市烟雾法提出另一个挑战。[21]

为了避免与城市发生冲突，伊利诺伊中央铁路公司采取了额外的预防措施，在沿线派驻私人检查员以防止烟雾逮捕事件的发生。尽管如此，在新条例实施的第一天，城市检查员还是发现机车有四台引擎违反了法律。当舒伯特发起这一新的严厉运动时，他夸口由于罚款从 10 美元到 100 美元不等，预计明年城市金库（coffers）将通过烟雾控制而增加 1 万美元收入。《记录先驱报》援引舒伯特的话说：“当我们收到 50 或 100 件针对铁路公司的诉讼时，显然会有一场强有力的、旨在减轻烟雾公害的运动。”铁路公司当然明白他们将在这次重新恢复的、针对烟雾的行动中首当其冲。[22]

舒伯特对铁路烟雾的攻击引发了更多的法律诉讼，但是由于该市监管烟雾的权力最近在法庭上得到支持，铁路公司只能希望削弱市政监管的力度，而不是阻止监管的施行。在根据新法律被起诉两周后，伊利诺伊中央铁路公司的律师在吉本斯法官面前辩称公司已经尽其所能阻止烟雾。每一辆机车都装有最先进的减排设备和高质量的煤炭，或者正如铁路公司声称的那样，如果伊利诺伊中央铁路公司的引擎冒烟，责任就落在了操作这些攻击性火车头的火夫和工程师身上。吉本斯对此辩解表示满意，并同意铁路公司的意见，裁定从今以后运营冒烟机车的员工将承担罚款费用，而不是公司。随后，该铁路公司采取了一种巧妙的策略，将工程师送上法庭，并要求陪审团进行审判。铁路公司猜测，没有陪审团会因为一个工人尽力工作而开具罚款。舒伯特了解该公司的花招，并向法庭诉苦。伊利诺伊中央铁路公司的律师们要求并收到了陪审团对 20 起针对其引擎的烟雾案件的审判。[23]

伊利诺伊中央铁路公司的策略也被其他铁路公司采用，这意味着芝加哥的烟雾检查员将不得不在法庭上花很长时间，在陪审团面前作证，而少有时间去监视那些违规的烟囱。然而，舒伯特发誓不会向铁路公司屈服，并要求市议会增加人手以补偿失去的劳动力。反对铁路烟雾的斗争已经变成了一场消耗战。到 9 月初，在新的努力开始七个月后，该市对铁路公司提起了 231 起诉讼，对这些公司的罚款达到了 3100 美元。[24]

事实证明，伊利诺伊中央铁路公司对陪审团的试探是短暂的。在几个陪审团的审判以高额罚款而告终后，铁路公司的律师们向吉本斯法官抱怨说他们发现陪审团成员不可能不表现出对违反烟雾法者的偏见。[25] 律师们很快意识到，法官而不是人民能够提供最好的保护，以免受重罚。铁路公司在认识到陪审团庭审只是起到延缓作用，却无法阻止继续罚款之后，采取了一个新的策略。为了削弱烟雾条例，铁路公司在机车工程师兄弟会（Brotherhood of Locomotive Engineers）的支持下，提出了新的修正案，其中一项要求检查员考虑由冒烟机车拉动轨道车厢的数量。由于铁路公司对因违反法令而被判有罪的员工处以罚款和停职，工程师在针对铁路烟雾的袭击中遭受沉重打击，并表示支持这些修正案。然而，铁路公司的这种新做法也失败了，因为修正案没有在议会通过，而且对这些公司的罚款还在增加。即便如此，在芝加哥针对铁路烟雾的战争才刚刚开始。在未来几年内，这些公司将不得不花费更多的时间和金钱来控制他们的烟雾或限制反烟法令的效力。[26]

芝加哥公众对反烟斗争中有效的市政及司法行动的持续支持，反映了 1910 年前后全国许多城市发生的变化。在芝加哥、辛辛那提、纽约、密尔沃基和匹兹堡等许多城市，城市烟管部门的积极行动揭示了过去十年来公众对市政监管观念的重大变化。各州已赋予城市监管排放的权力，许多城市居民也开始认为市政府有改善空气质量的**义务**。

对有效的市政监管要求的提高，不仅引起了城市官员更积极的行动和法官更大的支持，而且促使全国各地城市通过了新一代的市政法规。这些新法律的形式反映了城市环境治理的诸多变化，密尔沃基1914年颁布的烟雾控制条例就是典型的例子。自从1898年生效以来，密尔沃基的条例经历了四次重大改写和几十次小修改，从四个简短的部分发展到12个部分，其中一些相当冗长。1914年颁布的法令规定首席烟雾检查员必须是"具有至少五年实际工作经验的蒸汽或机械工程师"，禁止在任何一小时内排放超过五分钟的浓烟，并要求所有新建或改建的蒸汽工厂、锅炉或熔炉必须获得烟雾检查员的许可，每宗违例的罚款在10~50美元。法律还规定首席烟雾检查员有权进入所有排放浓烟的场所。从本质上讲，烟雾就是一种检查许可证，它使烟雾检查员有权在没有事先通知的情况下进入任何排放浓烟的锅炉房或机车。[27]

修改后法令的具体内容因城市而异，特别是在每小时允许排放烟雾的分钟数和针对违规者的罚款数额方面。但是，大多数新条例都包含相同的基本组成部分：创建一个独立的烟雾检查部门，首席检查人员要求是专业工程师，烟雾检查人员有权进入任何违规建筑。此外，许多城市开始要求企业获得所有新锅炉和熔炉的建造及维修许可。反烟官员掌握的新权力反映了这场运动重心的转移。城市需要的不仅是能够在烟囱喷口处发现违规行为的官员，而且是能够检查锅炉和熔炉，以确定烟雾产生原因并提出补救措施的专家。

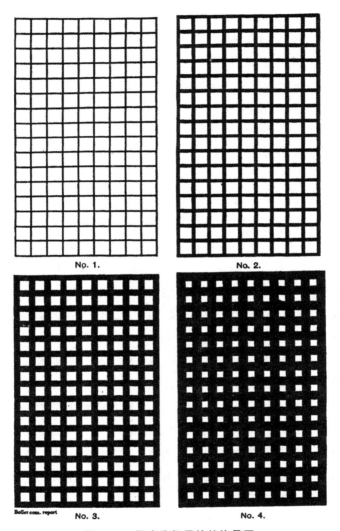

图 4 - 1　烟度分级用的林格曼图

说明：与烟雾流保持一定距离，复选框内的灰色阴影可以与排放物的颜色进行比较。数字 1 和数字 2 的阴影是合法的。

资料来源：*Transactions* 21（1900）：97。

尽管大多数新法律都没有对"浓烟"给出明确的定义，但是一些法令却这样做了。例如在匹兹堡，新近立法规定林格曼图上浓度为 3 的烟雾排放时间如果超过 8 分钟就构成违法。美国各地的烟雾监管人员都使用林格曼图，甚至在一些法规没有明确规定其用途的地方，也允许检查人员站在离烟雾较远的地方使用一系列的六个复选框去判断烟雾的浓度。第三个表代表浓度为 60%，表明该程度的烟雾挡住了通过它的 60% 的光线。[28]

然而，并非所有的烟雾条例都反映了专业和科学烟雾减排的趋势。纽约市 1910 年烟雾条例将烟雾减排的权力留给了卫生部门，这与在城市工程师控制下创建独立烟雾部门的全国性趋势背道而驰。纽约条例简单地规定没有人"能在纽约市内场所引起、遭受或允许从任何建筑物、轮船、固定或移动引擎以及汽车中排放浓烟"，但是没有说明如何判断烟雾的浓度或者烟囱可以排放多久黑烟而不用担心违反条例。尽管在一些观察人士看来这项法律似乎过于严厉，但在经过一年的激进行动之后，纽约市在治理烟雾公害方面取得了相当大的进展。《纽约时报》对卫生部门的出色工作表示赞赏。一篇社论写道，"一个人可以站在屋顶上的任何地方进行观察，会发现什么都看不见，只有干净的白烟飘向天空"。《纽约时报》将这一成功归功于去年因烟雾违规而对相关人员的大量逮捕。据该报统计，去年共逮捕了 2000 多人。[29]

纽约市的新法令和卫生部门执行活力的恢复，使纽约爱迪生公司大为震惊。爱迪生在曼哈顿市中心区东河（East River）的水边发电厂运行了 114 台锅炉，经常在市中心排放浓烟，这使这家电力公司成为卫生官员的明显目标。到 1913 年 7 月，纽约市已经对纽约爱迪生公司发出了近百起投诉，试图迫使公司做出预防性的改变。相反，爱迪生对法令提出了异议，而纽约市特别法庭（Court of Special Sessions）允许被告提出异议。在关于卫生法典烟雾控制部分的决议中，法院写道，"该条款是不合理和武断的，因为它具有不合格和轻率的特点，将一种可能是或可能不是公害的东西谴责为公害，也因为它没有对不可能遵守的情况做出规定"。借用1895年在克利夫兰和1896年在圣路易斯发生的辩论，爱迪生的律师使法官相信，雇员们至少在某些时候不能在不产生浓烟的情况下操作这个巨大的工厂。法院认为一些烟雾是必要的，因此该法令的严格执行违反了宪法，是在没有正当法律程序的情况下剥夺了公司的财产。根据法院的判决，该法令对本市私人财产的利用设定了不合理的限制。[30]

接下来的一周，《纽约时报》呼吁纽约市对下级法院的裁决提出质疑。一篇社论写道：所有的煤炭都可以在无烟的情况下燃烧，而市民对城市是否有能力管制这些排放有着极大的兴趣。《纽约时报》总结道，"这是不经济的、丑陋的，是对所有形式的生命健康有害的"。有一篇专栏文章甚至提供了学术上的帮助，引用了纽约上诉法院的一宗有利于罗切斯特市禁烟条例的案件。[31]

并非所有观察人士都指责下级法院推翻了纽约反烟条例。长期以来一直支持并宣传减排努力的工程行业杂志《动力》（Power），对该市的烟雾监管方式进行了严厉批评。《动力》认为目前的立法要求法官和陪审团决定哪些排放构成妨害，哪些不构成妨害。"对法院法官应给予应有的尊重，"一篇社论写道，"但是他们不能像燃烧专家那样了解燃料的燃烧情况，

74

而且烟雾条例的解释应该掌握在那些有能力权衡违法行为的严重程度与违法者遵守能力的人手中。"换句话说,《动力》认为纽约必须建立一个烟雾检测部门,该部门的负责人不是卫生官员,而是工程师和专家,他们可以确定违规行为的原因并提出切实可行的补救措施。[32]

然而,纽约没有修改 1910 年烟雾法令,而是对下级法院的裁决提出了上诉。1913 年 12 月,上诉法院驳回了针对该法令的禁令。法院裁定该法令是对城市警察权的适当行使,理由是 1910 年烟雾法令不应被逐字解释,它应该被假定为只禁止故意排放会伤害市民的烟雾。此外,上诉法院的法官裁定城市中任何浓烟都是一种公害,需要市政加以监管。"我们制造业和运输业的惊人发展,城市人口的快速增长都集中在一个小的地区之内。在有关影响健康方面的科学调查进展,"判决书写道,"已经使得为了维护公共福利而对私人财产的使用施加特定限制的行为成为必要,这是普通法所没有提到的。"在人民诉纽约爱迪生公司案(People v. New York Edison Co.)中,法院认识到即使在必要时通过措辞不精确的法令,也有必要扩大市政当局的权力,以保护公众利益不受私人行为的影响。[33]

与美国的许多工业城市一样,到 1910 年代中期,纽约在改善空气质量的努力中克服了一系列法律挑战和暂时的挫折。对纽约爱迪生公司提起上诉的裁决反映了反烟情绪的影响,即便在一个多数观察人士认为相对干净的城市也是如此。对纽约法令的司法支持以及在美国数十个城市完善法规的建立,标志着 20 世纪头二十年的禁烟运动正在扩大和加强。从波士顿到盐湖城,从密尔沃基到亚特兰大,从费城的硬煤城到伯明翰的软煤城,从匹兹堡这样的工业大城市到阿尔图纳这样的交通枢纽，到 1916 年已有 75 个美国城市通过了反烟条例。人们想知道要求干净的空气是不是成了一种文明人的骄傲，即使是在空气已经相当清澈的地方。毫无疑问，一些小城市借此机会通过立法来反对烟雾这种大城市问题，以此来表明他们对这个工业国家的重要性。例如，1913 年，俄亥俄州扬斯敦的商会邀请匹兹堡首席烟雾检查员 J. M. 塞尔（J. M. Searle）在商会里发表演讲，作为在该市制定合适法规的初步努力的一部分，尽管一些成员担心过度监管可能会限制这个新兴工业城市的经济增长。[34]

由于有海风的影响和充足的无烟煤供应，巴尔的摩这个大城市相对清洁，但同年它突然转向了有效的烟雾管制。妇女公民俱乐部（Women's Civic Club）发起了行动，组织了一个由杰出人士组成的委员会，并游说市长支持对烟雾问题的研究。该委员会随后聘请了机械工程师 E. A. 汤普森（E. A. Thompson）"从工程角度考虑这个问题"。汤普森作为该市的首席检查员，在一位助手的协助下对投诉进行了调查，并检查了发电厂和新锅炉。由于宾夕法尼亚、巴尔的摩和俄亥俄铁路公司的合作，汤普森声称在减少机车烟雾方面取得了一些成功。每家铁路公司都雇用了两名检查员去监视城市里自己机车的烟囱。但是，汤普森也抱怨说烟雾意味着繁荣昌盛的旧观念在巴尔的摩仍然存在，而且他还没有可以凭借的有效法律。尽管如此，巴尔的摩仍加入了越来越多积极控制煤烟的城市行列。[35]

随着运动蔓延到全国其他城市，在长期受烟雾问题困扰的城市中，这一运动也有所加强。在一些城市，运动导致空气质量明显改善。在费城，一项新的法令于 1905 年 1 月 1 日生效，随后该市的烟雾部门发起了新的活动。尽管首席检查员约翰·卢肯斯（John M. Lukens）对他从许多违规者那里得到的合作表示赞赏，但是费城也面临着针对反烟法的法律挑战。不过，在法庭的支持下，卢肯斯在维护法律和对违法者处以罚款的同时，积极地执行了法令。到 1908 年，他可以宣称市中心"完全没有烟雾滋扰"，而且制造业区也取得了相当大的进步。卢肯斯每年进行超过 1500 次的烟囱检查，但很少提起诉讼，因为大多数业主同意采取措施治理烟雾，避免罚款。一些人转而使用自动加煤机（automatic stokers），这样炉子就能得到均匀的煤炭供给，从而减少了人工加煤时经常伴随的煤烟。然而，为了避免被起诉，大多数工厂转而使用硬煤或硬煤与软煤的混合物。总体而言，费城的污染者没有采用新技术来解决他们的烟雾问题，他们只是重新使用了几十年来让这座城市保持清洁的燃料。[36]

在第一次世界大战前的几年里，匹兹堡的污浊空气也有了明显的改善。1911 年一家法院宣布其反烟法令无效后，匹兹堡向宾夕法尼亚立法机构寻求新的授权法案。这个城市出台了一项新的条例，重组了它的烟雾减排部门，并重新任命 J. M. 塞尔担任首席检查员。有了新法规的支持，塞尔和 1914 年接替他的工程师 J. W. 亨德森（J. W. Henderson）开展了一场反烟运动，使得该市空气质量取得了逐步但显著的改善。一个在 1912 年末商会烟雾减排委员会的一次特别会议上组织起来的私人利益集团——烟尘减排联盟，为塞尔和亨德森提供了重要的支持。该联盟由匹兹堡的十几个组织组成，包括妇女俱乐部大会、西宾夕法尼亚工程师协会、匹兹堡大学和阿勒格尼县市民俱乐部等，[37] 它通过组织一系列展览把问题暴露在公众面前。[38]到 1916 年，亨德森利用美国气象局（United States Weather Bureau）的数据，报告说匹兹堡在过去四年里减少了 46% 的烟雾，尽管同时期该市的煤炭消耗量急剧增加。1916 年 9 月，副总统托马斯·马歇尔（Thomas Marshall）在来访时对大气情况的改善进行了评论。"你们的烟雾正在消失，但你们仍保持着工业霸主的地位，"他说，"其他城市的人再也不能取笑你们，说你们来自一个尘土飞扬的城市。"[39]

纽约州罗切斯特市的空气质量也因有效的反烟运动而有所改善。在商会和当地妇女组织的支持下，该市于 1906 年通过了一项反烟法令。在这座城市里，令人尊重的芝加哥法令得到了修订。在罗切斯特每 4 小时烟雾排放不得超过 5 分钟，而不是通常的每小时 6 分钟。在严格执法缓慢开始之后，进步变得明显起来。一些观察人士声称在执法三年之后，城市的烟雾量减少了 75%。[40]

所有对空气质量改善的估计都只是估计而已。没有人能够提供可靠的科学数据来精确地量化烟雾的减少，但是这种趋势是明显的。在全国的许多自治城市，在得到州授权法律、富有同情心的法官，以及商界、新闻界有影响力的盟友的支持后，反烟条例确实在改善城市空气质量方面发挥了显著作用。至少，这场运动已经达成了一个普遍共识，即市政当局能够也应该监管排放。不过，也许最重要的是这场运动在很大程度上使美国人相信烟雾是一种并非必要的公害。正如《哈珀周刊》（*Harper's Weekly*）在 1907 年指出的那样，一个明显活跃的烟囱不再是"巨大繁荣的标志"。人们的看法发生了变化，许多城里人看着黑云，从中看不到任何进步，只有污染。[41]

　　然而，这种公众对烟雾不断变化的看法即使与复杂法律的积极执行相结合，也证明无法圆满地控制空气污染。这个问题有很多方面，没有一个单一的解决方案可以令人满意地控制空气污染。尽管人们通常把这个问题看作一个单一的实体——"烟雾公害"，但实际上，烟雾来自各种各样的来源并出于各种各样的原因，这使得检查人员的工作大大复杂化。新一代的条例反映了人们对减排工作需要专业知识的广泛理解，领导大多数反烟部门的工程师们当然意识到了他们城市面临问题的复杂性。但是，新的法律和新的专家人员无法克服某些技术限制和经济现实。

　　虽然高耸的工业烟囱和位于市中心的办公楼的烟囱吸引了相当多的注意力，但是在大多数城市，它们产生的烟雾只占总烟雾量很小的一部分。例如在芝加哥，商会对该市的烟雾来源进行了详细研究，发现在1910年代初蒸汽机车制造了该市大约22%的烟雾，冶金炉贡献了另外的29%，而工业和办公楼利用的高压蒸汽发电站贡献了45%。报告还指出，城市的烟雾中只有4%来自家庭炉火。当然，每个城市都有自己独特的烟雾污染源组合，都必须找到适当的法律和技术手段去控制排放。[42]

　　用于发电厂、许多工厂和大厦内的固定锅炉为改革提供了"最肥沃的土壤"，因为它们对烟雾问题的影响很大，而且由于它们是固定的，检查人员总能找到它们并判断改进情况。工程师们还为固定锅炉制造了一些设备，其中一些在正确安装和操作的情况下非常有效。也许对于固定锅炉而言最重要的是自动加煤机，它为燃烧缓慢而均匀地提供燃料，从而避免了由于粗心的手工加煤而产生的大烟柱。其他流行的

78

装置包括蒸汽喷射器（steam jets）以及砖拱（brick arches），前者向火中喷射热空气以确保煤炭的完全燃烧，后者使火箱与锅炉保持一定距离，从而使火更热，更有可能实现完全燃烧。一些企业转而使用倒焰炉（down-draft furnaces），这种炉的设计初衷是通过将氧气注入火堆中煤炭的方法，提高效率，减少烟雾。可惜，这四种防烟装置都有明显的缺陷。自动加煤机名实不副，需要工人密切和熟练的关照才能确保有效的操作。蒸汽喷射器往往会降低燃料效率，砖拱需要更多的空间和频繁的维修。对于那些想要建造新的蒸汽工厂的人来说，倒焰炉似乎可以减少烟雾，但是高昂的初始成本限制了它们的安装。[43]

　　大多数防烟设备都属于这四种类型，且有相当数量的设备进入了市场。无烟成为一个主要的卖点，特别是在那些烟雾检查员实行逮捕行动和法院开具罚单的城市。遗憾的是，不是所有的销售人员对他们的设备都很诚实，而且设备即使在演示时显示了良好的效果，其性能在使用中也常常达不到人们的预期。然而，并非所有的改造都以失败告终，1907 年一封写给克利夫兰烟雾检查员的信就说明了这一点。作者华纳和斯瓦西公司（Warner and Swasey Company）的 W. R. 华纳（W. R. Warner）写信给烟雾检查员，就他的烟囱寻求建议："我认为一般印象是烟囱是用来带走烟雾的，但是过去一年我们一直在使用的这种新烟囱似乎没有任何意义，因为它不仅不能带走烟雾，而且其顶部的砖块甚至和建造时一样干净，没有灰尘。"华纳用这种半开玩笑的抱怨来阐明他的观点：毫无烟雾是绝对可能的。[44]

　　许多工程师认为烟雾减排往往甚至不需要安装特别的减排

装置，声称建筑师可以通过适当关注锅炉房的设计来防止烟雾。建筑师在设计中常常忽略了锅炉房，尤其是在公寓和办公大楼中。在这些地方，安置在地下室狭窄角落的设备往往没有足够的空间进行适当的操作。例如锅炉本身经常离它们的火炉太近，因此不断冷却火周围的空气，造成过量的烟雾。工程师们还指出工厂的所有者经常超负荷运行锅炉，给炉子增加了压力且降低了效率，并在此过程中产生浓烟。许多人认为如果业主安装了工作负载所需的适当设备，他们就能防止固定锅炉的大量烟雾。[45]

为了解决设计不足的问题，城市开始规范新的锅炉结构，规定所有的新设施都需要许可证。在密尔沃基，1911 年烟雾条例要求所有计划在市区内兴建或改装蒸汽工厂、锅炉及加热炉的人士和公司，须提交一份有关设备和烟囱规格的书面声明以及如何防止浓烟的讨论。在密尔沃基，由烟雾检查员审查这些建筑许可证，但一些城市为这项工作设立了新的办公室。在芝加哥，检查蒸汽锅炉和蒸汽工厂的部门只有在监管工程师确定适当的防烟装置将会被使用之后，才会签发许可证。1906年，检查员舒伯特声称条例的这一部分相当有效，"根据该条例规定安装的新锅炉厂虽然也引起了烟雾投诉，但是数量很少"。这可能是大多数城市烟雾监管中最有效的条款，因为在 20 世纪初蓬勃发展的经济中，新设施一直在建设中。通过这些减烟条例中的条款，城市有效地将公害法扩展到了对工业和商业发展的监管中。[46]

然而，设备本身的合理设计和安装并不能保证无烟，因为不论炉子新或旧，不适当的操作都会带来很多困难。专家工程师声称，在适当的燃烧和合理的负荷下，几乎任何结构良好的熔炉都可以无烟运行，并声称无烟的关键在于火夫和工程师的正确操作。"不胜任的火夫，"克利夫兰的监管工程师约翰·克劳斯说，"应该为我们的许多麻烦负责。"受雇于国际收割机公司（International Harvester）的芝加哥工程师 W. L. 戈达德（W. L Goddard）指出，"蒸汽生产元件中最昂贵的部分几乎总是由工厂最廉价的雇工负责，那就是火夫"。这项艰苦而肮脏的工作吸引了不懂技术的人，而表现出色的火夫一般都渴望获得薪水更高、所需体力更少的职位。雇用技术工人到炉子边工作的努力通常以失败告终，因为更好的工作或更高的工资吸引了有技术的火夫。许多企业甚至不愿吸引受过教育和有技能的人在锅炉房工作，因为大多数工厂经理一直认为这项工作只需要强壮的身体就行，并继续向火夫支付薪酬，就好像他们是消耗品一样。然而，烟雾检查员认为一个好的火夫只需熟练操作设备，就可以为一家公司节省相当于他工资很多倍的燃料成本。与此同时，他还可以从烟雾公害中拯救这座城市。[47]

火夫给出了不同的意见。在全国工会的出版物《机车火夫杂志》（*Locomotive Firemen's Magazine*）上，一名作者对"学院出身"的官员用烟雾问题给火夫施压表示懊恼。"没有人喜欢煤烟，也没有人比火车头的火夫更不喜欢煤烟，"他写道，"但当很多'花花公子'（cholly-boys）坚持说这些可怜的家伙必须烧煤而不是制造烟雾时，他们给所有有关的人带来了许多悲伤。"这位作者对自己花了两年时间掌握的一门手艺表示自豪，他可能认为官方对火膛的干预只不过是对工人管理领域进行的又一次侵犯。火夫认为只有在工作中有经验的人才知道如何控制锅炉，只有改进炉子的结构，而不是"任何关于火夫应该如何弯腰驼背的新理论"才能减少烟雾。[48]

81   机车火夫可能有特别的投诉理由。由于设备性能的不一致、为无烟点火而改造工厂的费用以及操作人员的无能，固定厂房的减排进展缓慢，但是机车冒烟的问题被证明更加难以解决，对失败的惩罚往往落在工人身上。机车引擎所承受的载荷千差万别，对压力的要求也千差万别，这反过来又要求工人需要不规律地给火车头加火。固定工厂的炉火通常是点火后保热一整天，多数浓烟只是在早上火冷时产生，而且只持续几分钟。与固定工厂不同，机车，特别是在城市交换站和调车房（roundhouses）里每天都有几次起火，每次新的起火都会冒出浓烟。在美国的铁路枢纽，尤其是芝加哥和纽约，机车的烟雾造成了严重的问题。

     然而，铁路机车并不是唯一的特例。在密尔沃基，密尔沃基河将市中心分隔开来，并为货物通过城市中心提供了重要的运输通道。虽然检查员查尔斯·波伊特克（Charles Poethke）声称到 1910 年固定烟囱的烟雾已经得到了控制，但是他承认拖船浓密的排放物仍对密尔沃基造成威胁。拖船被证明特别具有攻击性，因为这些船的烟囱就在靠近市中心街道的地方排放出浓烟。拖船成了波伊特克的监视目标，这位 1909 年时唯一的检查员需要在视线内观察攻击性的烟囱 6 分钟，以确认其是否违反了规定。1912 年，在该市雇用了两名助手协助波伊特克进行检查后，拖船仍在继续制造麻烦，以至于他要求市政府购买一艘船，以便在流经该市的三条河流上跟随那些冒犯的拖船。当然即使没有跟踪船只，波伊特克也开始在对抗拖船方面取得更大的成功，因为法院支持他的起诉，而后续增设的检查员获准对城市进行更大范围的管制。[49]

     蒸汽船还造成了烟雾减排方面的特殊情况，特别是在管辖权与执法关系复杂的城市，比如底特律、芝加哥、辛辛那提和纽约。一些轮船运营者声称对市政法律享有豁免权，并指出宪法赋予联邦政府对可通航州际航道的绝对管辖权。1913 年，辛辛那提试图通过游说国会通过新的立法来确保对俄亥俄河上蒸汽船的管辖权，这条河将肯塔基州和俄亥俄州分隔开来。反烟活动人士招募了代表两个辛辛那提选区的国会议员斯坦利·鲍德尔（Stanley Bowdle）和阿尔弗雷德·艾伦（Alfred Allen），让他们把蒸汽船的烟雾问题带到华盛顿。该市原本设想战争部（War Department）在这类事务上保留对这条河的管辖权。然而，当年 4 月，联邦法院的一项裁决允许底特律对底特律河上船只的排放进行监管，为辛辛那提和其他城市开始严格执行州际航道上针对蒸汽船的地方法规扫清了道路，即便没有具体的联邦立法。[50]

　　烟雾还对纽约市周围水域提出了管辖权问题，不过这是另一种问题，因为悬浮在纽约港上空的烟雾实际上很少来自船只。盛行风将新泽西州的工业废气吹过水面。早在 1899 年，烟雾就已经成为一种讨厌的东西，以至于港口检查员约翰·弗里蒙特（John C. Fremont）游说国会通过一项法律，赋予联邦官员在美国港口周围地区禁烟的管辖权。弗里蒙特特别关注的是康斯特泊霍克（Constable Hook）铜矿的排放，这是导致范库尔水道（Kill Van Kull）能见度下降的主要原因，船只通过该航道到达纽瓦克湾（Newark Bay）。这家铜业公司甚至因港口的特殊碰撞事故而受到指责，其中一起事故导致一名船员死亡，两艘船遭到严重损坏。库纳德轮船卢卡尼亚（Lucania）号的船长霍雷肖·麦凯（Horatio McKay）抱怨说，浓烟导致他的船无法通过厚厚的烟云，在港口搁浅。"港口的烟雾公害，"他总结道，"对纽约这样的城市来说，简直是一种天大的不幸。"[51]

1900 年，纽约众议员尼古拉斯·穆勒（Nicholas Muller）在众议院提交了一项法案，提议授权联邦官员采取行动清洁纽约航道上空的空气。当然，来自新泽西州的烟雾影响的不仅仅是航运。当穆勒的议案在委员会上进行辩论时，斯塔顿岛商会的代表们前往华盛顿作证。岛上的企业，特别是那些依靠捕鱼和采牡蛎的企业，游说联邦政府采取行动。商会带来了斯塔顿岛居民有关烟雾之于当地危害的照片和请愿书。对于这些居民，对于弗里蒙特和通过纽约港的水手们来说不幸的是，州际和外国商务委员会（Committee on Interstate and Foreign Commerce）通过的法案从来没有在众议院全体投票表决过。[52]

1900 年的国会挫败是支持联邦于 20 世纪早期对空气污染进行监管的众多因素之一。尽管污染者试图限制政府的监管权力，但是到 20 世纪第二个十年，许多城市已经通过了复杂的反烟条例，成立了专业的烟雾部门，并显著地提升了空气质量。尽管如此，减少烟雾的进展仍然缓慢。虽然有乐观的报道称全国各地都有烟雾检查员，但是煤烟仍继续威胁着全国大多数工业城市的居民。在一些城市，烟雾实际上越来越浓。大气的有效管制确实是一个复杂的问题，因为有限的技术能力和经常性高昂的减排成本继续阻碍着空气质量的迅速改善。

具有讽刺意味的是，对于辛辛那提的居民来说，只有一场自然灾害才能把他们从笼罩着城市的浓烟中解脱出来。1913 年 3 月底，猛烈的暴雨在印第安纳州和俄亥俄州引发了致命的洪水。在代顿和哥伦布，河水迅速上涨，造成数十名居民死亡。相比而言，辛辛那提的情况比它的上游邻居要好一些。最初的几场雨过后，俄亥俄河在那里缓缓地上涨了好几天，缓慢到足以让居民撤离地势低洼的居民区，让企业将他们的贵重物品搬出河边商店和办公室。在辛辛那提，只有一名妇女死亡，她的独木舟在穿越俄亥俄河时倾覆。尽管如此，洪水并没有放过这座城市。七年后俄亥俄河第二次冲破了堤坝，并在城市街道上强行流过。中央联合火车站（Central Union Railroad Station）被弃用了好几天，河水几乎淹没了院子里的火车车厢。水淹到了第二大街，当然，公共登陆点（public landings）也不能通行了。高水位迫使辛辛那提和河对岸肯塔基州卡温顿的制造厂关闭。[53]

河水在接下来的一个星期里退去，卸下了沉重的淤泥，在曾经被淹没的地表留下了一层厚厚的泥沙。就在消防队员用水龙带使污泥倒流回退却的河里的时候，至少有一名观察员注意到污水造成了具有讽刺意味的清洗。在一封给辛辛那提《时代明星报》编辑的信中，当地烟雾减排联盟的副主席路易斯·摩尔（Louis T. More）写道：“在过去几天，机车和蒸汽船因为洪水而未能运行。这个城市的空气从来没有这么清新，阳光也从来没有这么明媚，这一定给大家留下了深刻的印象。”那些污染了城市的水也使天空变得无烟。更多人继续说道：“看看肯塔基的群山，它们的轮廓清晰而分明，没有一丝烟雾，这令人感到吃惊。”[54]

摩尔在给编辑的信中强调了烟雾减排之于辛辛那提居民的重要性。然而，他没有指出具有明显讽刺意味的是，洪水拍打着第三大街建筑物的地基，关闭了河流两岸低地的工厂，阻止了轮船靠岸和机车通过城市中心。这些都在一周之内成为事实，完成了进步主义改革者们在七年之内有组织的努力所无法完成的任务，也即减轻了辛辛那提的烟雾。辛辛那提拥有全国最具代表性的法令之一，由专业的烟雾检查部门执行，并得到全国最具影响力的烟雾减排联盟的支持，但还是没有找到解决最严重污染问题的永久方案。尽管如此，1913 年春天，辛辛那提的居民如果在向河中铲泥时花时间抬头看看的话，还是可以庆祝大雨给他们带来的暂时缓解。

第五章　新时代的牧师：工程师和效率

> 我们是物质发展的牧师，是使其他人能够享受巨大自然力量之源的牧师，是凌驾于物质之上的心灵牧师。我们是新时代的牧师，这并非迷信。
>
> ——乔治·S. 莫里森（George S. Morison），
>
> 土木工程师，1895 年

> 专家——有经验的、有技巧的或熟练的人；在某一特定的知识或艺术部门中熟练或完全了解的人。
>
> ——《世纪词典和百科全书》，1911 年

20 世纪第一个十年的烟雾减排运动虽然未能大幅减少全国工业城市里的煤烟，但是它却成功地迫使越来越复杂的反烟法律得以通过，并巩固了市政当局对空气污染的监管权。此外，它还成功地促进了固定和机车工程师的技术革新。事实

上，当城市寻找解决烟雾问题的方法时，它们求助于工程师生产一些工具或发明一些技术，以减少黑烟的排放。企业（尤其是铁路公司）雇用工程师来减少烟雾排放；联邦政府雇用工程师对煤炭的有效燃烧进行研究；地方政府也开始雇用工程师为它们的烟雾检查部门工作。

迫使市政当局采取行动治理烟雾的非专业改革者们很清楚，尽管他们能够很容易地发现问题，但是他们无法确定解决的办法。城市美丽运动的改革者查尔斯·罗宾逊明确表示："在锅炉的保养方面，改革者们不太可能为有经验的火夫加分。"非专业改革者们明白，需要工程师的专业知识解决他们已经提出的问题。他们常常试图自己获取信息，就像 1891 年匹兹堡的妇女健康保护协会在寻求有关防烟设备的信息时所做的那样。然而，更常见的情况是非专业改革者鼓励那些能够直接应用专业知识的工程师参与进来。至少在一个例子中，即当圣路易斯的妇女减排组织要求并资助华盛顿大学对她们城市的烟尘进行研究时，非专业改革者实际上对专家的研究进行了资助。[1]

成千上万的工程师着手解决烟雾问题，即使没有非专业改革者的鼓励。尽管该行业几十年来一直面临着烟雾问题，但是工程师们却对减排的可行性甚至可取性没有达成共识。许多工程师遵循了非专业改革者关于烟雾问题的逻辑，反对烟雾的肮脏、丑陋和不健康。例如，查尔斯·本杰明（Charles Benjamin）在 1905 年的美国机械工程师学会（American Society of Mechanical Engineers）面前雄辩地论述了烟雾的不道德。本杰明担任克利夫兰的烟雾检查员，他宣称"我将会看到烟囱顶的黑烟就像桅杆顶的黑旗一样成为海盗象征的一天，同样也会看到海盗唯利是图的问题被控制住的一天"。对本杰明来说，就像对大多数改革者一样，烟雾是一个道德问题。即使需要付出大的代价，即使在必要时牺牲效率，也要解决这一问题。[2]另外一些对反烟运动感兴趣的工程师则对减排的重要性不那么确定。1906 年，芝加哥西部工程师协会的一名成员 H. E. 霍顿（H. E. Horton）宣称，"我们芝加哥人希望能与伦敦匹敌，成为一个伟大的文明中心。如果伦敦能够忍受浓烟，我们无疑也能做到"。显然，对于霍顿来说，无论是在道德上还是在经济上，烟雾都没有对美国文明构成真正的威胁。[3]

大多数投身烟雾问题的工程师无疑处于本杰明和霍顿之间的某个位置。在 20 世纪的第二个十年里，专家们在没有对所有问题完全达成共识的情况下，逐渐就两个重要的问题达成了一致：显著减少烟雾在技术上是可行的，履行治理实践和安装烟气控制设备可以节省煤炭消费者的花费。到 1910 年代中期，工程行业对这两点的普遍认同改变了公众对烟雾问题的看法，并改变了市政控烟工作的方向。非专业改革者提出的公共环境问题开始听起来更像是一个私人的资源保护问题。

在工作中，大多数工程师对烟雾问题的看法是狭隘的，他们关注的是设备和人员的效率。他们从问题的根源——锅炉房和机车引擎——着手解决问题，而不是像非专业改革者那样从烟囱着手。他们把反烟的辩论转移到了专家的专属领域，受雇于市政当局的工程师们寻求与那些在进攻性烟囱下工作的人员进行对话，通常倾向于用教育的方式解决问题，避免起诉违规者。到 20 世纪第一个十年结束时，非专业改革者基本上已经成功地使得这个问题被纳入市政议程之中。作为他们成功的反映，国家关于烟雾治理的对话变得越来越具有技术性。尽管中产阶级妇女和其他非专业改革者在这场运动中仍很活跃，但是他们开始失去影响问题讨论的能力。随着非专业改革者相对重要性的下降，他们关于健康、美丽、清洁和道德的争论逐渐被工程师的关注点所取代。反烟工程师们主要谈论的是效率、节约和经济性。在全国性的，有时是国际性的反烟对话中，工程师们更频繁地把烟雾减排作为一种合理的商业主张，而不是创造一种更健康、更美丽、更道德的文明的手段。[4]

美国在控制烟雾方面越来越依赖工程师，这并不稀奇。城市居民开始依赖工程师解决各种各样的社会问题，其中许多是自然环境问题。[5]威廉·戈斯博士是伊利诺伊大学工程学院的院长，也是一项有关芝加哥铁路烟气详尽研究的负责人。他在1915年总结道："城市的所有发展和进步都以科学在公共服务领域的不断应用为标志。"工程师们发展了污水、运输和供水系统，并提供电力、天然气以及消耗能源的设备。在19、20世纪之交前的三十年里，土木工程师们在政府和社会上扩大了他们的权威。在一个日益复杂的工业世界里，工程师们描绘着蓝图。[6]

工程师们大胆地宣称他们对新工业社会的重要性，正如历史学家埃德温·莱顿（Edwin Layton）所言，他们努力争取他们认为自己应该获得的认可和地位。总的来说，工程师对国家的工业体系、企业以及通过经济和技术进步进行改革的前景显示出了非凡的信心。从1880年到1920年，美国的工程师从7000人增加到136000人。通过本地俱乐部和国家组织，工程师们建立了自己的专家阶层。美国土木工程师协会（American Society of Civil Engineers）、美国机械工程师协会以及其他专业组织不仅提供了知识交流的平台，而且为工程师日益扩大的国家性影响力奠定了基础。[7]

1910年以后，科学管理运动提高了工程师们本已很高的社会声望。1911年，弗雷德里克·泰勒（Frederick Taylor）的《科学管理原理》（*Principles of Scientific Management*）成为美国工业重组的指导性文章。科学的管理意味着高效的管理，这反过来又意味着工业工程师的话语权越来越大。许多工程师进入管理岗位，在那里他们不仅要做技术决策，还要根据技术知识做出业务决策。而且，当效率狂热蔓延到社会各个方面时，公民们大声疾呼要建立更高效的政府和公共服务。随着市政当局通过扩大非选举性市政工程职位的办法继续使城市管理非政治化，工程师的数量再次增加。[8]

工程师在烟雾减排运动中的影响越来越大，反映了工程师在国家管理中，在私人部门和公共部门中的重要性越来越高。工程师们对1910年的烟雾减排努力并不陌生，他们长期参与辩论、运动和寻找解决办法。在大多数城市，当地的工程学会积极参加了关于烟雾控制的早期讨论，经常应非工程组织的要求提供技术资料。1892年，圣路易斯工程师俱乐部（Engineer's Club of St. Louis）提供了一份有关烟雾问题的详细研究，以供该市的改革者参考利用。同年，西宾夕法尼亚工程师协会也为匹兹堡的反烟运动提供了研究和政治支持。1897年，工程师们聚集在富兰克林研究所，向费城卫生办公室的工作人员通报了预防烟雾的情况。他们的讨论发表在《富兰克林研究所杂志》（*Journal of* the Franklin Institute）上，成为全国反烟活动人士的重要参考资料。[9]

工程师们从美国和欧洲收集相关信息，并利用行业出版社作为传播烟雾减排专业知识的重要工具。例如，1903 年，纽约西部工程师协会（Engineers' Society of Western New York）的成员们向该组织提交了一份报告，其中开列了一份有关烟雾减排的广泛参考书目。作者建议对技术细节感兴趣的成员可以参考他们列出的几十篇文章，其中大部分来自《科学美国人》、《工程》（Engineering）、《工程杂志》（Engineering Magazine）、《工程新闻》（Engineering News）、《美国机械师》（American Machinist）、《卡希尔》（Cassier's）以及《富兰克林研究所杂志》。显然，在 19、20 世纪之交，工程师们创造了一种关于烟雾减排实用方法的国际讨论。[10]

当然，布法罗工程师们完成的汇编工作依赖于其他工程师和发明家的实际研究。自开始使用煤炭以来，火炉和焚化炉的设计者就进行了相关技术研究，以减少浓烟排放。事实上，没有人能比本杰明·富兰克林（Benjamin Franklin）为减少煤炭燃烧产生的烟雾量付出更多努力。1766 年，富兰克林讨论了一种可以燃烧煤炭而不产生脏烟的炉子的计划。他认为烟雾是未消耗的燃料，得出结论认为不产生烟雾的炉子会产生更多的热量。1770 年代，富兰克林住在伦敦时，声称自己终于造出了一个可以消烟的、能产生向下气流的炉子。在英格兰时，他使用了这种炉子三年。到 19 世纪末，一些工程师将富兰克林的产品称为无烟设计的源头。[11]

随着内战期间和战后煤炭消耗量的急剧增加，无烟燃烧在工程师和设计师中得到了更多的关注。事实上，一些设计师致力于制造无烟设备。1860 年，匹兹堡的工程师 D. H. 威廉姆斯（D. H. Williams）为他"燃烧"烟雾的专利设备做了广告宣传。威廉姆斯承诺他的蒸汽喷射设备不需对锅炉进行结构改造就能够"彻底消除烟雾和火花"，同时节省 25% 的烟煤费用。六年后，萨缪尔·克尼兰德（Samuel Kneeland）写了一本 38 页的小册子，宣传艾默里改进式专利炉（Amory's Improved Patent Furnace），声称该种炉子能够提高经济性和烟雾消耗能力。克尼兰德的著作内附有来自英国和美国工程师的数十份推荐信，他们对该种炉子的性能，尤其是对其高效率表示满意。1879 年，土木工程师 D. G. 鲍尔（D. G. Power）写了一本名为《一篇有关烟雾的论文：它的形成与预防》（"A Treatise on Smoke：Its Formation and Prevention"）的 16 页小册子，专门推销他的新"烟雾预防者"设备。即便是在较早的时期，鲍尔也可以注意到市场上有许多专门为减少烟雾而销售的设备，尽管他的论文声称在他之前没有任何设备能够真正成功。[12]

这些早期的设备没有一个能解决这个国家日益严重的烟雾问题，同样几十年来进入市场的其他几十项发明也没有解决这一问题。然而，到 1880 年代末，一些设备变得如此受到重视，以至于工程师们在行业刊物上以署名的方式推荐它们。[13]罗尼炉（Roney stoker）由西屋电气公司制造，墨菲"无烟炉"由底特律的墨菲钢铁公司制造，两者都因其消烟能力而赢得了全国性声誉。实际上，墨菲钢铁公司在火炉设备方面建立了声誉，正是因为它宣称自己的炉子是能够无烟燃烧的。墨菲钢铁公司在一则广告中力劝人们："把悬挂在你们工厂上方的黑色大烟幕移开。"[14]

90

图5-1 利用烟雾问题的广告

说明：包括墨菲钢铁公司和美国火炉公司（American Stoker Company）在内的一些制造商利用烟雾问题来销售他们的产品。自动加煤机，就像这里宣传的那样，最终成为大的燃料消费者减少烟雾的有效手段。

资料来源："Smoke issue"，*Industrial World*，1913，1914。

炉子和锅炉制造商并不是唯一开发无烟设备的公司。美国一些最大的煤炭消费者也投资于烟雾减排的研究，尤其是在反烟活动人士的推动下，他们提出了一些激进的解决方案，比如禁止使用软煤或将蒸汽铁路电气化。例如，对于宾夕法尼亚铁路而言，发现减少烟尘排放的方法可以减少罚款，减少煤炭消耗量可以降低运营成本，或许最重要的是可以阻止迫使铁路在城市地区电气化的市政法规的通过，而电气化将需要大量的资金投入。

早在 1894 年，几个城市通过立法控制烟雾的努力就引发了宾夕法尼亚铁路公司著名的阿尔图纳（Altoona）车间的研究。在那一年，动力工程师对蒸汽喷射和一个环形装置进行了测试，后者将蒸汽吹入烟囱底部。测试结果显示，该环形装置仅成功地用蒸汽"漂白"了烟雾。鉴于颜色对烟雾违规的重要性，这并不是一个无关紧要的结果。测试还发现蒸汽喷射是不可取的，因为该装置没有减少烟雾，但是增加了设备和燃料成本。事实上，阿尔图纳的工程师们总结道："在现有条件下，无烟煤是解决烟雾问题唯一令人满意的方法。"在那些无烟煤太贵的地方，比如匹兹堡，工程师们只建议密切监督机车司机，而不是引进新的设备。[15]

尽管这些早期结果令人沮丧，但是反烟装置的实验在阿尔图纳和宾夕法尼亚铁路公司其他车间继续进行。1910 年，在西部铁路公司动力总指挥大卫·克劳福德（David Crawford）的带领下，工程师们完成了耗时九年的机车自动加煤机研发工作。1910 年末，克劳福德向总经理乔治·派克（George Peck）汇报说哥伦布的车间每周都要申请一台加煤机，这是该设备在役测试（in-service test）的一部分。一些装备加煤机的机车开往芝加哥，那里的铁路面临着一场积极的反烟运动，要求对蒸汽线路进行电气化。到 1913 年秋天，宾夕法尼亚铁路公司的 3430 列蒸汽机车中有 300 列装有这种装置。在加煤机被引进近三年后，该种机车的比例仍然很小，这表明公司不愿为未被 92 证明的技术承担巨额花费。随着实验证明它们的价值，各种各样的新设备才逐渐活跃于机车领域。同样重要的是，铁路只在那些严格且强制执行禁烟法令的城市中或城市之间经常通行的机车上安装防烟装置。不过，即使配备加煤机的机车数量较少，宾夕法尼亚州的铁路系统也能产生效果，正如它们在芝加哥被希望的那样。实际上，仅仅在引进装备加煤机的一年之后，匹兹堡的烟雾检查员 J. M. 塞尔就把克劳福德下加煤机（Crawford Underfeed Stoker）称为"过去几年与减少烟雾有关的最重要的发展"。[16]

宾夕法尼亚的工程师们继续研究防烟设备，寻找更便宜、更彻底的解决方案。在自动加煤机问世仅一年之后，芝加哥铁路官员委员会要求阿尔图纳车间对蒸汽喷射器和砖拱进行广泛的研究。1912 年夏天，阿尔图纳的工程师们进行了这项测试，并于 1913 年春天得出结论。[17]克劳福德撰写的最后一份报告总结道：蒸汽喷射器能够在"多种条件下"将烟"降至极低"，同时还能提高燃料经济性。克劳福德建议在芝加哥的机车上安装蒸汽喷射装置，这一过程只需要很少的设备和劳动力。克劳福德没有建议安装砖拱，因为它似乎没有减少排放，而且安装和维护费用很贵。一个由铁路管理人员组成的组织——芝加哥总经理协会（Chicago General Manager's Association），向芝加哥的每条铁路发送了一份克劳福德报告的复印本。到 1913 年夏，几条铁路已经对它们的机车进行了改装。蒸汽喷射器如此成功，以至于总经理协会建议铁路公司为市内所有的机车安装。[18]

　　以希望销售消烟设备的公司（如墨菲钢铁公司）和希望防止反烟运动成功带来严重影响的公司（如宾夕法尼亚铁路公司）为代表，私人企业率先开发出更高效、更少烟雾的煤炭消费方式。事实上，私营部门对"无烟"炉和除烟设备的发展进行了大量的研究。然而，即使在 19、20 世纪之交，许多精通防烟知识的工程师仍然认为有效的防烟装备早已存在。早在 1896 年，《工程新闻》就指出"在市场上和今天使用的炉子中，有一些是可以完全燃烧或无烟的"。作者声称烟雾的减少靠的不是研发新的设备，而是安装和正确操作现有的设备。四年后，《钢铁时代》（*Iron Age*）指出"四分之一个世纪以来，人们一直可以利用这种方法来减少烟雾滋扰"。《钢铁时代》认为，只有在现有设备正常运转的情况下才会达到减排的目的。[19]

93

　　这些声明证实了几乎所有人都清楚的事实。正如辛辛那提妇女俱乐部的成员们在 1905 年研究这座城市的烟雾时很快注意到的那样，一些烟囱只排放了很少的烟雾，而其他的烟囱则排放了几乎永久的黑色烟流。无烟烟囱让人们相信，煤炭可以在不产生有害烟雾的前提下进行燃烧。然而，这并不意味着每一处煤火都能燃烧得干净。由于每一个炉子和锅炉都是在独特的条件下运行的，无烟操作实际上提出了重要的问题，这表现在设计、燃料质量、负荷的大小和变化以及操作人员的技能等方面。即使是专为无烟设计的设备，在某些条件下也会产生浓烟。换句话说，不存在能够"消除一切"烟雾的方法。[20]用一种等级的煤炭运转良好的设备，可能用另一种等级的煤炭就不行。一些设备如果操作得当可能会大大减少烟雾排放，但如果操作不当则会增加烟雾排放。有些设备在受控的情况下工作得很好，在这种情况下负荷均匀且燃料质量一致。但是，在变化的现实世界中，一些新设计的设备几乎或根本没有缓解烟雾问题。这些设备的数量和多样性为那些真心希望减少排放的业主们制造了一个混乱的市场。正如芝加哥烟雾检查员保罗·伯德所警告的那样，"顾名思义，一个不是专业工程师而仅仅是一个商人的门外汉，只能听命于烟雾燃烧器、防烟器或设备推销员的摆布"。[21]

在 20 世纪的头几十年里，关于烟雾消除的最重要的研究与其说是依赖于新设备的发展，不如说是依赖于对现有设备的系统研究。工程师需要在不同的条件下检查现有设备，以注意其在不同环境下的有效性。由于企业对投资于未经证实的技术知识持谨慎态度，这种对设备的系统研究在很大程度上让软煤消费者相信无烟是可能的，也是经济的。

宾夕法尼亚铁路公司在测试设备和开发自己的设备方面处于领先地位。[22]防烟设备的发明者联系了宾夕法尼亚铁路公司（和其他公司），希望这条线路能首先得到测试，然后安装他们的设备。宾夕法尼亚铁路公司的测试部门非常认真地对待这些请求，将蓝图交给工程师审阅，并派出代表与最有前途的设备销售商会面。即使是最模糊的线索也能引起宾夕法尼亚铁路公司工作人员的极大关注。例如，1903 年，机械工程师 A. S. 沃格特（A. S. Vogt）会见了休斯先生，后者是休斯防烟和火花装置（Hughes Smoke and Spark Preventer）的开发者。沃格特对休斯的双砖拱设计并不感兴趣，他得出的结论是这种装置维修起来很昂贵，而且使得对锅炉的检查也很麻烦。尽管沃格特认为这个设计并不新奇，也很可能不切实际，但他还是在向动力部门总负责人阿尔弗雷德·吉布斯（Alfred Gibbs）的报告中总结道："然而，由于人们正在努力尽可能地抑制烟雾，特别是在费城及其周边地区，所以这个装置也许值得一提。"很明显，宾夕法尼亚铁路沿线的反烟热潮促使该公司在无法自行开发的情况下，去寻找有效的减排设备。[23]

不过，这种寻找一种技术方法来解决烟雾问题的热切愿望使宾夕法尼亚铁路公司陷入了许多死胡同。1906 年，该公司跟进了来自宾夕法尼亚范德格里夫特的 M. J. 马尔瓦尼（M. J. Mulvaney）的一份含糊不清的烟雾报告。测试部门派工程师 G. E. 罗迪斯（G. E. Rhoades）去范德格里夫特调查。罗迪斯发现马尔瓦尼的解决方案是"一种喷洒在燃料上以防止烟雾的制剂"。罗迪斯给测试工程师 E. D. 纳尔逊（E. D. Nelson）的报告中揭示了当时情况的幽默之处。

> 为了证明他的制剂是有效的，马尔瓦尼先生给我看了他家里一团小小的气体火焰。他拿着一块木柴，上面喷着制剂。似乎没有迹象表明木柴或制剂燃烧了，也没有迹象表明木柴已经干燥或烤干了。虽然马尔瓦尼先生向我保证木柴发出"美丽的热量"，但制剂似乎完全是惰性的，能有效地阻止燃烧，而不是在有烟或无烟的情况下促进燃烧。

然而，罗迪斯注意到这并非毫无收获，因为他偶然发现这种化合物是一种有效的绝缘体。他让马尔瓦尼把样品寄给测试部门检查，并总结道："如果不是对其进行盈利性分析的话，这可能是有趣的。"[24]

铁路公司面临着一个特别困难的问题。作为明显的污染者，它们面临着公众的蔑视和政治行动的可能性，这将影响整个行业阶层，而不是单个企业。一条铁路的拙劣表现可能会刺激对所有铁路而言代价高昂的限制性法律的通过，例如强制电气化或使用无烟煤的法律。因此，在那些烟雾是一个活跃问题的城市中，铁路公司都努力分享有关防烟设备和技术的信息。例如 1909 年，当一个机车设备制造商通知阿尔弗雷德·吉布斯纽约中央铁路公司正在新泽西和纽约铁路的引擎上测试防烟设备时，吉布斯要求测试部门派一名工程师去观察。不到一个月，工程师乔治·科赫（George Koch）坐火车从威豪肯到金斯顿，并向公司提交了一份关于该设备表现的报告。科赫指出这些设备中包括一个环形鼓风机，用于向烟雾缭绕的火焰中注入更多空气，这并不能做到完全无烟。但是，由于该种设备所用的煤炭质量较低，科赫认为其值得在位于阿尔图纳的机车测试车间试用。[25]

这对科赫来说是很熟悉的工作，他在测试部门工作的那些年里，曾远赴芝加哥观察其他铁路的运行情况。1907 年，匹兹堡的烟雾检查员威廉·雷亚（William Rea）对芝加哥、密尔沃基和圣保罗铁路公司采取的措施表示了兴趣。吉布斯派科赫和两名驻扎在匹兹堡机务段的"运转领班"前往芝加哥做一份报告。用动力总监 D. M. 潘宁（D. M. Perine）的话来说，就是"表达与雷亚先生合作防止烟雾的愿望"。科赫在与领班共同撰写的报告中，讨论了芝加哥、密尔沃基和圣保罗铁路，以及伊利诺伊中央铁路、芝加哥和西北铁路，还有芝加哥、伯灵顿和昆西铁路的交通安排，这些铁路都进入同一个芝加哥终端站。芝加哥、密尔沃基和圣保罗没有什么新颖的设计，只有砖拱和蒸汽喷射器（也即烟雾燃烧器）的结合。西北铁路正在试验一种空心砖拱，但很大程度上依赖于谨慎点火和严格遵守纪律的人员才能确保应用。伊利诺伊中央铁路使用的蒸汽喷射器没有砖拱，因为后者需要高昂的维修费用。科赫和他的合作者得出的结论是："谨慎点火是防止烟雾的最佳方法，任何装置都是毫无价值的，除非引擎操作者和火夫通力合作以防止烟雾。"换句话说，芝加哥的工程师们在操纵机车进行无烟作业方面并不比东部的宾夕法尼亚工程师们更成功。[26]

宾夕法尼亚等铁路公司确实对消烟设备进行了系统测试，但是大多数设备在私营部门未经测试。销售人员继续兜售设备，将客户的证词作为其有效性的唯一证据。[27] 然而，在 1904 年，美国地质调查局开始对煤炭消耗量进行调查，将这项研究看作完善联邦政府燃料使用的一种手段，因为联邦政府在陆地和海上消耗了大量煤炭。利用国会的特别拨款，地质调查局在圣路易斯的路易斯安那采购博览会（Louisiana Purchase Exposition）上建立了一个燃料测试车间，并对旨在减少烟雾和提高效率的设备进行了系统测试。这项调查的工程师们从全国各地收集捐赠的设备，这些设备是由急于让联邦政府证明其创新的公司运送的。西屋电气从匹兹堡送来一台燃气引擎和一台发电机，埃利斯－查默斯（Allis-Chalmers）公司从芝加哥送来一台引擎。几十家公司捐赠了更小的设备：计量器、天平、传送带、过滤器、破碎机等。虽然地质调查局的重点主要是完善有效的煤炭消费技术，但是减少烟雾成为其研究的一个辅助目标。[28]

1906 年，地质调查局发表了一份关于圣路易斯煤炭测试的长篇进展报告。测试中最有希望的结果是使用发生炉煤气（producer gas），这种煤气是从高挥发性的煤炭中提炼出来的，然后燃烧产生能量。调查局的测试显示那些热值最低，同时烟雾最浓的煤炭，提供了清洁燃烧煤气的最佳来源。虽然在1904年使用发生炉煤气并不是什么新鲜事，但是试验确实揭示了在生产过程中使用烟煤的经济优势。事实上，低品位的煤炭如果转化为发生炉煤气，然后在燃气发动机中燃烧，提供的蒸汽功率是直接在锅炉下燃烧的两倍多。[29]

虽然发生炉煤气试验的结果本身似乎很有希望，但是地质调查局的视野远远超出了这种从煤炭中获得能量的方法。1907年，莱斯特·布雷肯里奇发表了《一项400次蒸汽测试的研究》，这同样是在圣路易斯进行的。两年后，德怀特·兰德尔（Dwight Randall）和 H. W. 威克斯（H. W. Weeks）发表的《锅炉厂无烟燃煤》总结了圣路易斯和弗吉尼亚州诺福克第二政府测试车间（a second government facility）的结果。这些新报告明确指出，煤炭的无烟消费不需要大规模转向发生炉煤气设备。相反，他们认为所有种类的煤炭在一定的条件下都可以无烟燃烧。报告指出适当的安装、设置以及与煤炭质量良好匹配的设备，可以有效地减少烟雾排放。政府的测试还证实冒烟的炉火是低效的炉火。即使是低质量的燃料，如果不冒烟燃烧，也会产生更多的热量。[30]

97　　1909 年，《美国评论之评论》（American Review of Reviews）发表了一篇名为"政府解决烟雾问题"的文章，作者约翰·科克伦（John Cochrane）乐观而错误地声称地质调查局的研究成果很快就能使美国的城市实现无烟化。科克伦预测煤气引擎、中央蒸汽供热厂和煤矿附近的煤气生产厂将很快取代效率较低、烟雾更重的能源生产方式。虽然科克伦严重高估了圣路易斯研究影响美国燃料消费习惯的能力，但是他却正确地确认了联邦政府在烟雾控制研究方面的领导作用。[31]

1910 年，国会成立了矿业局（Bureau of Mines），承担了地质调查局的煤炭测试工作。新成立的机构由约瑟夫·霍姆斯（Joseph Holmes）领导，其在指导和宣传工作上毫不浪费时间。1904～1907 年期间，霍姆斯一直负责圣路易斯的政府研究。1908～1910 年期间，他又在匹兹堡新的永久性机构内任职。匹兹堡实验站进行了一系列的试验，"目的是研究炉体结构和运行的不同特点对效率及烟雾排放的影响"。矿业局在各种公报上公布了它的试验结果，但是它们也出现在一些行业杂志上，如《工业世界》，亦以一种不太专业的形式，在包括《美国城市》（American City）在内的其他出版物上出现。[32]

虽然联邦政府的研究提供了关于无烟燃烧的重要信息，但是其工程师的主要目标仍然是保持效率，而不是减少烟雾。不过，政府的调查清楚地表明烟雾不是煤炭消费的必要组成部分。换句话说，工厂经营者再也不能令人信服地宣称使用燃料就会产生浓烟。尽管煤质和动力要求的巨大差异阻碍了对烟雾公害的一般性解决方案的确定，但是研究工程师们确实确定了某些设备是有效的和实际上无烟的，至少在操作正确的情况下是这样。

在不再受雇于联邦政府后，一些与地质调查局和矿业局合作进行研究的工程师，继续他们关于燃煤的工作。莱斯特·布雷肯里奇在结束了圣路易斯测试车间的工作后，接着在伊利诺伊大学工程实验站进行了研究，他的工作重点是研究伊利诺伊烟煤。1907 年，他发表了一篇名为"如何无烟燃烧伊利诺伊

州的煤炭"的实验站公报。虽然这篇文章非常模糊的出版地

98 点和具有的技术性质可能表明布雷肯里奇的工作对烟雾减排运
动实际影响不大，但是芝加哥和圣路易斯的反烟活动人士渴望
得到有关伊利诺伊煤炭无烟燃烧的任何消息。事实上，布雷肯
里奇在芝加哥早已出名，因为他在 1904 年发表了一系列关于
伊利诺伊州煤炭无烟燃烧的演讲。芝加哥《先驱报》盛赞这
位机械工程师"可能是美国最有能力承担这个角色之任务的
人"。布雷肯里奇的工作受到了极大的关注，因此伊利诺伊大学在
1908 年重新出版了公报，并向公众免费提供了 1 万份。[33]

　　对于芝加哥人和其他对伊利诺伊煤炭的持续销售感兴趣的
人来说，没有什么工程学任务能比开发可以使得燃料无烟化或
至少减少有害烟雾的设备或技术更重要了。数十年来，依赖于
低成本伊利诺伊煤炭的商人们一直认为，这种燃料的本质阻止
了无烟燃烧的可能性。布雷肯里奇的工作使这一论点和所有类
似的抱怨都大打折扣。他总结道："可以肯定地说，工程师们
现在有了足够的知识可以设计出燃烧任何煤炭而不冒烟的锅
炉。"布雷肯里奇认为过去五年，尤其是在地质调查局的指导
下进行的系统研究，消除了烟雾违规者所能掌握的最有力的论
据：没有一种设备可以燃烧廉价的煤炭而不产生烟雾。随着布
雷肯里奇和其他研究者研究成果的广泛发表，这种论点逐渐失
去了它的影响力。[34]

　　华盛顿大学的罗伯特·弗纳尔德（Robert Fernald）是圣
路易斯实验站的另一位相关学者，他也在与地质调查局的联系
之外对烟雾减排问题进行了研究。事实上，在弗纳尔德和其他
工程师的指导下，华盛顿大学的机械工程系成为烟雾减排和煤
炭燃烧研究方面的领导者。到 1915 年，该系对圣路易斯可购

得的煤炭进行了一系列测试，以确定其效率和烟雾程度，并公布了结果。这些测试和华盛顿大学开展的其他研究，包括一项关于城市烟尘降量的研究，为圣路易斯的反烟活动人士提供了宝贵的证据。[35]

尽管华盛顿大学和伊利诺伊大学的研究得到了相当多的地区性乃至全国性的关注，但是另一学术机构——匹兹堡大学，则提供了对烟雾问题最重要的研究。1911 年秋，理查德·梅隆（Richard B. Mellon）[36]为广泛调查匹兹堡的烟雾问题提供了资金。该调查通过大学的工业研究所（不久更名为梅隆研究所）进行，对烟雾问题的各个方面进行了深入研究。研究人员希望该研究"不仅能揭示烟雾公害的性质、范围和确切原因，而且能找出使其消除的可能性和可行性的补救措施"。研究所召集了 27 名专家，对烟雾问题的各个方面进行研究。工作人员包括医生 7 名，建筑师 5 名，工程师 4 名，化学家 2 名，经济学家、心理学家、外科医生、细菌学家、植物学家、气象学家、书志学家、物理学家和律师各 1 名。

从 1912 年到 1914 年，[37]除了主要以 9 卷本出版物的形式公布研究结果外，研究小组的几名成员，尤其是匹兹堡大学的教师、经济学家约翰·奥康纳和研究小组的首席研究员、化学家雷蒙德·本纳（Raymond Benner）还通过其他渠道广泛公布了研究所的研究结果。本纳撰写过有关烟雾对建筑材料影响的公报，在《科学》、《钢铁时代》、《煤炭时代》（*Coal Age*）、《美国建筑师》（*American Architect*）、《科学美国人》和《工业与工程化学杂志》（*Journal of Industrial and Engineering Chemistry*）上发表了有关烟雾调查的报告。奥康纳关于烟雾经济成本的公报在大众和行业出版物中被广泛引用，他还担任调查的公共关系主

99

任，并在《美国城市》、《国家市政评论》（*National Municipal Review*）、《大众科学月刊》（*Popular Science Monthly*）和《匹兹堡公报》（*Pittsburgh Bulletin*）上发表研究成果。通过这些出版物，参与烟雾减排运动的改革人士和城市官员了解了这次调查，甚至在公报公布之前就部分了解了这次调查的主要内容。[38]

在了解到匹兹堡的研究之后，许多对烟雾减排感兴趣的人写信给匹兹堡大学寻求相关资讯。约翰·奥康纳对来自许多组织的信件进行了回复，其中包括达文波特妇女俱乐部（Davenport Woman's Club）主席斯奈德（W. H. Snider）夫人，她于 1913 年 7 月出于寻求有效条例的目的而写信求助。奥康纳推荐了萨缪尔·弗拉格（Samuel Flagg）的矿业局公报，其中包含了一些法令样本。奥康纳也回复了来自全国各行业的数十封来信，其中包括密尔沃基的乔治·H. 史密斯铸钢公司（George H. Smith Steel Casting Company），该公司的首席化学家寻求技术建议。匹兹堡研究人员收到信件的数量和种类显示出人们对烟雾的科学调查有着浓厚的兴趣。许多询问者一定认为最终会找到这个持久问题的答案。[39]

100　　尽管有本纳和奥康纳所写的一系列文章和无数封信件，但是研究所的公报提供了最重要的公布调查结果的手段。它的九份出版物中有六份是关于烟雾的影响，分别涉及健康、植被、天气、建筑材料、人类心理和经济成本。第一卷简单地提供了这项研究的概要，第二卷提供了美国和欧洲有关烟雾出版物的广泛参考书目。因此，九份公报中只有一份涉及烟雾的原因和补救办法。正如奥康纳在该卷出版一年前指出的那样，"整个研究中最重要的分支研究是机械工程"。这一卷是调查中最长的一卷，在 1914 年以"匹兹堡烟雾问题的一些工程阶段"为名出版。尽管这项研究包括了匹兹堡的烟雾史和减少烟雾的历史，但是它的主要工作依赖于对匹兹堡工厂的调查，其目的是确定哪些企业制造烟雾以及为什么制造烟雾。该研究的结论与布雷肯里奇和之前几份政府出版物的结论相呼应："只要采用适当的方法和一般的预防措施，即使是实现匹兹堡煤炭的无烟燃烧，也没什么不可能或不可思议的。"[40]

梅隆研究所的研究代表了烟雾减排研究的高度。虽然后来的项目大大增加了对烟雾的影响、原因和补救方面的了解，但是梅隆调查却为详尽的科学调查设定了标准。与私营部门、联邦机构内部和其他大学的工程师进行的研究一起，梅隆研究所的研究不仅为寻求解决煤烟问题方法的改革者和市政官员提供了数据，[41]它还为反烟运动提供了科学依据，为改革努力提供了合法性，也为改革者提供了"弹药"。

尽管工程师们在反烟运动中提供了重要的知识，但是这一专家阶层的影响远远超出了其在研究和教育方面的能量。随着工程师在地方政府内部权力的不断扩大，他们在制定有关排放监管的公共政策方面获得了巨大的影响力。1900 年后修订的反烟条例倾向于要求烟雾检查员具有广泛的工程经验或训练。通过要求烟雾检查申请人通过公务员考试或具备严格的先决条件（如工程学位），改革者们有效地将政治亲信从许多重要的城市职位上移除。当然，通过要求烟雾检查员有一些工程方面的背景知识，新一代的法令不仅仅是将任命中的政治因素排除在外。被任命为烟管部门负责人的工程师往往会放弃前任检查员采取的检举途径，选择在违规烟囱下面的锅炉房花费更多时间，而不是在法庭上向违规业主施加惩罚。

通过改变烟检部门的旧有策略，工程师们希望也能改变其有效性。正如圣路易斯公民联盟（Civic League of St. Louis）在1906年总结的，"除非烟检部门的人都是在工程学领域经过训练和经验合格的人员，否则不可能有实际的结果"。换句话说，一些观察人士已开始把减烟部门的缓慢工作进度归于检查人员缺乏专门知识。例如，在圣路易斯，虽然在1890年代曾有一名工程师负责该市的第一个烟雾部门，但是1902年该市任命查尔斯·H. 琼斯（Charles H. Jones）为首席烟雾检查员，后者当时是警察局长的秘书。在接下来的两年里，琼斯有几名副手协助他的工作，其中包括1名水管工、1名机械师和2名办事员。公民联盟抱怨说这些人都不具备充分履行其职责所必需的技能。因此，公民联盟的非专业改革者要求城市将控制烟雾的权力交给可以阻止烟雾的工程专家。[42]

在圣路易斯和其他许多城市，解决这个问题的办法是修订反烟条例中的一项条款，以要求烟雾检查员有工程学的经验。到1911年，圣路易斯聘请威廉·霍夫曼（William Hoffman）担任该部门的负责人。霍夫曼在该市水利部门工作期间，有16年的机械工程师经验。像其他负责全国各地的烟雾部门的工程师一样，霍夫曼把合作作为他的工作口号。霍夫曼在圣路易斯工程师俱乐部（Engineers' Club of St. Louis）的同事面前说，"合作是一项有价值的财产。如果没有它，这个部门就会陷入困境，进展必然缓慢"。霍夫曼认为他的部门的首要目标是教工程师和火夫如何通过适当的技术来减少烟雾，并向业主说明减少烟雾的经济价值，即使在需要安装新设备的情况下。因此，合作包括与烟雾违规者进行讨论，确定烟雾问题，提出最有效的解决办法。总之，执行过程中很少涉及起诉。[43]

在一些城市，取代非工程师的烟雾检查员与其说是通过扩大公民服务需求来消除职位政治化，不如说是试图将权力从非专家的反烟活动人士手中转移开来。例如，在芝加哥，高效率的约翰·舒伯特在 1906 年夏和 1907 年夏领导了非常积极的反烟运动。不过，由于该市通过了一项新的法令，要求首席烟雾检查员具有工程学背景，他被迫辞职，让位于伊利诺伊钢铁公司（Illinois Steel Company）的蒸汽专家保罗·伯德。新条例还成立了一个由 3 名机械工程师组成的顾问委员会。在这些职位中，市政府官员选择了 2 位咨询工程师，其中包括阿尔伯托·贝宁（Alburto Bement），他是伊利诺伊煤炭运营商协会（Illinois Coal Operator Association）的一名官员，还有一个来自玉米制品公司（Corn Products Company）的蒸汽工程师，这个公司是舒伯特在前一年抨击最猛烈的公司。很明显，烟雾部门的重组大大增加了工业在市政监管机构中的影响力，同时也大大削弱了非专业活动人士的影响力，后者曾在舒伯特那里找到了一个强有力的、活跃的盟友。[44]

尽管芝加哥烟雾部门的变化转移了该市反烟运动的权力，但是专业机构很可能确实改善了实际的减排工作。伯德在 1911 年离开烟雾部门为联邦爱迪生公司（Commonwealth Edison）工作，他的继任者奥斯本·莫尼特（Osborn Monnett）建立了一个烟检部门，受到来自全国各地的关注和赞扬。[45] 莫尼特是一名机械工程师，曾在两家行业杂志担任编辑，并曾在威灵和伊利湖铁路公司（Wheeling and Lake Erie Railway）工作。莫尼特和他的副手指导火夫和工程师如何最好地操作他们的设备，并向违规业主提供建议，基本上是向烟雾违规者提供免费且经常广泛的咨询。莫尼特不愿接受针对违规公司的法庭

102

起诉，事实上，他一到任就立刻表现出了合作的兴趣，放弃了前任们提出的未决诉讼。[46]

这种新方法很快在几个城市获得青睐，包括纽约州的锡拉丘兹。作为一个小的工业城市，锡拉丘兹并没有遭受像圣路易斯或芝加哥那样严重的污染，但是当地官员从 1907 年起就积极参与到这个问题之中。那一年，商会警告"在条例的执行上过于激进，不是什么好政策。执法应由既懂技术又懂实用控烟知识的官员自行决定"。到 1914 年，这个城市已经找到了这样一个人，也就是烟雾检查员埃米尔·弗莱德勒（Emil Pfleiderer）。在梅隆研究所调查期间与奥康纳的通信中，弗莱德勒询问了任何可能使他成为更有效的"燃烧工程师"的信息，并主动表示自己并没有"通过命令或威胁罚款的方式治理烟雾问题"。与圣路易斯的威廉·霍夫曼和芝加哥的莫尼特等全美其他烟雾减排工程师一样，弗莱德勒青睐一种慢条斯理的教育方式。[47]

当工程师们开始主导城市减烟的努力时，变化的不只是烟雾部门的策略。工程师们将他们的烟雾减排工作作为提高效率的一种手段，试图使烟囱的业主确信：从长远来看，投资于追求无烟的新设备可以节省资金。在这样做的过程中，烟雾部门增加了一个在反对烟雾排放中得到长期讨论但居于次要地位的论点的重要性。作为政府资助的咨询工程机构，烟雾部门将提高燃料效率作为其减排工作的重点。对健康、美丽和清洁的保护仍然受到全国的关注，对公共健康的保护仍然是政府对排放进行监管的法律基础。不过，对于烟雾部门内的工程师来说，这些曾经的核心问题似乎相当次要。

1906 年，包括密尔沃基的查尔斯·波伊特克和多伦多的

R. C. 哈里斯（R. C. Harris）在内的几位控烟官员聚集在底特律成立了一个组织。通过这个组织，他们可以巩固自己的影响力，使自己的领域更加专业化。来自芝加哥、费城、辛辛那提、克利夫兰、罗切斯特、锡拉丘兹、印第安纳波利斯、丹佛，当然还有底特律的代表们在韦恩郡法院（Wayne County Courthouse）开会，创立了国际防止烟雾协会（International Association for the Prevention of Smoke），后来简称为防烟协会。该组织的成员仅限于致力于抑制烟雾的政府官员，但是它确实允许其他对减烟感兴趣的人成为"准成员"，这意味着他们可以参加大会并加入讨论，但是在协会的决策过程中不发挥任何作用。该协会的主要目标是在全国范围内制定统一的烟雾法。成员们认为，在反烟条例方面存在的缺陷是导致减烟进展缓慢的主要原因。[48]

　　1908 年，不断成长的协会在克利夫兰举行了第三届年会。这个组织的 22 名成员代表 20 个市，包括中西部大部分工业城市。次年，该协会在锡拉丘兹举行了第四届年会。67 人出席了会议，其中有来自 12 个城市的市政官员以及地质调查局的代表，包括萨缪尔·弗拉格和赫伯特·威尔逊。与会人员大多来自私营企业，但是也包括几位来自制造"无烟"设备公司的代表。例如，琼斯火下加煤机公司（Jones Underfeed Stoker Company）派了 3 个人参加年会，毫无疑问是希望能了解一些关于烟雾问题的消息，这将有助于他们产品的销售，并可能会让城市官员对他们加煤机的有效性留下深刻的印象。参会人员旁听了一系列的演讲：芝加哥首席烟雾检查员保罗·伯德讨论了芝加哥的减排努力；德怀特·兰德尔讨论了烟和煤之间的关系；雪城大学的詹姆斯·福克斯（James B. Faulks）教授讨论

104

了他对装有蒸汽喷射装置的锅炉的测试结果；威尔逊和弗拉格在各自的报告中讨论了他们在美国地质调查局中的工作。[49]

尽管具有不同背景的人带着不同的目的参加年会，并且出席年会的人听到了各种各样的演讲，但是协会的主要目的仍然是建立该领域的标准。的确，虽然该协会在 1913 年开始允许非政府官员加入，但是实质上该协会继续作为一个专业的控烟官员们的组织而存在。这些人，包括芝加哥的伯德、匹兹堡的塞尔和纽瓦克的丹尼尔·马洛尼（Daniel Maloney）担任协会的领导，并指导了该组织唯一的长期项目：该领域的标准化。1915 年，在辛辛那提举行的一次会议上，委员会列出了制定标准的 10 个一般领域，包括条例语言、办公方法、烟囱观察、烟囱尺寸和某些锅炉设备的尺寸等。委员会还建议在 11 个特定领域进行设置的标准化，包括炉内的箅面比例和设备尺寸、炉具草图、砖拱的大小和排列，以及从焰火到锅炉表面的距离等方面。委员会和协会希望对整个煤炭消费行业进行整顿。

在一个市场上有成千上万种不同熔炉和锅炉产品，许多企业仍然处于依赖于过时设备（经常与最新的改进一起使用）的时代，标准化至少会被证明是困难的。尽管如此，对于指导协会的工程师来说，这是推动他们领域专业化必要的第一步。只有通过标准化，专家才能收集实际数据，设定普遍的性能期望，并记录真正的改进。标准化是在坚实的科学基础上减少烟雾的第一步。[50]协会几乎没有权力强制实施它所希望的标准化，但是作为一个减烟信息的交流中心和运动积极分子的聚会场所，它确实对主要城市官员和协会所在城市的媒体产生了重大影响，包括匹兹堡、克利夫兰、印第安纳波利斯、大急流城、圣路易斯和纽瓦克。[51]

虽然该协会对其减排目标相当真诚，但是实际上证明它是运动中的一股保守势力。在那些知识和兴趣与燃烧煤炭有关的机械工程师的带领下，协会几乎完全关注于现有设备和技术的改进，以生产更多的能源和更少的烟雾，而未能对更高效、更清洁的燃料来源进行调查。的确，这些熟悉锅炉房和熔炉的人明白现有的设备可以实现无烟操作，他们亲眼看到并亲自动手。他们更感兴趣的是传播这方面的知识，而不是讨论更激进、更持久的变革，比如电气化或广泛使用天然气。正如1913年芝加哥的检查员威尔（Viall）在匹兹堡对协会所描述的那样，通常无烟点火只是旋转一个扳手，通过减慢链篦机（chain grate），调整阻尼孔（damper opening），或矫直和密封突破口（breaching）来实现。这些专家认为，减少烟雾排放不需要能源生产方面的革命。[52]

回顾一下工程师们在该组织成员面前宣读的论文，可知他们的目标是找到解决这个问题的煤炭—蒸汽方案。尽管许多论文涉及非技术问题，包括关于法律和宣传的讨论，但是成员们更有可能就"蒸汽喷射及其使用"、"没有特殊设备的无烟机车操作"或"煤气炉的发展及其与减烟的关系"等主题发表（并聆听）演讲。当工程师们讨论燃料（一个常见的话题）时，他们通常会讨论各种煤炭和焦炭的相对价值。一些论文反映了将煤炭加工成更有前途的燃料（无论是粉煤还是煤气）的观点，但是基本上所有的论文都假设烟雾解决方案将涉及煤炭，以及烟煤将继续在美国未来的能源中扮演核心角色。直到1940年代，关于石油的讨论才开始变得普遍起来，而天然气作为燃烧最清洁的化石燃料，在协会的头40年里基本上没有受到关注。[53]

该协会之所以存在保守主义，部分原因是占主导的机械工程师在煤炭燃烧技术方面投入了大量资金，但也因为该运动中最激进的群体——中产阶级女性的缺席。在第一次世界大战前的 10 年里，没有一个妇女在该协会发表过演说，甚至没有登记成为正式会员。大多数会议包括为陪伴丈夫的妇女举行娱乐活动，经常在男人们参观工业以检查运作时，带她们去观光。例如，1907 年，密尔沃基的一个妇女特别委员会带着协会成员的妻子们去参观美术馆和博物馆，以此来款待她们。显然，该协会集中精力于烟雾问题的技术解决方案，并不需要女性所具备的那种专业技能，也没有任何激进的声音倾向于质疑其正式会员所倡导的缓慢的教育方式。[54]

随着各个城市重新制定条例，要求他们的烟雾检查员拥有工程学位或经验，防烟协会变得越来越技术化。在 1916 年的会议上，协会听取了关于"来自低压加热工厂的烟雾""机车上烟雾消减装置的发展""加煤机的发展及其与烟雾消减的关系"以及其他技术的演讲，这些演讲都是由工程师们发表的。随着该协会规模的扩大和影响力的提升，其关注范围变得更加狭窄和排外。到了 1910 年代末，当工程师们讨论他们的研究和方法时，他们声称有权找到解决全国烟雾问题的方法。[55]

防烟协会的重要性日益增加，有关烟雾的工程研究越来越流行，这表明工程师在烟雾减排运动中占据了新的主导地位。到 1910 年代末，工程师们已经在这个问题上获得了足够的权威，改变了公众对这个问题的基本观念。工程对效率的强调在一定程度上取代了烟雾作为健康和美学问题的讨论，甚至在工程圈之外也是如此。尽管许多改革者仍表示需要控制烟雾以保护城市居民的健康，但是与烟雾相关的经济问题变得更加突出。就连 1890 年代的妇女健康保护协会（Women's Health Protection Association）主席凯特·麦克奈特（Kate McKnight）[56] 也在 1906 年末市议会举行的一次重要听证会上强调了烟雾给匹兹堡市民带来的损费。在重复业主关于安装减排设备所需的高初始投资的常见抱怨后，麦克奈特提醒市议会整个城市都承担着巨大的成本。匹兹堡《邮报》（Post）用头版标题总结了这次会议的主题："消除烟雾表明是值得的"。在匹兹堡和全美各地，烟雾问题的经济方面已占主导地位。要求减排的新的集会口号更多地关注经济和效率，而不是健康和清洁。[57]

到 1910 年代中期，人们对烟雾的普遍看法再次开始改变。在运动的头几十年里，非专业改革者把烟雾描绘成不道德和不洁净的，是不健康和污秽的明显象征。现在，随着工程解决方案主导了讨论，活动分子们更倾向于把烟雾描绘成有缺陷的机器排放物——失败的机械操作、效率低下和浪费的象征。环境保护主义者反对烟雾的观点依然存在，但自然资源保护主义者的观点得到了更多的关注。正如行业杂志《动力》的编辑 C. H. 布罗姆利（C. H. Bromley）在 1913 年写给《纽约时报》的信中所说，"需要记住的是，减少烟雾纯粹是一个工程问题"。在认真寻求工程解决方案的过程中，公共环境的烟害问题得到了很大程度的转换，煤炭消费和能源效率的私人经济问题越来越受到重视。毫无疑问，烟雾问题的新的主导性定义表明了烟雾作为一个问题的持续重要性，但是这个新的问题将被证明同样难以解决。[58]

第六章　烟雾意味着浪费

> 关于经济方面的问题：烟雾意味着煤炭的浪费。由于燃料是铁路最大的一项运营成本，抑制甚至显著减少机车或发电厂排放的烟量，必然会对这些成本产生实质性影响。
>
> ——阿尔图纳铁路俱乐部，1910 年

> 效率——产生外在影响的；具有产生结果的性质的；主动的；有因果关系的。
>
> ——《世纪词典和百科全书》，1911 年

在第一次世界大战前的几年里，随着城市重组烟雾部门并对其旧有做法进行调整，烟雾减排运动的论调发生了转变。在寻求科学解决方案的过程中，工程师们重新定义了这个问题。由妇女组织领导的中产阶级改革者在 20 世纪的头几十年慢慢地放弃了她们在这个问题上的主导地位，尽管她们和其他的非专业改革者继续努力控制全国城市的烟雾。随着这项运动的技术性越来越强，它的排他性也越来越强，非专家人士的参与变

得不再那么重要。现在，环境保护主义运动更像是一场自然资源保护主义运动。工程师们明白，他们在尝试解决一个经济问题。随着经济争论在很大程度上盖过了健康和美学问题，对财产价值和烟雾经济成本的关切也得到了更多的注意。关于公民享受舒适和清洁空气的自然权利的争论让位于围绕财产权的问题，尤其是对于煤炭消费者和煤烟受害者而言获得充足投资回报权利的问题。[1]

工程师们在烟雾问题上获得了权威，而且公众对烟雾之于健康影响的看法也发生了变化，进一步削弱了以健康为中心的论点的效力。1914 年，梅隆研究所发布的一项新的研究将煤烟从美国最紧迫的健康问题——肺结核中分离出来。19 世纪末和 20 世纪初，虽然许多内科医生和非专业改革者断言烟雾在这种致命疾病的传播中扮演了重要角色，但是后来的研究在很大程度上否定了这些指控。[2]在 20 世纪的头几十年里，城市卫生官员、研究医师和相关利益团体为寻找结核病的治疗方法做了大量的工作。尽管新鲜的室外空气仍然是结核病患者治疗的重要组成部分，但是寻找治疗的方法在减少烟雾上努力很少。相反，有关适当的室内通风、清洁和痰液处理的教育是贫困社区反结核病运动的核心，而将感染者转移到郊区或农村疗养院则是富裕阶层控制结核病的主要工作。[3]

同样重要的是，随着国家更充分地将疾病的细菌理论和科学的医学研究与公众的疾病观念相结合，维多利亚时代的健康、清洁和道德观念开始改变。人们开始将疾病与特定的微生物更密切地联系在一起，而不是与一般的环境条件联系在一起。人们不再重视关于清洁、身体健康和道德品质之间关系的旧观念，而这对早期的公共卫生改革者来说是非常重要的。受

109

110

图 6-1　关于烟雾意味着浪费的漫画

　　说明：1910 年代初，工程师们以提高效率为理由发起了反烟运动。工程杂志《动力》简明扼要地陈述了论点。当企业主查看煤炭账单时，有15% ~30% 被白白浪费并被烟囱排了出去。包括中产阶级妇女在内的社区成员也提出了尖锐的评论。

　　资料来源：*Power* 39（1914）：cover。

　　种族主义的影响，19 世纪关于疾病的观念将贫穷移民家庭的"不道德"行为、贫民窟的不清洁与高死亡率和高患病率联系在一起。随着科学医学将疾病与道德分割开来，公共卫生理念的复杂性也发生了变化。烟雾仍然是一个明显的清洁问题，是一个重大的健康问题，却不再是城市道德的一个因素。[4]

　　在烟雾减排运动的头十年里，有关健康、清洁和美学的言论占据主导地位，这在很大程度上阻止了企业有效地使用反对控烟措施的经济论据。尽管那些抵制这一运动的企业抱怨重新设计无烟工厂的成本和无烟燃料的额外花费，但是它们反对市政行动的最成功的论点涉及煤炭消费中无烟的不可能性和市政法规的非法性。然而，在 1910 年代，经济问题主导着减烟的论调，企业有效地利用了它们自己的经济论据来反对它们所认为的市政当局严厉的控烟措施。[5]

芝加哥和伯明翰两场截然不同的烟雾减排运动的命运，揭示了运动的焦点从环境质量问题转向经济效益问题的重要性。这两个城市之间的巨大差异和结果的相似性凸显了美国许多城市面临的真正问题。尽管经济和政治文化非常不同，但是伯明翰和芝加哥面临着非常相似的空气污染问题，仅仅是因为这两个城市都燃烧了大量的烟煤。在 1910 年代，芝加哥是一个工业大城市，是美国最大、最具活力的城市之一，也是主要的铁路枢纽。这里也是美国最早、最活跃的反烟运动之一的所在地。伯明翰是一个更年轻、更小的城市。重工业，尤其是涉及钢铁生产的重工业，主导了这座城市的经济。而在某种程度上，没有哪个行业能够主导一个非常多元化的芝加哥。在 1910 年代之前，伯明翰没有颁布（禁烟）法令，也没有采取重大行动强制通过一项法令。在这两个截然不同的城市里，商业利益利用新近强有力的经济论据来阻挠城市采取抵制烟尘排放的措施。

由于芝加哥长期以来拥有大量烟雾和全国著名的烟雾减排运动的经历，这个城市值得相当大的关注。尽管运动时间很长，到 1905 年芝加哥仍然是美国空气污染最严重的城市之一，也许仅次于烟雾缭绕的匹兹堡。芝加哥处于浓浓的烟雾之下，这些烟雾来源于机车、密集发展的中央商业区和活跃的工业中心。尽管其他地方的居民也对机车烟尘感到不安，但是在其他任何城市，铁路污染都没有造成如此巨大的影响。到1911年，火车在芝加哥市内的行驶里程达2000英里，在同一时间运行的机车多达1400辆。不仅是因为交通流量，铁路线的位置也使得芝加哥机车的烟雾特别令人讨厌。伊利诺伊中央铁路引起了特别的关注，因为其环路以东的市中心终端使得冒着烟雾和煤渣的机车穿过了芝加哥的市中心、格兰特公园以及芝加哥与尚未得到重视的湖岸之间的地带。这条伊利诺伊中央铁路线路阻碍了环路以南沿湖地区房产价值的增长，也阻止了城市从湖滨市中心获得重要价值。[6]

固定锅炉的操作人员已有多种选择来避免烟雾：例如安装砖拱或机械加煤机，或引进更好的无烟煤或半烟煤。但是在机车上，由于空间的限制，有效加煤机的引进被推迟了。经济和安全方面的考虑使得砖拱不实用，无烟煤在许多情况下表现不佳。换句话说，1910年以前，蒸汽机车在无烟作业方面几乎没有取得什么进展。谨慎的点火与半烟煤（波卡洪塔斯煤）的使用相结合，是减少烟雾滋扰的最可靠手段。考虑到铁路工业在芝加哥经济中的中心地位和机车烟雾的明显危害，关于减少铁路烟雾的辩论超过了所有其他排放问题，铁路的电气化成为城市运动十多年来的主要焦点。

早在1906年，芝加哥《记录先驱报》就开始了一场针对机车烟雾的运动，聚焦于伊利诺伊中央铁路。该报在一篇社论中指出铁路公司嘲弄了烟雾条例，并预测只有电气化才能带来完全的满意。当市议会就一项需要在伊利诺伊中央铁路进行电气化的决议进行辩论时，《记录先驱报》呼吁"为了公众健康和舒适"而采取行动。然而，两年来，无论是这座城市还是铁路公司都没有对电气化采取任何行动，机车烟雾问题只增不减，但是这一运动及其对电气化的呼吁却随之增强。[7]

虽然控制机车烟雾的努力对铁路提出了新的挑战，但是电气化的想法和为实现电气化的游说却不是什么新鲜事。早在1897年，在任何一条蒸汽铁路开通一条重要的电气化轨道之前，机车冒烟的问题就已经让一些观察人士相信电气化的必要性。芝加哥电气协会的克洛伊德·马歇尔（Cloyd Marshall）说："看来，电力机车将在大城市内得到广泛应用，蒸汽机车将被取缔，这一天就快到了。"马歇尔接着总结了支持电气化的有力的经济论据："目前，每条铁路都是穿过城市的一条不干净的路带，烟雾、烟灰和灰尘使临近铁路的地产不受欢迎。因此，铁路沿线都是棚屋、简陋的小屋和摇摇欲坠的仓库。"[8]

铁路公司早期也表示了对于电力技术的兴趣。为了提高服务质量，降低运营成本，在19、20世纪之交以前，蒸汽铁路公司就进行了电气化的试验。就连后来顽固的伊利诺伊中央铁路也在1892年启动了自己的电气化研究，为世博会（World's Fair）做准备。尽管铁路公司关于这一问题的报告得出结论认为电力牵引技术仍处于起步阶段，因此无法向通往世博会场馆的线路的电气化提供投资，但是仅仅五年后，铁路公司就批准这项新技术用于郊区线路的运营。虽然存在这些早期的研究，伊利诺伊中央铁路却并没有成为电力试验的领头羊。东部相对无烟的城市，而不是污秽的芝加哥，第一次体验到蒸汽线路电气化的好处。[9]

当1908年芝加哥关于电气化的辩论升温时，支持变革的人可以从纽约和费城的例子中找到证据，证明这项新技术是高效且成本划算的。事实上，这两个东部城市的经验提供了明确的证据，证明了电力牵引的好处。在曼哈顿，新的电力线路为往返于郊区的通勤线路提供了更快的速度，这意味着电力列车可以更高效、更频繁地运行。电力牵引的拥护者还认为由于电力机车可以提供更多的动力，火车可以在不失去速度的情况下爬上陡坡，这对于长途货运线路来说是一个明显的优势。因为一些斜坡可能会使蒸汽机车无法按计划运行，所以经常不得不限制每辆列车的长度。[10]

然而，正如芝加哥的支持者们所强调的，电力牵引最重要的优势是它可以让铁路运营烟雾较少的机车。以纽约市为例，这种优点不仅仅是对大气有影响。无烟操作使机车在短隧道的运行更安全，在长隧道的运行成为可能。事实上，纽约对隧道运行的需求刺激了全美范围内最广泛的蒸汽线路电气化，尽管这不仅仅是因为铁路公司渴望从电力技术中获益。1902 年 1 月 19 日，一辆开往纽约中央车站的白色平原号（White Plains）特快列车撞上了另一辆停在派克大街（当时叫第四大街）隧道轨道上的列车。白色平原号列车的司机没有注意到隧道里有 3 个警示灯，当他看到停着的火车的尾部时已无法停下来。白色平原号的火车头轰隆一声撞了上去，套住了后者的车架，困住了 60 名通勤者。消防队员解救了乘客，但有 15 人在事故中丧生。白色平原号列车的司机没有受伤，他在辩护中说由于隧道里浓烟滚滚，没有看到任何警告信号。第二天，当纽约的司法部长开始调查时，市长赛斯·洛（Seth Low）宣布了自己的结论。"这场灾难的明显教训，"他说，"就是要用电力代替蒸汽作为隧道的动力。如何做到这一点还有待确定。我看不出在目前情况下怎样做才能避免这次事故。"[11]

《纽约时报》的一篇社论赞同市长针对此事的评价，认为愤怒的市民不应该责怪列车司机。警方认为他头脑清醒，能力过人。"责任在别的地方，至少从 1891 年起就在那里了，当时有证据显示烟雾和蒸汽遮蔽了信号灯，导致了类似的事故。"7 名乘客在此前的事故中丧生，铁路公司也未能按照要求改进隧道内的通风设备。[12]

政府官员立即对这起事故以及由此引发的公众愤怒做出回应。事故发生后仅仅一天，一位代表就向州立法机关提交了一份议案，要求强制铁路公司将曼哈顿隧道内的轨道电气化。尽管该议案在那次会议上没有获得通过，但是一项类似的议案在第二年成为法律。该州投票决定提供 2500 万美元用于火车终点站的改造，规定在曼哈顿岛上不能使用蒸汽动力。[13]

驾驶蒸汽机车甚至不可能通过比中央车站隧道更长的隧道，这也促使宾夕法尼亚铁路公司将位于曼哈顿的新佩恩车站电气化，同时从新泽西哈里森的哈德逊河下穿越一条长长的隧道。该公司还对新收购的长岛铁路进行了电气化，该铁路通过东河下一条较短的隧道，将佩恩车站与皇后区和布鲁克林区连接起来。完工后，电气化使得公司首次将乘客从新泽西州运送到曼哈顿，无须花费大量时间，也无须麻烦地换乘渡船穿越哈德逊河，并为他们提供了一条贯穿美国最大城市的完整线路，使乘客可以方便地通过纽约前往新英格兰。到 1910 年底，中央车站和佩恩车站的建成极大地改善了通往曼哈顿中心区的交通。电气化解决了整个行政区地上和地下的机车烟雾问题，极大地提高了岛上新建电气化车站周围的房产价值。[14]

1910 年代初，宾夕法尼亚铁路公司还对费城最繁忙的郊区铁路进行了大规模的电气化。不断增加的交通超出了布罗德大街站（Broad Street Station）的负荷，而且鉴于其市中心的位

114

置，铁路公司负担不起扩建车站的费用。相反，该公司决定将其郊区的线路电气化至保丽（Paoli）和栗子山（Chestnut Hill），这增加了车站的容量，同时不必扩大狭窄的调车场（switching yard）的规模。电动列车以更快的速度进出车站，为更多的交通腾出空间。电气化消除了将水和煤炭装载到机车上的需要，缩短了停车时间。电动列车也不需要转向，因为它们在两个方向都能移动，不像蒸汽机车需要转向。[15]

尽管宾夕法尼亚铁路公司率先实现了蒸汽线路的电气化，但是它在纽约和费城的电力牵引投资并不意味着对这项新技术的普遍支持，当然也不意味着它希望将所有的城市线路电气化。1909 年，负责监督宾夕法尼亚铁路公司在纽约和费城转向电力牵引系统的动力总监阿尔弗雷德·吉布斯在一篇有关烟雾污染的文章中指出，所有电气化的成本都是"巨大的"，并向他的读者保证"为铁路电气化而投入巨额资金的时代尚未到来"。吉布斯认为在其他减排技术上的投资将被证明更具成本效益，包括研发更好的自动加煤机，然后在铁路公司的阿尔图纳车间进行测试。[16]

四年后，宾夕法尼亚西部线路的动力总监大卫·克劳福德回应了吉布斯的观点。实际上，他在国际防烟协会前的演讲中借用了吉布斯的话。但是他扩大了反对完全电气化的论点，尽管费城和纽约的投资被证明非常成功。克劳福德明确表示铁路公司仍有大量资本投资于蒸汽技术，如果再加上向电动牵引转型所需的同等数额的资金，全部电气化的成本简直是不可想象的。"因为美国大约有 7 万辆机车，总投资约为 1.4 亿美元，"克劳福德总结道，"我相信你会同意我的看法，在它们全部被抛弃之前，一些特别有利的回报必须是明显的，尤其是当它们的替代品涉及的花费是它们现值的许多倍时。"[17]

尽管中央车站和佩恩车站的电气化为纽约和铁路事业带来了立竿见影的成功，但是在该市开创的先例却将给包括芝加哥在内的其他几个重要地区的铁路带来公共关系问题。市民们开始质问为什么他们的城市不值得拥有最好的、最先进的交通技术。到 1906 年底，甚至在伟大的纽约车站建成之前，美国人就有了越来越多的证据证明电气化线路的优越性，包括 1900 年巴黎美丽的奥赛火车站（欧洲第一个电气化车站）的开通，以及纽约、纽黑文和哈特福德电气化的早期成功。蓬勃发展的城际工业拥有的电动列车在小口径轨道上运行，也充分体现了电力对交通运输的价值。事实上，到 1906 年时城市居民已充分意识到电动牵引对消费者的好处，特别是与清洁相关的好处。[18]

1906 年，随着华盛顿联合车站（Washington's Union Station）的顺利建设，对该车站电气化的支持也得到了加强。当参议院通过了一项法案（该法案将使机车受到城市严格反烟法的约束，以此有效地迫使车站电气化）之时，宾夕法尼亚铁路公司在从华盛顿向北延伸的主干线车站上已经投资了数百万美元。第三副总裁萨缪尔·雷亚（Samuel Rea）代表该公司参加了一个委员会的听证会，他试图说服参议员们华盛顿与纽约没有什么共同之处，因为纽约的河流需要隧道，隧道需要电气化。他还承诺铁路将在华盛顿特区使用半烟煤，而且排放的烟雾也不会令人反感。[19]

宾夕法尼亚铁路公司在华盛顿和其他城市推迟电气化的政策，如果没有铁路工程师的投入就不会成功。实际上，电力牵引部的总工程师乔治·吉布斯特别建议推迟。吉布斯多年来一直从

图 6 - 2　铁路车站的电气化

　　说明：纽约中央车站的成功电气化给芝加哥的电气化倡导者提供了新形式电力诸多好处的证据。"当铁路公司说芝加哥的铁路电气化成本太高时，"一家主要报纸评论道，"他们还记得纽约车站的电气化使这个城市的铁路能够改造价值数亿美元的建筑物吗？"

　　资料来源：*Tribune*，19 May 1913。

事电气化项目，而且在佩恩车站负责工作。在注意到电动牵引技术的发展特点及其高昂的成本之后，吉布斯建议公司在"两到三年"内不要决定支持电气化，并再等两到三年开始这项工作。[20]

雷亚清楚地认识到推迟国会行动的必要性。在一封写给公司总裁詹姆斯·麦克雷（James McCrea）的信中，甚至在参议院投票表决烟雾法案之前，雷亚就指出"首都现在发生的事情将会扩散到每一个城市"。他认为铁路公司必须采取预防措施，包括将市内机车的燃料换成焦炭或无烟煤，指导技工和火夫进行无烟操作，并对他们的失误给予惩罚（罚款）。"我认为我们公司有必要至少应该朝着这个方向采取措施，"雷亚继续说，"不是一直谈论这个问题——因为我们已经这么做很多年了——而是给人们一些直观的示范。"雷亚总结道："当然，唯一绝对的解决方法就是电气化，所有这些机构都在引导它们的注意力达到这个目的，而在反对电气化的过程中我们已经竭尽全力了。"雷亚很清楚电气化对控制烟雾的重要性，但他同样清楚地意识到公司需要控制技术变革的步伐。[21]

在雷亚给麦克雷的信后不到一个月，宾夕法尼亚铁路公司就开始让人们"亲眼看到"他们想要在这个地区无烟运行（使用蒸汽动力）的设想。同一天，华盛顿《明星晚报》（*Evening Star*）发表了一篇社论，称"当面临法律的威胁时，铁路公司以承诺改革而闻名"。它还报道了宾夕法尼亚铁路公司在新泽西大道的机车上使用焦炭的实验。不到两周之后，华盛顿《明星晚报》宣布参议院推迟了烟雾法案的通过。就在同一天，该报报道了另一项成功的焦炭实验，这次是在宾夕法尼亚铁路公司客运车站进行的。这个巧合令铁路公司开心。[22]

宾夕法尼亚铁路公司并不是唯一试图阻止强制电气化者。华盛顿特区内所有主要的铁路公司都向参议员们进行了游说，尤其是那些来自这些公司所在州的议员。比如切萨皮克和俄亥

118　俄的官员游说弗吉尼亚州的参议员，巴尔的摩和俄亥俄的官员游说马里兰州的参议员。最后，游说被证明是成功的，因为国会的拖延超过了参议院的会期。然而，铁路公司并没有放松，也没有回到烟雾弥漫的道路上。雷亚亲自写信给铁路管理人员，敦促他们制定政策，减少烟尘排放，特别是通过经常使用焦炭的方法。雷亚在给切萨皮克和俄亥俄铁路公司的总裁乔治·斯蒂文斯（George Stevens）的信中写道："我个人的意见是，即使是使用最高等级的烟煤所造成的危害也太严重，而在蒸汽机车使用焦炭所产生的道德影响要比任何无烟燃烧的展览都更令人信服。"雷亚知道铁路公司正在进行一场公关战，这无疑是一场旨在反烟的战斗。[23]

为了不让铁路烟雾进入公众视线，华盛顿的铁路公司成立了一个委员会专门处理这个问题。这个委员会分享了与焦炭有关的实验信息，包括如何在用焦炭充当燃料时减少煤渣的堆积。委员会还组织了有关引擎机组人员无烟点火的课程，并跟进了那些被控告排放烟雾的人的案件。铁路公司雇用了自己的检查员来监视整个华盛顿特区的铁轨，并报告那些冒着黑烟的机车。1907年10月，这些检查员观察了1.6万多例机车的活动，只报告了10例黑烟和16例深灰色烟雾事件。考虑到情况的多样性、设备之间的差别以及所涉雇员的人数，这是一项出色的工作。最后，铁路公司的运动取得了成功，该地区的电气化被推迟，一直等到大萧条的到来和获得公共工程管理局（Public Works Administration）经费的资助后，电气化才开始。[24]

在芝加哥关于电气化的辩论中，铁路官员（包括那些代表宾夕法尼亚铁路公司的官员）提出了与雷亚在参议院委员会上阐述的观点相同的论点。他们明确表示芝加哥既不是纽约，也不是费城。没有任何特殊的情况，如水下隧道或超高效车站的需要，使得电气化对芝加哥运营的铁路具有明显的吸引力，只有浓烟把这个问题摆在城市和铁路面前。尽管如此，支持电气化的芝加哥人却看不到他们的城市和东部城市之间的巨大差异。如果在曼哈顿电气化是可行的，那么在全国铁路中心电气化又怎么可能不可行呢？1908 年，一位训练有素的工程师——芝加哥烟雾检查员保罗·伯德在去纽约的一次旅行中，试图调查这个问题。在与纽约中央铁路公司前副总裁、曾经监督大中央车站电气化的 W. J. 威格斯（W. J. Wilgus）会面后，伯德认为在芝加哥车站电气化是"切实可行的"。他指出纽约中央车站的电气化不仅减少了交通延误，而且降低了运营成本，即使是在计入电气化资本费用的情况之下。在伯德得出结论后，芝加哥卫生专员 W. A. 埃文斯（W. A. Evans）呼吁对芝加哥铁路进行电气化，声称工程师已经证明了其实用性。在注意到这座城市已经在淡水净化上花费了 5000 万美元后，他想知道为什么它不会在净化空气上投资。然而，即使有伯德和埃文斯的支持，市议会也没有采取任何行动。[25]

　　1908 年夏末，城市和铁路的不作为以及持续不断的浓烟，激发了由芝加哥反烟联盟主席安妮·塞格尔（Annie Sergel）和其他中产阶级妇女领导的南部居民的声讨运动。这些妇女利用全国妇女和其他改革者十多年来提出的相同论点，直接向控制伊利诺伊中央铁路的 E. H. 哈里曼（E. H. Harriman）发出呼吁。她们还发起了一场南部社区的请愿运动，希望有组织的行动主义可能会以一种个人抱怨所没有的方式刺激市议会。请愿书指出，签名的人发现机车冒出的烟雾"危害健康、福利和使人生活在正常舒适以及体面之中的可能"。这份请愿书还请求该市要求伊利诺伊中央铁路实行电气化。[26]

为了响应妇女的行动，铁路公司发起了另一项关于电气化的研究，这是多年来的第三项研究。该公司发布了一份电报，宣布在纽约做出的决定："公司的目的是全面而迅速地调查这个问题，确保美国最有能力的专家调查此事。"反烟联盟对进行更多调查的承诺不感兴趣，呼吁采取行动，而不是一味思考。塞格尔说，"我们追求的不仅仅是承诺"。[27]

反烟联盟的女性并没有等待这项新研究的结果。妇女们再次在安妮·塞格尔家聚会，她们通过了一项决议，宣布计划推迟做家务，以便更充分地投身于这项事业。她们还决定"不花钱买家具或艺术品来装饰我们的家，也不花钱买长袍来美化我们的人；将我们现在使用的一切不必要的妆饰收拾起来，免得被人抢夺而去；所有这一切都有希望在明年以最美丽的蝴蝶样式，从烟灰和煤渣的烟雾缭绕的茧中浮现出来；一个爱财的公司可能会把我们害死"。妇女们已经占据了道德的制高点，带着一种戏剧性的感觉，谴责了贪婪的文明社会的破坏者。[28]

当反烟联盟的妇女们散布她们的请愿书时，《记录先驱报》将这个问题暴露在大众视野之下，几乎每天都有关于"烟雾敌人"（smoke foes）进展的报道。10 月初，市长弗雷德·布瑟（Fred Busse）会见了该组织的代表，并承诺为她们的事业提供支持。市议会还通过了一项决议，鼓励州立法机构通过一项法律，允许该市强制通勤蒸汽铁路（包括伊利诺伊中央铁路和另外六家铁路在内）将它们在城市内的线路电气化。一周后，布瑟市长会见了伊利诺伊中央铁路的官员，包括该铁路有关这个问题的重要人物（point man）路易斯·弗里奇（Louis Fritch），以及公司的总负责人弗兰克·哈里曼（Frank Harriman）。虽然弗里奇之前曾建议政府对他的公司要谨慎，对改革者要有耐心，但是在会议结束后，布瑟自信地认为中央车站的电气化已并不遥远。[29]

10月19日，200名妇女和男子向市议会提交了反烟联盟的请愿书。在4万个签名和另外42个城市组织［包括芝加哥妇女俱乐部、南区商人俱乐部（South Side Business Men's Club）和芝加哥电力俱乐部（Chicago Electrical Club）］的支持下，反烟联盟已经积累了相当大的政治影响力，委员会似乎已经准备好采取行动。当这些积极分子在市长面前陈述自己的理由时，他们仍然在卫生和美观方面表达自己的观点，而且语气中带有道德上的必要性。反烟联盟发起了一场环保主义运动，类似于匹兹堡的妇女健康保护联盟、辛辛那提的禁烟联盟和纽约的反烟联盟发起的运动。[30]

尽管面对反烟联盟的压力，但是芝加哥的铁路公司仍继续拖延行动，机车的火夫对电气化和运动普遍表现出更加明显的反对态度。在12月，机车火夫兄弟会（Brotherhood of Locomotive Firemen）的"大师"（grand master）约翰·J. 哈纳汉（John J. Hanahan）从皮奥利亚到芝加哥访问，以抗议烟雾条例。哈纳汉认为当城市对铁路进行罚款时，铁路公司只是对火夫进行罚款，而火夫本身并不能阻止所有的烟雾。哈纳汉在与烟雾的战争中没有站在铁路一边，他表示公司的政策必须改变。在库克县召开的一次由40000人参加的兄弟会会议上，哈纳汉呼吁停止对那些因烟雾而被罚款的机车火夫的停职处罚。参加会议的铁路官员们表示同情，但是并没有做出改变的承诺。[31]

121   火夫在这场有关烟雾的辩论中存在很大的利害关系。每一位成员不仅面临着雇主的停工和罚款，电气化还威胁着他们的工作。电力牵引将大大减少对训练有素的、能将煤炭转化为火的人的需要。正如兄弟会官员安德鲁·帕特里克·凯利（Andrew Patrick Kelley）所言，"使芝加哥的铁路车站电气化，成千上万的工程师、火夫和开关员将被解雇"。尽管凯利补充道，"我代表的是火夫，而不是铁路公司"，但是很明显，铁路公司与他们的雇员有着罕见的共同利益，并且是防止强制电气化的有价值的盟友。尽管运动威胁到火夫的生计，但是从长期和短期来看，火夫都明白减少烟雾的必要性，而且他们并没有立即反对技术上的改变。实际上，一些新技术在不减少操作所需的火夫人数的情况下减轻了火夫的工作量。例如，自动加煤机减少了新一代大型机车上火夫的负担，这些机车需要大量的燃料。火夫操作自动加煤机，而不是直接给火堆加料，这是一个多步骤的过程。他们只是让加煤机提供燃料，并监督它的工作。[32]

　　由于没有听到铁路或城市关于电气化进展的任何消息，反烟联盟的成员们在给伊利诺伊中央铁路的弗兰克·哈里曼和市长布瑟的信中表达了他们的担忧。两封信的作者塞格尔写道："在我们的经历中，从未像现在这样被不健康的灰尘和烟雾所伤害，也从未像现在这样被引擎的喘息和刺耳声所烦扰。人们通过我们的请愿所要表达的愤怒丝毫没有减少。"弗里奇通过媒体而不是直接向联盟做出回应，反驳道："这些妇女对我们面临问题的规模没有概念。这个问题涉及我们整个开关轨道系统的调整，这是一种专家主导的工作，不能马上得出结论。"至少在弗里奇看来，当这些女性试图强迫出台一个只有专家才能完全理解的问题的具体解决方案时，她们已经越出了自己应属的领域。[33]

在接下来的 5 个月里，随着妇女们允许伊利诺伊中央铁路去制订电气化的计划，而且塞格尔正在欧洲度长假，反烟联盟的激进主义逐渐减弱。与此同时，州议会未能通过一项使芝加哥强制电气化的法令。在塞格尔组织反对机车烟雾运动一年之后，伊利诺伊中央铁路感到来自联盟和城市的压力减少了，在10 月宣布它将不会使芝加哥线路电气化。作为回应，包括反烟联盟在内的市内妇女俱乐部誓言要恢复活动。[34]

当这些妇女计划她们下一波的活动时，市议会再次提起了一项立法，该立法将推动铁路电气化，或者寻找其他无烟的替代方案。代表铁路工人的两个最大的工会派代表到地方交通委员会（Local Transportation Committee）发言。机车工程师兄弟会的 P. J. 库尔金（P. J. Culkin）强调电气化可能会对铁路雇员们产生经济影响，并指出不能以"牺牲工人的生命"来减少烟雾。他还警告该法令的通过很可能会迫使许多人离开芝加哥，因为他们要在其他地方寻找蒸汽机车的工作。当被问及使用焦炭是否会有帮助时，库尔金声称会，然后他主动说火夫更好的工作也会产生帮助。库尔金指出为了提升工人的工作表现，铁路官员已经聘请了指导员和检查员。他得出的结论是，"他们正在取得巨大的成果"。[35]

在库尔金回答完问题之后，沃特曼（Waterman）法官代表反烟联盟的利益进行发言。沃特曼重复了联盟中女性成员一年多以来的观点，强调了烟雾对审美和健康的影响。他还将芝加哥与纽约进行了比较，称后者是减少烟雾排放方面的领头羊，因为那里的铁路采用了电气化技术。沃特曼显然情绪激动

122

地说："为什么芝加哥人民、我代表她们讲话的女士、她们的家庭、妇女和儿童以及芝加哥的男孩和男士不能够像纽约大城市里的人们一样，拥有纯洁干净的家园以及驱散周围烟雾滋扰的资格？"

虽然沃特曼能言善辩，但是没有人被感动。当火夫安德鲁·凯利（Andrew Kelley）发言时，他开始抱怨道："在我看来，这就像是女人的条例。"在对反烟联盟的女性进行更多贬损之前，凯利指出了将烟雾和健康联系起来的谬论。"我伴随黑烟已经 15 年了，从早到晚。看看这里的工程师和火夫，他们是健康和力量的范例，这些人组成了这个国家的铁路工人。"因此，凯利把自己的健康状况作为女性无法准确判断情况的证据，之后他质疑女性做出会影响职场男性的判断是否恰当。凯利和其他工人也同意铁路公司的观点，也即当涉及解决烟雾问题和相关立法时，男人，有经验的男人，应该有最终的决定权，而不是关心一点点灰尘的女人。[36]

那天，在委员会面前的最后一个证人是妇女俱乐部反烟委员会的约翰·B. 舍伍德（John B. Sherwood）夫人。对于凯利的评论，她讽刺地回应道：

> 这位能说会道的先生是一位优秀工人的典范，他谈到那些应该待在家里的妇女。我想对他说，我将要及时回家去准备我丈夫的晚餐，这还有一段时间。如此健康的绅士住在户外，而我们关住门，住在房子里。我们为丈夫准备晚餐，照顾孩子，让床和房子尽可能地漂亮，并努力使它们干净。我们没有得到太多的新鲜空气。当我们打开窗户，让新鲜的空气进入屋内之时，煤烟飘了进来，让人不

能呼吸。

舍伍德对凯利的反应清楚表明她真正关心的不是工作，而是家庭。烟雾侵犯了她的家，就像它侵犯了其他活跃妇女的家一样。[37]

然而，铁路工人并不打算牺牲工作和工作的安全性，转而为中产阶级抱怨者提供更清洁的家庭。在地方交通委员会听证会后不久，200名铁路工人聚集在一起，抗议电气化法案。这些人通过了一项决议，其中的部分内容写道："在目前，烟雾是工业、工作和文明进步的绝对必要的特征。在法律禁止烟雾之前，必须公正地证明这样做不会造成损失，也不会损害现在产生烟雾的那些工作。"这些人还表示要求电气化的呼声似乎是可疑的，因为该市的电力供应由一家垄断企业控制，而焦炭提供了一个可以接受的替代电气化的方案。[38]

这些人有关电力垄断企业联邦爱迪生公司可能会控制铁路的担心，实际上是在转移人们的注意力，因为任何大型电力消费者（如铁路公司）都可能发现在自己的工厂生产电力是更经济的。多年前，芝加哥煤炭交易商威廉·P. 伦德曾抵达匹兹堡，在西宾夕法尼亚工程师协会面前为煤炭和煤烟辩护，他给《记录先驱报》编辑的一封长信引发了人们对垄断的担忧。伦德试图从任何角度为煤炭，甚至煤烟辩护。他断然否认烟雾会导致健康问题，并要求有人证明烟雾确实会造成健康问题。他还让公众关注巨大工业托拉斯的权力，这在进步主义政治中是一个非常重要的问题。伦德表示，通过对电力的垄断，联邦爱迪生公司能够向城市的工业集团发号施令。"我们还没有准备充当附属角色，并向这个国家有史以来最危险的托拉斯之一

124

致敬。"铁路工人接受了这一论点,说明伦德的信对这个城市具有一定影响。[39]

到1910年初,铁路工人代表几个不同的工会(包括乘客售票员、工程师和火夫工会),组成了一个委员会,组织了一场反对电气化提议的游说活动,把精力集中在选举在即的市议员身上。1911年,铁路官员投票决定"采取任何必要的行动,与一个雇员委员会(悄悄地)合作,反对通过这样一项法令"。公司不仅为工人们的运动提供了精神上的支持,还作为一个团体投票决定给工人们发工资,并在他们进行游说活动时每天支付1.5美元的费用。[40]

来自铁路和铁路工人的压力加上政府的行动,帮助减缓了电气化的进程。在1910年和1911年,这个问题只是零星地出现在报纸上。然而,铁路公司确实继续真心实意地通过了一些不太昂贵的、替代电气化的方法来减少烟雾。在1909年末和1910年初,伊利诺伊中央铁路针对一种新型的防烟装置进行了公开测试。铁路公司邀请市议员观察这些试验,希望他们能说服议会不需要通过电气化来减排。伊利诺伊中央铁路在城市线路上还开始了公开的替代燃料(即焦炭和石油)试验。这两种燃料都不是全新的,甚至在机车使用方面也是如此。试验可能更多地集中在经济因素而不是技术因素上。焦炭和石油都比铁路使用的烟煤要贵,尽管比电气化便宜得多。弗里奇指出,在替代燃料方面的冒险并不意味着放弃对电力牵引的研究。相反,他声称铁路公司希望可以将焦炭或石油用于城市线路的货运列车,该公司担心这方面很难实现电气化。

铁路也坚持他们的观点,认为电气化会造成经济灾难,甚至可能带来危险。人们担心贯穿城市的电气化线路会对工人、通勤者和行人造成持续的触电威胁。芝加哥－伯灵顿－昆西铁路公司的一位官员说："如果这样做的话，这座城市就会变成一个名副其实的屠宰场。人类死亡的速度会比内战时期快，会发生很多车祸。"尽管这种极端的说法实际上没有什么根据，但是反烟联盟似乎已经输掉了这场战争，整座城市在一片烟雾中耐心地等待着。[41]

如果铁路公司通过"目视演示"（ocular demonstrations）来拖延时间的策略与华盛顿所采取的方法相似，那也不是巧合。1912年夏天，宾夕法尼亚铁路公司副总裁萨缪尔·雷亚写信给第二副总裁 J. J. 特纳（J. J. Turner），在谈到芝加哥的烟雾问题时说："我认为我们在华盛顿被迫做的事情，也应在芝加哥做。"更具体地说，他呼吁建立一个由芝加哥所有铁路代表组成的烟雾委员会。雷亚总结道："我认为，如果铁路部门事先自己处理好这种情况，并任命一个独立的委员会来昼夜检查和处理此事，并公布他们正在完成的工作报告，就可以在很大程度上满足所有的公共需求，且可能将电气化推迟十年。"于是，华盛顿反对强制电气化的战争使得宾夕法尼亚铁路制定了一项成功的战略，以防止在芝加哥等其他城市采取类似行动。[42]

芝加哥铁路采纳了雷亚的建议并遵循了华盛顿的例子。在雷亚的信到达芝加哥不到一个月后，代表芝加哥所有铁路的总经理协会（General Managers' Association）投票决定成立一个附属委员会，以考虑"建立一个烟雾检查联合局的可行性和实用性"。[43]到12月中旬，联合局已经成立并开始运作。这个新的部门允许来自任何铁路的烟雾检查员向总经理协会报告冒烟的机车，不管它们是哪家铁路公司的。所有主要线路都参与了这项工作，尽管有几家公司名义上指派道路工头（road foreman）在日常工作之外负责领导烟雾检查员的工作，其中有些人甚至没有驻扎在芝加哥。虽然一些较小的铁路不愿为联合组织提供工作时间，甚至不愿普遍减少烟雾，但是联合局确实工作了许多年。联合局还充当了该市烟雾减排委员会的联络人。这样一来，联合局就有了切实可行的和政治上的目标——限制所有芝加哥机车的烟雾排放，并向这座城市表明如果没有进一步的监管，铁路能完成多大的工作。[44]

126　　在芝加哥机车烟雾问题最严重之时，芝加哥商业协会（Chicago Association of Commerce），一个由城市内许多最重要的商人组成的公共利益团体，对烟雾问题进行了广泛的研究。1909 年 10 月 29 日，该协会组织了一个由 8 人构成的委员会，包括烟雾检查员伯德、伊利诺伊大学的工程师威廉·戈斯、另外 2 名工程师、1 名芝加哥大学的经济学家和 3 名来自芝加哥企业的代表。委员会调查了电气化的工程实用性和经济可行性，并在历时 8 个月的研究后向协会提交了研究结果。委员会坦率地认为电气化是切实可行的，而且建议从郊区的客运线路开始立即实施电气化的计划。[45]

　　尽管报告清楚地反映了委员会对于电气化的支持，但是芝加哥商业协会既没有发表也没有公布其研究结果。相反，该协会将其结论提交给了一些铁路官员。官员们对调查结果感到不满，他们辩称这份报告没有对这个问题进行科学研究，因而需要进行一项更全面的、新的调查。由于对铁路有重大影响，该协会选择忽视自己的研究，开始了一项由铁路资助的新的、彻底的分析。1911 年 3 月，该协会组织了一个新的委员会，由铁路公司的 4 名代表、城市的 4 名代表和协会的 9 名代表组成。在接下来的四年里，该协会的研究将主导电气化辩论。[46]

1911 年 12 月，反烟联盟的妇女们再次游说市政厅以支持电气化。不过，市长回应说他将继续考虑这个问题，直到芝加哥商业协会"完成对烟雾问题的科学调查"再说。显然，这些女性在关于烟雾的辩论中失去了很大的影响力。市长选择等待男性经济学家和工程专家的研究，他们的建议将在商会的报告中公布，而忽略了女性要求立即采取行动的呼吁。反烟联盟的成员们一度受到市长办公室的欢迎，但是现在在"电气化"的辩论中，其特殊地位已不复存在。[47]

商业协会进行了两年的研究，但是对于电气化的实际应用几乎没有给出什么结果，也没有得出任何结论。随着这项研究的拖延，铁路公司没有采取任何永久性减少烟雾问题的行动。市议员西奥多·朗（Theodore Long）通过向该市铁路车站委员会提交的一份电气化法案，重新唤起了人们对这个问题的关注。正如预期的那样，朗的议案不但遭到了铁路公司，而且遭到了商业协会本身的反对。商业协会认为电气化的行动应该等待研究报告发表之后才能发起，而研究报告将于 1914 年 1 月 1 日发布，还有 7 个月时间。商业协会甚至派专家到委员会去建议谨慎研究和拖延公布结果。该市著名的铁路公司出于利益考虑向委员会派出了代表，他们暗示支持电气化，但是反对过早强制电气化的法令。铁路公司也认为市议会应该等到协会研究报告公布后再决定，该研究报告花了两年时间和 25 万美元的铁路资金来收集数据。[48]

朗对协会对他法案的正式反对以及未来不作为的前景感到愤怒，他在委员会面前发表了一次公开的长篇演说，谴责该协会及其与铁路公司的关系。芝加哥市民第一次听说了该协会1910年的研究，而根据朗的解释，该研究被铁路公司取消了，因为它得出了错误的结论。在对抗铁路和他们的协会盟友之时，朗关注的是经济问题。虽然反烟联盟的女性集中于健康和审美问题，但是朗仅仅是提及这些问题，而主要考虑可以从电气化中获得的经济利益："据有能力的工程师和房地产商估计，消除烟雾公害所能回收的宝贵空间将超过电气化的总成本。"朗甚至从与自己一派的专家那里收集了大量证据，其中包括策划纽约中央车站电气化的 W. J. 威格斯。朗报告说电气化实际上降低了高达27%的运营成本。[49]

在朗强有力的演讲和他揭露的关于该协会在其第一项研究中存在欺诈行为的影响下，委员会重新将该法案提交给了更大的市议会。朗成功地重新"点燃"了机车的烟雾问题，但是问题本身已经发生了变化。在市长的冷落和协会"科学"研究的阴影下，反烟联盟的中产阶级女性在这个问题上失去了发言权。健康、清洁和湖滨美景的重要性已经降低，现在经济问题成了讨论的焦点。从现在开始，这座城市只会从专家那里听取关于强制电气化问题的意见，这些人都是在工程学和经济学方面受过训练的人。市议会没有通过朗的法案，再次拖延了电气化的进程。随着公众辩论的转变，改变所需的道德义务已经丧失。[50]

128 1915年11月，在启动4年后即预期完成时间过去近2年以后，该协会的烟雾调查终于完成了。毫不奇怪，这项研究发现通过电气化减少烟雾既不可取也不可行。这项研究的结论认为虽然电气化在技术上是可行的，但是在经济上不可行。当报告最终呈现时，它是令人印象深刻的，至少在篇幅上是这样的：超过1000页特大号纸的文本、曲线图、地图、图表和图解。其中包括对烟雾及其化学成分和含量的研究；对排放物的研究，指出哪些来源产生最多的烟雾（固定锅炉）和哪些来源产生最少的烟雾（蒸汽船）；关于空气污染的非煤来源，尤其是灰尘的研究；关于烟雾对健康影响的文献综述，结论认为医生所知太少；关于电气化技术可行性和成本的长篇研究。[51]

该协会的报告实际上使电气化问题变得混乱。通过对烟雾问题进行最广泛的研究，这项研究将机车烟雾问题降至最低，认为其只占城市烟雾的 22%，而如果把大气粉尘算在内，则其占空气污染的比例将更小。这些发现直接与烟雾检查员伯德的断言相矛盾，伯德在 4 年前还声称铁路制造了城市 43% 的烟雾。报告还强调了不可见性气态排放物（gaseous emissions）的重要性，进一步降低了随意观察烟囱的价值，而那是妇女长期参与的一项活动。[52]从本质上说，这份报告得出的结论是那些非专业的改革者，即 8 年前就开始了电气化辩论的女性错了。在芝加哥，机车烟雾并不是一个大问题，即使是，电气化也不是一个可行的解决方案。[53]

该协会的研究还淡化了机车烟雾最重要的一个方面：它集中在繁忙的铁轨周围，尤其是穿过格兰特公园的伊利诺伊中央铁路周围。尽管只是该市全部烟雾问题的一小部分，但是湖滨机车的烟雾一直处于反烟联盟电气化运动的中心。反烟活动人士在持续看到污秽的伊利诺伊中央铁路的火车穿过公园时，可能会凭借他们非专业的观察来确定铁路仍然是城市中最令人反感的污染者。

也许更重要的是，这项研究并没有试图估算烟雾带来危害的总的成本。在这份长达 1052 页的报告中，仅用 17 页对这一问题进行了简短的讨论。研究确认了烟雾对城市内人体健康、植被和财产存在一些负面影响，但是它并没有试图确定这些影响给芝加哥人带来的成本。[54]相比而言，研究做了非常详细的、关于电气化成本的估算。铁路公司向委员会提供了从开关到立交桥等一切东西的、极为详细的信息。因此，研究专家很容易就能确定设备、新机车、变压器、电线等等的成本。[55]电气化的核算方提供了具体而可靠的花销数字，但是委员会不能如此轻易地量化电气化对铁路或整个城市的好处。尽管如此，由于只有电气化的成本被充分理解，而持续性烟雾的成本几乎被忽视，报告的作者们还是有把握地建议不要立即采取行动。在得出"纯净空气对城市居民的健康和舒适至关重要"的结论后，这份报告只主张对铁路烟尘进行进一步研究。以这种方式，报告强调了环境改善的成本高于环境持续恶化的成本。[56]

在协会报告发表后，委员会主席威廉·戈斯发起了一场宣传报告结果的运动。12 月，曾担任伊利诺伊大学工程学院院长和美国机械工程师学会主席的戈斯在费城富兰克林研究所的工程部门发表讲话，对研究结果进行了广泛的总结。戈斯对他指导的这项研究感到自豪，他急于向密切关注烟雾问题的工程学界透露他的科研成果。在戈斯看来，虽然非专业改革者们认为已经找到了解决烟雾问题的灵丹妙药，但是电气化并不是解决问题的办法，为烟雾减排而耗费的美元最好花在其他方面。[57]

戈斯并不是唯一一个公布报告结果的人。许多国家级期刊都相当重视这份报告，其中一些提供了详细的摘要和附加的评论。《铁路和机车工程》（*Railway and Locomotive Engineering*）的编辑们证明了他们对这项研究非常支持，以至于宾夕法尼亚铁路的宣传部门在 1916 年初把该刊的评论作为小册子再版。一篇题为"烟雾的真正来源"的社论用报告中的烟雾数据错误地得出结论，认为如果电气化消除了芝加哥铁路上所有的烟雾，那么"空气也不会变得更干净，或者至少这种差别肉眼是看不见的"。显然，编辑引申了芝加哥委员会的调查结果，认为"芝加哥铁路枢纽电气化的想法简直是荒谬"。正如宾夕法尼亚铁路公司宣传部门的努力所表明的，铁路公司在协会中拥有重要的盟友，委员会的报告为电气化辩论提供了关键的弹药。[58]

讽刺的是，虽然宾夕法尼亚铁路公司称赞委员会在芝加哥反对电气化的调查结果，它自己的电力技术却在旧金山的巴拿马—太平洋国际博览会上赢得了国际关注。在被一位作者称为"文明的商店窗口"的地方，在运输宫殿（Palace of Transportation）的中心，在一个巨大的电动唱机转盘上，展示着展览的大奖——由西屋电气建造的4000马力、650伏特的直流电动机车，它运转在宾夕法尼亚铁路驶向曼哈顿佩恩车站的线路上。在电力机车周围散落着落选者，包括一辆烧油的机车、一辆十二缸的汽车和一架载客飞机。每一种都会在相对短的时间内以某种形式主导美国的各个运输部门，远远超过电动机车的影响力。尽管专家们认为芝加哥的电气化技术不可行，但是旧金山的评委们却对最新的电力牵引技术感到惊讶。不过，芝加哥的判决将证明对铁路运输的未来具有更大的意义。[59]

尽管芝加哥《论坛报》的社论指出该协会的报告不需要指导该市的政策，但是它确实做到了这一点。随着铁路公司继续以他们自己的方式和节奏讨论电气化的可能性，以及随着伊利诺伊中央铁路与该市就格兰特公园及其周围土地的转让问题进行谈判，最终导致菲尔德博物馆（Field Museum）和军人球场（Soldier Field）的建设，该市进一步推迟了强制电气化的努力。直到 1919 年《湖滨条例》（*Lake Front Ordinance*）通过后，市议会才最终就电气化问题立法。1919 年的法令允许该市与伊利诺伊中央铁路达成协议，拆除市中心的所有立交桥，并使郊区客运线路电气化，这最终在 1927 年得以实现，即在塞格尔和其他反烟联盟的妇女发起这项运动 19 年之后，也是在妇女于整个事件中失去大部分影响力很久之后。[60]

从本质上说，芝加哥铁路公司通过求助专家并按照技术和经济路线重建措辞的途径，挫败了环境保护积极分子迫使他们采取具体污染控制方案的努力。由于市政府官员向该协会的专家报告寻求指导，铁路公司对烟雾问题的定义具有相当大的控制能力。最后，专家们得出结论，认为芝加哥还担负不起反烟联盟成员所宣称的立即电气化将带来的美丽、健康和清洁所需的成本。

131

在另一个与芝加哥存在差异的城市，亚拉巴马州的伯明翰，并没有激进主义活动的历史和致力于减排的组织，但是商人们也采取了类似的策略，公开宣传减排的经济论据，试图阻止公众对该市条例的广泛支持。他们还邀请工程师支持他们的观点，即完全无烟是根本不可能的，这使得该条例看起来不切实际和苛刻。最重要的是，烟雾条例的反对者将环境改善与经济增长对立起来，声称前者只能以牺牲后者为代价。在年轻的、有抱负的工业城市伯明翰，这些策略被证明非常有效。

作为一个工业城市，伯明翰与芝加哥有着许多共同的特点。当然，它比芝加哥年轻得多，也比芝加哥小得多，但是 1880 年后钢铁工业的迅速发展使得支持者们把伯明翰称为"神奇之城"（Magic City）。这座南方大都市的发展得益于其毗邻铁矿石、煤炭和石灰石产地的有利区位，这三种都是炼钢的原料。事实上，较低的运输和劳动力成本使伯明翰较之北方的工厂城市（mill cities）拥有竞争优势。不过，这一优势被美国钢铁业臭名昭著的匹兹堡加价系统（Pittsburgh Plus system）所削弱，这使得宾夕法尼亚州钢铁能够与较便宜的南方钢铁进行有利竞争。伯明翰并不是注定要主宰全国钢铁市场，但是钢铁及其主要分支部门主宰了这座城市的经济。1900年，该市一半的工薪阶层在铸造厂、钢铁厂和机械商店工作，这个比例在接下来的 20 年里几乎没有变化。另外，成千上万的人在该县的煤矿工作，供应矿石和煤炭。1910 年，伯明翰及其周边的钢铁厂使钢铁成为亚拉巴马州最有价值的工业，超过了木材和棉花。此外，它们也使得这个城市烟雾弥漫。[61]

1907 年，伯明翰快速发展的市中心商业利益集团开始抱怨烟雾。在那一年，伯明翰《新闻》（*News*）报道烟雾每年造成 300 万美元的商品和财产损失。斯洛斯 - 谢菲尔德公司（Sloss-Sheffield Company）是一家直接毗邻市中心的工厂，首先受到了批评，尤其是对其高污染的焦炭炉的批评。1911 年，城市内部的反对力量得到了原先铁路公司的律师、市政专员詹姆斯·韦瑟利（James Weatherly）的支持。1912 年末，该市通过了第一个烟雾条例。[62]

然而，新条例并没有得到商界的广泛支持，在几个月之内，城市的许多知名商人就针对环境管制发起了一场复杂而尖锐的攻击。在两名新任命的烟雾检查员的压力下，加上可能会被持续罚款的可能，50 家公司联合起来进行公关活动，反对该条例，而不是开展反对烟雾的工程活动。在长达两个月的反对新法令的运动中，伯明翰《时代先驱报》（*Age-Herald*）一直把这个问题暴露在大众面前，并忠诚地支持商人发起的攻击。该报不断地刊登业主的投诉，业主认为新法令可能迫使他们停业或者搬离出城。[63]

条例通过后不久，韦瑟利提出了修正案，以减少人们对于新规则的反对，包括将生火的时间从每小时 3 分钟延长到每小时 6 分钟，在此期间烟囱冒出烟雾将不违反法律。这一规定对工业来说是非常重要的，因为火焰需要定期添加燃料和进行清洁，这两项都会使炉内暂时冷却，从而导致烟雾的产生。允许每小时 6 分钟的烟雾排放会使火夫更容易进行这些必要的操作，而不用承担被逮捕的风险。[64]

然而，对于该市的许多大公司来说，这样的让步已经够难的了。1913 年 1 月底，几家主要的制造商向委员会提交了一份请愿书，要求废除或大幅修订烟雾条例。尽管来自酿酒厂、木材加工厂、轧棉厂和其他一些行业的职员在请愿书上签名，但是大多数签名都代表了伯明翰的主要行业：钢铁制造业。请愿书的签署人辩称该法令实际上将阻止新企业在该市落户，同时这些原有企业将受到不公正的待遇。请愿书还包含了一个重要的细节："本请愿书签名者的正常年薪（pay rolls）[65]为 2705000 美元。"显然，反对烟雾条例的斗争将以经济的方式进行。[66]

反对者用了好几种理由来反对这项法令。一些人声称烟雾是必要的，燃烧亚拉巴马州的煤炭会产生一些排放。另一些人则认为烟雾对城市有好处，甚至认为烟雾给城市带来了劳动力和资本，而消除烟雾意味着经济活力的丧失。还有一些人则强调减排代价太高。请愿书的签名者之一、埃文代尔磨坊（Avondale Mills）公司的秘书唐纳德·科默（Donald Comer）对减烟设备的花费表示担忧。科默声称安装一种新的自动加煤机将使他的公司花费高达 2000 美元，他称新法令是给现有制造商制造"困难"。科默还强调说，由于亚拉巴马州的煤炭质量不佳，任何新设备都不能消除所有的烟雾。[67]

图 6 - 3　亚拉巴马州的烟雾史漫画

说明：反对减排的人常说烟雾能带来财富。伯明翰一家报纸刊登的漫画部分反映了该市推翻反烟法的运动。在画中，一个老头在聚集的人群（类似经理们和劳工）前大吵大闹。"工人们在烟雾周围建了一座城市和很多工厂之后，来了一个傻子，要求把火扑灭！"

资料来源：*Age-Herald*, 2 February 1913。

　　法令的反对者非常有效地辩称严格的烟雾治理将意味着城市的经济灾难。在长达一个月的反对法令运动中，《时代先驱

报》试图将烟雾等同于就业，在讨论这一主题时多次使用这
134　一术语。一篇社论指出："伯明翰是一个制造业城市，这意味
着工资和烟雾。"就在两天后，一篇冗长的文章宣布大批企业
开始离开这座城市。美国铸造公司（American Casting
Company）的副总裁兼总经理，同时也是请愿书的签名者之一
的 D. B. 迪米克（D. B. Dimmick）说："这是一个美学命
题——这个问题伯明翰很可能在几年后接受，但不是在它还是
一个年轻、奋斗的城市的时候。目前，我们需要得到所有工
厂、煤矿和其他付工资的生产商：越多越好。"一位伯明翰的
医生甚至声称烟雾对健康无害，说他喜欢"工资单甚于没有
烟雾的空气"。如果这座城市的居民还没有明白，那么《时代
先驱报》的编辑们尝试得出结论："当然，现在不是制定法令
的时候，除非伯明翰人希望看到街上长出草来。"[68]

《时代先驱报》并不是唯一的反对法令者。《劳动倡导者》
（Labor-Advocate）也支持废除它，并指出"在这个地区的制造
工厂中遇到的任何困难都会对该地区本身产生影响，导致一些
工厂倒闭，并阻止新的工厂到来"。有趣的是，这篇社论在宣
传中提出了一个新的观点，声称"在这个城市里有一件麻烦
事，委员们可以处理一下，那就是有一群肮脏的烟鬼在我们的
街头汽车和其他公共场所里吞云吐雾，给乘客带来不便"。根
据《劳动倡导者》的报道，城市从工业的烟雾，而不是从香
烟的烟雾中获益。"让我们设法保护更多的制造工厂，即使我
们确实不得不多吸一点烟雾，"这篇社论总结道，"但是让我
们把二手烟和香烟烟雾的吸入减少到最低限度，并对灰尘公害
采取补救措施。"[69]

经济论据的力量在于公众的普遍理解，即它们至少有一些

事实依据。减烟将是昂贵的，因为它肯定需要对新的炉子和锅炉设备进行广泛的投资。由于亚拉巴马州的煤炭质量低劣，以及减烟技术的局限性，减烟不可能像条例所要求的那样完全达到目的。这一点尤其适用于蜂窝焦炉，它产生了浓密的、破坏性的烟雾，同时创造了钢铁生产所需的燃料。存在着一种切实的可能性，即工业可能会转移到管制较少的地区进行燃料密集型作业。[70]

伯明翰的工业领导人可能会说这座城市正与其更大的北方对手进行竞争，而匹兹堡加价系统一直在提醒着伯明翰所处的不利地位。但是在辩论期间，伯明翰蓬勃发展。就在《时代先驱报》警告减烟可能导致失业时，斯洛斯-谢菲尔德公司宣布计划斥资 5 亿美元对其运营进行升级和扩展，包括在该地区开设一个新矿。田纳西煤炭、钢铁和铁路公司（Tennessee Coal, Iron, and Railroad Company）则报告称该公司巨大的安斯利钢铁厂（Ensley steal mill）的产量创下了新的纪录。面对这些积极的消息，有关烟雾法经济影响的警告可能没有那么有力。[71]

为防止经济上的争论未能达到烟雾条例的反对者所希望的效果，《时代先驱报》还召集了几位专家，他们愿意就反对严格的减排立法问题作证。该报刊载了一篇标题为"专家工程师诉说烟雾条例为什么不是一个切实可行的计划"的报道。如果读者们不相信烟雾条例意味着通过减少工资单而带来经济灾难，特别是不相信那些利己主义的、从废除该条例中获益良多的商人所说的话，那么也许专家们的客观证词会动摇公众的认知。《时代先驱报》援引伯明翰工程师富兰克林·凯瑟（Franklin Keiser）的话，他以权威的口吻说道："烟雾条例是不切实际的。"[72]

《时代先驱报》还收集了否认烟雾影响人体健康的医生的评论。由于对该条例的支持主要基于烟雾导致健康问题的论点，健康专家的证词具有相当大的分量。那位声称自己更喜欢工资单而不是纯净空气的内科医生还总结道，"烟雾对健康既无损害又无伤害"。另一位医生解释说烟雾不会对健康有害，因为它不携带细菌。他声称火箱内的高温净化了碳，并彻底推翻了烟灰之所以不纯净，只是因为它污染了城市的说法。实际上，这位医生认为烟灰是纯净的，被工业的大火所净化。[73]

即使在这座城市正考虑推出烟雾条例修正案以使其变得更加宽松的时候，《时代先驱报》却继续对其进行攻击。为了嘲弄烟雾条例，该报注意到韦瑟利关于该市 91% 的工厂和铁路的发动机已经符合法律规定的断言。虽然韦瑟利无疑是想通过他的评论来反映很少有污染者真的向城市排放了浓烟，但是该报却声称韦瑟利断言该条例在短短一个月内就大大改善了该市的空气质量。《时代先驱报》随后报道了来自城市不同地区的六位居民的想法。每个居民都表示烟雾情况在过去的几周里没有得到改善，这表明韦瑟利已经与现实相脱节。这篇文章还包括了当地一家公司的经理 W. H. 凯蒂格（W. H. Kettig）的想法，他不但批评了该法令，而且批评了那些支持该法令的人。"那些想要洁净空气，远离烟雾和其他城市元素的人，应该搬到农村去务农。烟雾一直是，而且将永远是这座城市的一部分。减少烟雾的鼓动者应该搬到乡村去，因为那是他们离开城市烟雾的唯一方法。"[74]

在这最后一点上，凯蒂格是正确的。在来自重要商人的巨大压力下，该市三名委员中的两名（韦瑟利是第三名）支持对该条例的一系列修正案，这将逐渐使立法变得更加宽松。最初的法令每小时只允许排放 3 分钟烟雾。到 2 月下旬，当委员会最终投票通过一项新法令时，该市允许每小时排放 10 分钟烟雾而不受处罚。此外，每天早晨第一次点燃炉子时，还可以额外排放 30 分钟烟雾。[75]

随着条例被破坏，韦瑟利撤回了他对立法的支持。正如《时代先驱报》报道的一样，他"优雅地放弃了为无烟伯明翰而进行的战争"。根据旧条例任命的三个城市烟雾检查员都辞职了，他们声称新法律让他们无事可做。在宽松的条例取代旧条例两天后，《时代先驱报》刊登了一幅禁止烟雾条例的漫画，一个来自詹姆斯·韦瑟利的花环躺在墓地里。为了防止未来可能发生的任何来自城市排放管制的威胁，伯明翰的主要制造商游说州政府取消城市对烟雾公害的管制权。在 1915 年，他们确实这么做了。在一场被定义为经济进步对环境保护的斗争中，伯明翰选择了经济扩张。[76]

1910 年代见证了运动的转变。在芝加哥，有关烟雾对健康、美丽和道德构成严重威胁的旧观点，在很大程度上被一场有关实用性、可行性和效率的经济辩论所替代。在伯明翰，在经济精英们只关注经济增长的城市里，关于健康、美丽和道德的争论无法持续下去。在这两个城市，确保清洁空气的潜在成本和实际成本成为辩论的焦点。在全国范围内领导早期烟雾减排运动的妇女和医生，在很大程度上已将他们的权威让渡给了工程师和经济学家。新的讨论清楚地表明只有在经济上有意义的时候，社会才能追求一个健康、有吸引力、有道德的环境。在 1910 年代，芝加哥、伯明翰和其他许多城市的努力都存在缺陷，这证实了私人利益可以优先于公共环境问题。现代文明已经适应了许多人认为不文明的空气。尽管许多城市仍在认真地与城市的烟雾污染做斗争，而且产生了切实的效果，但是美国人参与世界大战的举动，很快就证明了 1910 年代烟雾减排运动的脆弱性。

第七章　战争意味着烟雾

作为答复，内政部部长写信给亨德森先生，声称该部门很清楚烟雾消耗装置的经济性，但是战争意味着烟雾，人民应该忍受烟雾，为"爱国贡献自己的一分力量"。

——匹兹堡《邮报》富兰克林·莱恩
（Franklin Lane，内政部部长）评论摘要，1917 年

保护——谨慎保存、保护或保管的行为；保护免受损失、腐烂、伤害或侵害；使某物处于安全或完整的状态。

——《世纪词典和百科全书》，1911 年

与 1916 年夏欧洲战争的肆虐同时，美国的反烟运动在受欢迎程度和效果上达到了新的高度。最明显的例子莫过于匹兹堡，该市的烟尘减排联盟开始组织烟雾减排周活动。受英国烟雾减排协会（Smoke Abatement Society）和 1912 年在伦敦皇家农业厅举行的减烟展览会的启发，匹兹堡烟尘减排联盟希望一系列的活动（主要是演讲）将有助于城市集中注意力，关注其仍然可怕的烟雾问题，并激励居民采取行动。然而，该联盟

并没有打算在烟雾减排周内激起公众的情绪并迫使政府采取行动。相反，成员们希望直接影响烟雾制造者，说服他们采取行动反对他们自己的排放问题。因此，烟雾减排周的活动强调了减排的经济方面，特别是燃料效率的提高，这通常伴随着排放量的减少。联盟预期持续的教育将使污染者相信仅凭经济利益，减排就是必要的。似乎是为了揭示公共环境问题和私人效率问题的和谐，联盟宣传它希望这些活动将有助于使匹兹堡成为一个"干净、充满阳光、高效的城市"。[1]

139　　在 10 月下旬开始的烟雾减排周中，效率主题和效率专家的主导地位变得明显起来。组委会主席 O.P. 胡德（O. P. Hood）是美国矿业局匹兹堡实验站的首席机械工程师，当他介绍纽约市首席烟雾检查员 J.W. 亨德森（J. W. Henderson）时，他开启了这一行动。在制造商和铁路代表面前，亨德森强调了在减少烟雾方面已经取得的进展以及通过减少烟雾带来的经济和效率的提高。第二天，奥斯本·莫尼特在商会前发言。他曾是芝加哥的首席烟雾检查员，当时是美国散热器公司（American Radiator Company）的工程师。莫尼特讨论了按照工程路线对芝加哥烟雾部门的重组，以及该市通过减少烟气排放而节省的煤炭问题。他还展示了在芝加哥和辛辛那提使用新设计的阿尔图纳喷气鼓风机的机车的电影图片，当鼓风机发动起来时就会阻止烟雾的排放。第二天，莫尼特在卡内基理工学院的工程专业学生面前发表讲话，概述了他在减少烟雾问题上的技术知识。到了周末，另一位工程师，宾夕法尼亚铁路公司西宾夕法尼亚分部动力部门负责人 H.H. 马克斯菲尔德（H. H. Maxfield）在信贷联盟（Credit Men's Association）前讨论了机车的烟雾问题，指出了铁路公司为减少机车烟雾可以采取的几项措施。[2]

本周最重要的三位演讲者，莫尼特、亨德森和马克斯菲尔德，都是国际防止烟雾协会的积极成员。的确，这三个人最近都在协会发表了讲话。在圣路易斯举行的年会上，也即在烟雾减排周的前一个月，莫尼特曾报告过"烟囱和锅炉烟道的方案及规格"，亨德森还研究过"前部点火的加煤机"问题。这两份报告都是高度技术性的。一年之前，马克斯菲尔德在辛辛那提的年会上就机车无烟操作问题发表了演讲。对于这三名工程师而言，协会不仅提供了交流防烟专业知识的场所，还创造了信息流动的个人网络。莫尼特、亨德森和马克斯菲尔德对彼此的工作都很熟悉，他们都认可对方是该学科真正的专家。在一个目前由专家主导的领域，国际防止烟雾协会已经做了很多工作来确定谁是合格的。到1916年，烟尘减排联盟表彰了这些工程师的专业知识，并确保他们的声音将引领教育活动。[3]

很明显，男性主导了烟雾减排周的计划。的确，女性没有发声，也没有男性在妇女组织报告此事。但是，参会者并没有忘记女性在烟雾减排运动初期所扮演的角色，也没有忘记她们可以继续扮演的角色。莫尼特本人向匹兹堡的妇女俱乐部发出了特别呼吁，指出她们可能对强制实施烟雾条例产生强大的影响，特别是在选举在即的情况下。尽管如此，在所有的演讲者和演讲中，只有一个人明确讨论了全国女性活动人士提出的问题。当时，威廉·霍尔曼（William Holman）博士回顾了烟雾对健康的影响。霍尔曼是一位与梅隆研究所烟雾调查有关的医生，他重复了梅隆研究所的研究结果，强调了烟雾对肺炎死亡率造成的影响。[4]

烟雾减排周受到了匹兹堡《公报》（*Gazette Times*）的极

大关注。该报每天发表长篇文章，总结前一天的演讲并概述即将发表的演讲。第二天，《公报》发表了一整版致力于减少烟雾的报道，并配有"使匹兹堡无烟"的横幅标题。与这篇由烟尘减排联盟约翰·奥康纳撰写的长篇文章一起见于报端的，还有一些相关广告。约翰·奥康纳是一名大学经济学家，曾撰写了梅隆研究所研究报告的部分内容。当地一家天然气公司——制造光和热公司（Manufacturers Light and Heat Company）的广告上写着"公民的骄傲要求消除烟雾公害"，并承诺天然气将消除烟雾、烟灰、烟尘、灰尘、（多余的家内清扫）工作和忧虑。该则广告旁边，人民天然气公司（Peoples Natural Gas Company）的广告宣称天然气是"最安全的消烟剂"，称其方便、经济、可靠。不巧的是，匹兹堡人更可能将这三个特性归于煤炭，而不是天然气。迪凯纳电灯服务公司（Duquesne Electric Light Service）也告诫"让匹兹堡无烟"，试图说服企业允许其中央电站为他们提供清洁电力。在发布广告之时，迪凯纳的官员们可能没有意识到烟尘减排联盟会在第二天把他们的公司列入纽约市最严重的烟雾排放者名单之中。加煤机公司在这篇文章发表的同时，刊登了三个广告，强调了使用软煤的便捷性、低价格和可靠性，并强调了在不冒烟的情况下使用软煤的可能性。[5]

这些广告以及媒体对烟雾减排周的广泛报道，反映了1916年秋许多匹兹堡人对减少烟雾的重视程度。报道和广告也揭示了在过去的十年里，这场运动发生了多么巨大的变化。尽管莫尼特指出要想在这一努力中取得成功，需要有见多识广的公众，但是烟雾减排周却明确表示工程师的意见是最重要的。烟雾问题是技术问题，解决办法也将是技术问题，涉及广泛使用天然气或电力，或采用一些先进的蒸汽技术，如机械加煤机。在匹兹堡和全美各地，效率而不是健康或美丽，已经变成了战斗口号。[6]

因此，当美国在 1917 年春加入战争时，效率控制了烟雾减排运动，正如它控制了当时的许多其他问题一样。随着经济倾向于为战时生产做准备，效率成为后方的口号，反烟活动人士希望利用国家对经济效率的巨大需求达到他们的目的。全国各地的禁烟官员都宣称如要提高效率，就需要减少烟雾。1917 年，纽约卫生部门的约瑟夫·洛尼根（Joseph Lonergan）告诫烟雾制造者："我们认为，由于烟雾意味着浪费，排放浓烟对工厂所有者来说是不爱国的行为。我们陷入的国家危机要求我们节约所有的资源，特别是燃料。"在哈德逊河对岸的纽瓦克，受人尊敬的著名烟雾检查员丹尼尔·马洛尼也在一本 78 页的、名为"烟雾管制和煤炭节约的利益，1918 年"的小册子中强调了烟雾减排具有的爱国主义意义。按照马洛尼的说法，节约煤炭是"一项造福人类的、令人向往的爱国义务"。[7]

很明显，烟雾改革者试图将减排定义为一项战时自然资源保护的必要行为，从而也是一项爱国义务。在这样做的过程中，他们对反对烟雾的经济论据进行了补充，以使其在战争期间最为有效。在 1918 年由匹兹堡烟尘减排联盟赞助的一场海报比赛中，战时经济对烟雾的定义最为清楚。联盟向那些将烟雾生产与节约燃料相关联的海报提供现金奖励，并为参赛者提供了一个关于烟雾产生和低效燃料使用关系的问题大纲。一等奖的海报上有一把剑，上面写着"保护"字样，用来堵住高高的烟囱里冒出的浓烟，并要求"清除垃圾"。其他获奖者使

用了更爱国的主题，一个恳求企业"不要羞辱国旗（Old
Glory）"，另一个则把烟雾标为"后方的敌人"。正如联盟所计
划的那样，这些海报明确指出了减少烟雾是后方作战的重要部
分。然而，联盟的成员们却没有预料到，这场战争会如何戏剧
性地改变自然资源保护的问题，或者在战时自然资源保护的努
力中，烟雾减排会受到多么少的关注。[8]

142

经济的迅速扩张和煤炭需求的持续增长导致了燃料短缺，
而超负荷的运输网络无法将煤炭从矿井运送到市场，因此反烟
的节约主义论点就变得更加重要。在 1916 ~ 1917 年的冬天，
随着煤炭库存的减少，煤炭的节约成为国家的优先事项，而煤
炭的短缺也为烟雾减排提供了有效的理由。在匹兹堡，随着对
钢铁的需求激增，煤炭的节约成为针对烟雾的战争中一个重要
主题。"永远不要忘记，"亨德森写道，"黑烟意味着热量的损
失，扔掉的每一单位热量都是对敌人的帮助。"[9]

虽然 1907 年就出现了煤炭短缺，但是在 1917 ~ 1918 年的
冬天，许多城市正面临着真正的煤荒，国家艰难地度过了第一
次能源危机。极端寒冷的天气不仅增加了对煤炭的需求，而且
加剧了运输问题，减少了供应。冰冻的水道阻挡了煤炭运输，
恶劣的冬季天气——大雪和冻雨延误了铁路交通，延缓了转运
速度。1917 年 12 月，纽约居民出于对寒冷的恐惧，冲进煤场
抗议过高的价格，继而引发了骚乱。在其中一起事件中，将近
2000 名妇女包围了布鲁克林的一家煤炭经销商。[10]

1918 年 1 月 10 日，当美国试图向其军队和盟国提供食品
和战争物资时，东部码头上堆满了供给品。一些船只在港口满
载货物，却在等待着煤炭。在华盛顿，威尔逊总统通过关闭白
宫的部分供暖，为节省宝贵的燃料做出了自己的贡献。财政部

部长威廉·麦卡杜（William McAdoo）负责组织超负荷运行的铁路，并命令宾夕法尼亚铁路把煤炭经电气化的哈德逊隧道和佩恩车站，运到供应严重短缺的长岛。本月晚些时候，随着煤炭供应形势的不稳定，纽约市考虑关闭学校以节省煤炭。不过供应短缺并不仅仅对纽约构成影响，所有重要的城市都面临着一些困难，或者至少真正担心即将到来的困难。中西部煤炭供应短缺甚至成为钢铁生产中的限制因素，而钢铁是至关重要的战争物资。很明显，这个国家已经陷入了危机，因为庞大的战争机器在瘫痪的边缘摇摇欲坠，急需燃料。[11]

　　《纽约时报》开始报道前往大城市的单艘煤炭运输船的状况，通常从矿山到市场，注明吨位和预计到达的日期。在这些有关煤炭的报告中，有几份根据纽约市的肺炎死亡率统计数据得出的结论，暗示纽约的一些居民由于煤炭热量不足而死亡。具有讽刺意味的是，肺炎，这种与城市煤炭消费最密切相关的疾病（因为烟雾会增加肺炎的死亡率），现在与煤炭短缺的关系却更加密切。考虑到所有这些影响，战时燃料危机无疑充分证明了煤炭在美国至高无上的重要性。[12]

　　在华盛顿，联邦官员明白需要立即采取果断行动，以应对燃料危机。联邦政府反应的形式，反映了人们对于危机原因的共识。政府向三个不同的方向迈进：首先，也是到目前为止最重要的，是它采取行动缓解了运输僵局，这种僵局导致煤炭无法抵达重要的港口和工厂；其次，政府采取了激进的措施，在短时间内大幅降低了对煤炭的需求；最后，也是最不重要的一点，它试图提高煤炭的利用效率。值得注意的是，尽管人们普遍认为控制烟雾可以提高燃料效率，但是在政府缓解危机的计划之中，烟雾减排并没有起到什么作用。[13]

143

图 7 - 1　匹兹堡烟尘减排联盟海报竞赛获奖作品

说明：为了表示对世界大战期间清洁空气的支持，公布了此作品。

资料来源：*Power* 48（1918）：565。

正如政府官员和加班加点工作的矿工试图澄清的一样，国家不能将燃料短缺归咎于煤炭工业。在战争期间，煤矿生产了创纪录数量的煤炭，超过了铁路运输的能力。《纽约时报》的结论是："国家没有遭受到煤炭短缺，而是遭受到了车辆的短缺。"由于矿井口的储藏量有限，一些矿工甚至无所事事地坐着，等着火车来装载煤炭。联邦官员明白，更好地协调运煤铁路是国家最迫切的需要。[14]根据1917年《能级法案》（the Level Act）的授权，联邦政府承担了这一任务，成立了燃料管理局（Fuel Administration），从而为煤炭运输建立了一套冗长的规章制度。由哈里·加菲尔德（Harry Garfield）[15]领导的燃料管理局不仅固定了煤炭价格，防止煤炭公司和交易商在煤炭短缺期间哄抬价格，而且建立了生产和消费区域。在划设这些区域之前，铁路和轮船通常都是交叉运煤的。例如，在同一条铁路上，从宾夕法尼亚无烟煤区往西运送的煤炭，可能与从匹兹堡往东运出的烟煤碰头。有些煤炭要经过数百英里才能到达市场，沿途经过一些活跃的煤矿，而且要占用一些宝贵的运煤车。燃料管理局的区域划设通过限定东部地区使用无烟煤，中西部地区使用低质量的伊利诺伊州块煤，结束了这些长途运输。交叉运输的结束不仅意味着减少了煤车的总里程，增加了每辆车可以装载到市场上的货物数量，而且意味着减少了机车从煤矿运输煤炭所消耗的燃料数量。[16]

尽管其影响是激烈的，但是在一个急需煤炭的国家，政府对铁路采取监管以缓解短缺的举动并没有引起多少负面评论。但是加菲尔德的其他一些行动确实招致了不少批评，尤其是那些意图迫使煤炭需求大幅下降的行动。加菲尔德的命令中最激进的是1918年1月中旬的工业停工，当时正处于煤炭危机的高峰期。他认为在密西西比河以东完全停止生产将解放铁路车辆，使堵塞的铁路线畅通无阻，并允许等候的蒸汽船为去欧洲的航行装满煤箱。他还设立了"无热"的周一，在此期间工业将不消耗煤炭，并持续整个3月。尽管有些极端，但加菲尔德的计划确实减轻了铁路的负担，并在结束煤炭短缺方面取得了很大进展。[17]

除了划分燃料区和一次性关闭工业之外，燃料管理局还制定了一系列节约燃料的规定，以限制经济中非必要部分的煤炭需求。在一些城市，能源管理部门通过其保护局（Bureau of Conservation）禁止不必要的户外照明，命令通勤铁路略过交替停靠站，电梯只停在三楼以上，所有这些都是以节约煤炭的名义制定。燃料管理局甚至下令削减非战争工业的生产，包括瓷砖、砖块制造和啤酒酿造。[18]

促进有效的煤炭消费，是燃料管理局最不紧急和最不有效的行动之一。保护局派遣顾问去工厂寻找燃料效率低下的问题，包括不必要的照明和空转的设备。政府还游说业主从中央发电站购买电力，后者比许多老式的、孤立的蒸汽发电厂能更有效地提供电力。它甚至安排用更高效的钨丝灯取代碳丝灯，这一转换到战争结束时几近完成。然而，尽管采取了这些措施和其他有效利用煤炭的措施，但是保护局的进展却很缓慢，效果有限。有几项提高效率的计划因为停战协定而被取消，其中包括改善陶瓷炉和制糖厂运营的计划。识别效率低下和设计改进过程中存在的困难，以及节省煤炭的非常缓慢的回报，使得提高效率在解决煤炭危机方面不会发挥很大作用。[19]

燃料管理局还开展了一项广泛的教育计划，鼓励节约，指导房主和商人如何限制自己的煤炭需求。在煤炭危机最严重的时候，

1月20日成了"给你的铲子贴标签"（Tag-Your-Shovel）的日子。当时，全国各地的学生都带着标签回家，上面写着如何高效地烧煤，然后把它们贴在家里的煤铲上面。此外，燃料管理局还出版了一本名为"在家中储存煤炭"的小册子，共印行了1300万册，其中包括有关如何有效使用家庭煤炭的建议。为了教育商人，燃料管理局与矿业局合作，重印并公布了几份有关燃煤电厂高效燃烧的旧公报。鉴于莱斯特·布雷肯里奇对伊利诺伊烟煤无烟消费的研究影响深远，燃料管理局甚至鼓励他发布一门燃料保护课程的大纲。布雷肯里奇以80页的课堂讲稿谈到了关于短期和长期煤炭节约的手段，其中包括水力发电的发展。[20]

值得注意的是，布雷肯里奇，一个在过去15年里致力于烟雾减排研究的人，在他提出的课程中几乎没有关注这个话题。在课程的结论中，布雷肯里奇列举了13种节约煤炭的方法，其中大部分都是在采矿和准备（preparation）过程①中减少浪费，这一直是那些对国家煤炭可供期限感兴趣的人所关心的主要问题。[21]布雷肯里奇还建议在城市进行广泛的电气化，特别推荐了机车的电气化。他没有在结论中提到控制烟雾，这种遗漏并非不寻常。燃料管理局没有在其任何项目或出版物中强调烟雾减排。尽管对节约和提高效率的关注在战争期间发挥了重要作用，但是烟雾减排在提高效率的运动中几乎没有发挥任何作用，虽然烟雾改革者认为必须这样做。[22]

政府在节约方面最重要的行动之一不是来自燃料管理局，

---

① 准备过程是指煤炭出矿后立即进行的处理，包括清洗、粉碎、分选等环节，以使煤炭顺利进入市场。——译者注

而是来自国会。在多年的压力下，国会终于效仿欧洲几个国家采取的类似行动，通过了《日光节约法案》（Daylight Savings Bill）。根据这项新法律，在夏季的几个月里，时钟提前一个小时，这样工人们晚上就会有更多的休息时间。由于额外的日光，英国和其他国家已经报告说在煤炭和其他燃料方面节省了大量的开支，因为对人造光的需求大幅下降。虽然减少燃料消耗是支持日光节约的最重要的论点，但是支持者们还提供了各种其他的论点，有的可信，有的不可信。众多支持者认为粮食产量将会增加，因为工人们在晚上回家后有更多的时间务农。另一些人则认为工作效率会提高，因为劳动者下班后多休息一小时，轻松的娱乐活动会让他们更快乐。《调查》（*Survey*）甚至报告说由于额外的阳光和户外娱乐活动的有益影响，英国公民的"一般道德水准"有所改善。尽管如此，对煤炭的节约仍然是通过《日光节约法案》的主要因素。[23]

　　然而，尽管国家集中精力于煤炭的节约，但是节约的意义却发生了根本的变化。战前的节约方法包括促进消费实践的逐步改进，特别是通过投资于新的、更有效的设备来达到这一目的。节约是一个长期项目，旨在短期内改善经济，并在长期内确保国家的燃料供应。但是在当前的危机面前，担心一两百年后出现燃料短缺变得毫无意义，渐进的保护方式对急需煤炭的城市来说意义不大。相反，燃料危机需要根本性的节约。在战争期间，问题不在于这个国家的煤田能持续供应多久，而在于城市储藏箱里的煤炭能持续供应多久。[24]和其他战前方法一样，减少烟雾是一种长期的、渐进的煤炭节约方法。它对煤炭消费者的好处相对较小，尤其是与战时繁荣时期的产品利润率相比。公司对削减几个百分点的煤炭账单失去了兴趣。在这场危机中，为了提高经营效率，企业的烟雾减排措施失去了影响力。

尽管煤炭资源短缺，而且强调节约，但是煤炭消费在1917年和1918年达到了新的水平，美国城市的空气质量在战争期间因而急剧下降。在许多城市，经济扩张增加了烟雾的排放，就像伯明翰一样。在伯明翰，战时的需求迫使斯洛斯－谢菲尔德公司在1917年重新点燃了中心焦炉，而就在两年前，该市曾为关闭这些焦炉以减少烟雾排放而讨价还价。匹兹堡人对浓烟的重现感到遗憾，烟雾像往年一样浓厚。圣路易斯和辛辛那提的居民也为此感到遗憾，因为在战前的几年里，两地的烟雾减排运动曾取得了重大进展。一些观察人士声称，芝加哥的烟雾从未像现在这么浓。在纽约，无烟煤的短缺迫使许多主要消费者转而使用烟煤，再现了1902年无烟煤罢工所产生的烟雾场景。即使是相对干净的波士顿，空气质量也出现了显著恶化。但是，那些能源密集型重工业（尤其是与金属相关的）城市遭受了最糟糕的命运。例如，盐湖城在战争期间迅速发展，该地区巨大的铜冶炼厂生产活动的增加以及铁路运输的扩张，导致了严重的空气污染问题。盐湖城所处的山谷位置，使它容易发生逆温现象，加剧了其烟雾弥漫的困境。[25]

然而，烟雾的增加并不仅仅与煤炭使用量的增加成正比。密尔沃基的烟雾检查员查尔斯·波伊特克在1918年底承认他所在城市的烟雾问题从未像现在这样严重，他将浓烟归咎于燃料管理局的燃料区域划分制度，该制度禁止向该市运输半无烟的波卡洪塔斯煤。甚至连私房屋主和公寓楼都被降级使用低档的伊利诺伊和俄亥俄煤炭。波伊特克表示烟雾管制已变得没有意义，他建议该市"忍气吞声"迎接即将到来的烟雾弥漫的

148

冬天。"至于健康，"波伊特克向市民们说道，"考虑到空气中的烟雾有害无益，我们现在所处的环境不过是匹兹堡、克利夫兰和其他一些城市多年来不得不忍受的环境。"对于在反烟运动中活跃了近20年的波伊特克而言，烟雾已经成为一个纯粹的经济问题，甚至到了他可以忽略自己先前对烟雾之于健康影响担忧的地步。[26]

在费城，烟雾检查员约翰·卢肯斯只能看着烟雾聚集，并为这座城市做出一些解释："由于战争的原因，我们的许多大型制造工厂被迫将锅炉的性能发挥到极限。虽然这并不是完全经济的做法，并造成了一些烟雾，但是这种情况的必要性证明是合理的，因此我们容忍了这些违反规定的行为，而在正常情况下，我们将坚持减少这种行为。"卢肯斯指出了节约主义言论在战争期间几乎忽略了烟雾预防的原因。随着工厂设备和它们的发电厂超负荷运转，而且铁路公司疲于应付比平时更为繁忙的时刻表和负荷更重的运载量，锅炉的正常燃烧和高效运行不得不等待更有利的环境。[27]

然而，空气质量的迅速恶化不仅仅反映了经济活动的增加和锅炉房条件的不完善。旨在缓解煤炭短缺的联邦政策大大加剧了烟雾问题。燃料管理局没有通过推广减少烟雾的节约技术来改善空气质量，却于无意中通过划分煤炭运输区域加剧了烟雾危机。正如波伊特克所指出的，燃料管理局将芝加哥、密尔沃基和其他中西部城市划为无法获得高质量煤炭（包括宾夕法尼亚的无烟煤和来自西弗吉尼亚半无烟的波卡洪塔斯软煤）的区域。尽管大多数中西部消费者在战前使用的是附近各州生产的烟煤，但是对肮脏煤炭的依赖加剧，只会让芝加哥、辛辛那提、密尔沃基、圣路易斯和其他数十个地区性工业城市的情况变得更糟。

即便是在费城等可能获得无烟煤的城市，这种珍贵燃料的短缺也让许多商业消费者面临着选择：要么改用烟煤，要么关门大吉。在战前，卢肯斯的烟雾减排运动取得了很大的成功，其中包括将软煤消费者重新转移到无烟煤上。当无烟煤的供应耗尽时，这个城市完全没有准备，因为很少有企业投资于能够高效、低烟燃烧肮脏煤炭的设备。卢肯斯过去 12 年的策略随着无烟煤的供应短缺而崩溃。实际上，到 1918 年，卢肯斯几乎在战争期间放弃了反烟法令的执行。他并非独自一人。多年后，奥斯本·莫尼特反思了美国的反烟行动："这场运动在世界大战期间被中止，当时大多数的反烟条例被搁置，目的是让工业在必要的最高产量时期不受限制地运作。"[28]

其他几个因素也导致了空气质量的迅速下降。在能源危机期间，消费者使用了他们可以购买的任何燃料。在辛辛那提，天然气短缺迫使一些商业消费者转而使用煤炭。各地燃料供应不足，迫使消费者接受劣质煤，甚至是混有尘土的疏松的煤。在正常情况下，这些煤是不会运往市场的。燃料市场的变幻莫测往往会给消费者带来他们不熟悉，以及他们的设备不适用的煤炭。在其他情况下，燃料管理局强迫消费者更换燃料以缓解短缺。例如，位于匹兹堡的巴尔的摩和俄亥俄铁路公司（Baltimore and Ohio Railroad）应该地区燃料管理者的要求，不再使用焦炭。管理者认为焦炭既稀少又珍贵，不能在机车里燃烧。此前，巴尔的摩和俄亥俄铁路公司在其枢纽分局（Junction Branch）使用焦炭来减少烟雾。很明显，这种燃料变化的结果是产生了异常浓密的烟雾。[29]

技术工人的流失也阻碍了企业提高燃烧效率和减少烟雾排

放的努力。由于成千上万的人应征入伍参战，成千上万的人利用劳动力稀缺的机会更换工作，许多企业在锅炉房和机车上失去了关键人员。雇主们发现很难找到和留住有技能的火夫，因为社会对劳动力的高需求使得他们更容易找到不那么费力、薪水更高的工作。由于缺乏经验的人为他们的炉火提供燃料，公司将面临燃料效率的降低和烟雾排放量的增加。[30]

在某种程度上，内政部部长富兰克林·莱恩向 J. W. 亨德森解释时说出了实话，也即战争意味着烟雾。整个国家很难期望克服限制煤炭运输的结构性问题，也很难克服需要大规模生产和锅炉工厂超负荷运转的形势问题。在这些方面，战争确实意味着烟雾。[31] 尽管如此，烟雾减排运动的失败和市政府停止执行反烟法令标志着一个比战时困境更彻底的失败。在战争之前，空气质量已经成为一种经济考虑，它可以被牺牲，就像为了战争的目的而放弃肉、小麦、电灯、电梯，或任何其他商品或便利。纯净的空气不再是一项自然权利，而是一项值得考虑的崇高目标。不幸的是，在战争期间，政治导致了在保护清洁空气方面的失败。

似乎是为了说明私营经济组织在保护洁净空气方面日益发挥的作用，国际防止烟雾协会在战争期间经历了一场变革。1916 年，该组织首次从私营部门选出了一名官员，当时是巴尔的摩和俄亥俄铁路公司燃料检查员的 W. L. 罗宾逊（W. L. Robinson）成为第二副主席。在他当选之后，铁路员工不断地担任这个职位。在哥伦布市举行的下一次大会上，罗宾逊展示了铁路公司制作的两部短片，其中一部展示了砖拱对机车的作用，另一部则展示了宾夕法尼亚铁路公司在匹兹堡铁路调车厂烟雾减排的工作。[32]

1918 年秋，在该协会于纽瓦克举行的第 15 届年会上，出现了关键性的商业转折。协会改变了自 1913 年以来的会员制度，允许那些不是政府烟雾官员的人员加入。协会并没有像一些人希望的那样成为一个受欢迎的非专业改革者的组织，相反，专业的商业代表加入其中。1918 年，尽管有纽瓦克的马洛尼出席，但是商人还是主导了该组织。曾经控制过该组织的专业烟雾官员寥寥无几。[33]

参加纽瓦克会议的代表旁听了 10 次演讲，其中 9 次是由私营部门的男性发表。火下加煤机公司、绿色工程公司（Green Engineering Company）和机车加煤机公司（Locomotive Stoker Company）的工程师们发表了演讲，机车粉碎燃料公司（Locomotive Pulverized Fuel Company）、基瓦尼锅炉公司（Kewanee Boiler Company）和国际煤制品公司（International Coal Products Corporation）的管理人员也发表了演讲。在每次演讲中，公司管理人员和工程师都讨论了他们公司的产品如何帮助减轻烟雾问题。仿佛是为了进一步巩固企业在协会中的主导地位，参会者花了一个晚上的时间观看工业电影，其中包括西屋电气公司提供的有关铁路电气化的电影，以及基瓦尼锅炉公司出品的名为"业主的烦恼"的电影。显然，国际防止烟雾协会的年会已经成为企业开发减排设备或无烟燃料，以宣传他们观念和产品的一个重要场所。而且，至少在战争期间，对于那些希望能使他们领域专业化的政府官员来说，这已经成为一个不那么重要的集会。[34]

如果把净化空气和净化饮用水的问题相比较，那么将减烟的重点从公共环境问题转向私人效率问题似乎是自然的、普通的，甚至是必要的。早期的反烟活动人士试图将空气污染与健康联系起来，他们经常将大气污染物比作水中的污染物，而城市居民早已将后者与疾病密切联系在一起。活动人士还将为健康原因而进行的向城市提供纯净水的大量努力与保障纯净空气的微弱努力进行了对比。正如芝加哥卫生专员 W. A. 埃文斯在1908 年所指出的那样，"对于高水平的公共卫生来说，纯净的空气和纯净的水一样重要"。他和其他一些人想知道为什么城市在保护后者上花了那么多钱，而在保护前者上花的钱却很少。[35] 似乎完全可以这样说：虽然城市居民为战争牺牲了清洁的空气，但是很难相信他们也会放弃饮用水，或者会允许污水在城市街道上聚集。净化水和污水处理的问题仍然是主要的卫生问题，事实上，这是市政当局面临的两个最重要的卫生问题。另一方面，纯净的空气没有成为主要的卫生问题。面对第一次世界大战，纯净的空气是可以牺牲的。[36]

152

第一次世界大战期间烟云越积越多，表明了一种哲学的失败。反烟环保主义强调的健康、美丽和清洁的重要性，已经让位于反烟节约主义强调的经济和效率。在战争期间，这种节约主义未能阻止空气质量的急剧恶化。作为一个经济组成部分，烟雾生产已经进入了一个控制商业决策的、非常复杂的经济"方程式"。特别是在战争期间，这个"方程式"增大了其他因素，大大降低了控制烟雾的相对重要性。

第八章 "我的烟雾在哪里？"：
走向成功的运动

> 不能起诉整个城市的人。这一想法是荒谬的……只有
> 当大多数人能够以接近于购买多烟的伊利诺伊煤炭的价格
> 买到无烟燃料时，才能找到解决烟雾问题的办法。
>
> ——圣路易斯《邮政快讯》（*Post-Dispatch*）社论，
> 1937 年 11 月 24 日

> 我们不能简单地告诉小房屋的主人停止排放烟雾，就
> 像我们不能告诉汽车驾驶员停止向大气中排放有毒气体一
> 样。
>
> ——查尔斯·J. 柯利（Charles J. Colley），
> 孟山都化学品公司（Monsanto Chemical
> Company），1939 年 3 月 16 日

世界大战只意味着烟雾减排运动的中断，而不是它的消
亡。虽然烟雾的显著增加未能在战后重新点燃一场环境改革的

强大公众运动，但是一些城市看到了他们昔日的努力正沿着熟悉的路线重生。例如，在两次世界大战之间的几十年，密尔沃基的当地报纸报道了几次控制烟雾排放的尝试。密尔沃基《日报》（*Journal*）于 1928 年报道"医生们把烟雾视为对健康的威胁"，1929 年报道"（卫生专员）科勒（Koehler）说城市的烟雾危害健康"。三年之后，该报宣布"与烟雾的战争开始了"，并承诺"科学可以消除城市空气中的烟雾和毒气"。这些最新的控制煤烟的努力建立在旧的观念之上：烟雾有害健康，新技术将提供解决方案。[1]密尔沃基还继续依靠工程师来寻找解决办法，接受专家角色和经济法则在引导城市走向清洁空气方面的作用。1935 年，《日报》宣布密尔沃基的烟雾程度已经超过芝加哥，而且这个问题越来越严重。1941 年，矿业局估计密尔沃基县每年因煤烟造成的总损失为 1080 万美元。显然，沿着昔日路线的重新努力并没有产生显著的效果。[2]

克利夫兰也见证了烟雾减排运动的复兴，当妇女城市俱乐部（Women's City Club）在 1922 年发起一个新的运动之时，也攻击烟雾是一个健康问题。该俱乐部在当地报纸上发布了一份"烟雾券"，允许居民填写表格，报告他们住家附近的烟雾违规行为。妇女们用这些券收到了几百起投诉，然后把这些投诉转递给了城市相关管理部门。俱乐部成员还恢复了一种更传统的策略，到基督教青年会（YWCA）的屋顶去观察烟囱，并表达她们自己的抱怨。在整个运动过程中，克利夫兰妇女关注的是健康、美丽和清洁的老问题。在运动开展十个月之后，芝加哥妇女城市俱乐部的萨拉·图尼克利斯（Sarah Tunnicliss）访问了克利夫兰，发表了题为"城市居民有什么权利呼吸干净的空气？"的演讲。显然，1890 年代提出的环境问题并没有消失。[3]

克利夫兰官员对妇女们施加的新压力做出了反应，迅速解雇了不称职的烟雾检查员，并最终建立了一个资金更充裕的烟雾检查部门（Division of Smoke Inspection）。然而，到了1926年，妇女城市俱乐部的活力减弱了，城市的努力被证明是不充分的，烟雾问题依然存在。最后，克利夫兰加入了一长串城市的行列之中，这些城市的烟雾减排努力再次因全国性紧急事件而受到限制，而这一次是大萧条。[4]

圣路易斯也经历了一场强烈的禁烟教育运动。1923年，由商会和妇女烟雾减排组织发起的这项运动加剧了公众的争论，并致使在1924年颁布了一项法令，扩大了烟雾减排部门。但这种由非专业人士领导的旧式运动带来的效果有限，圣路易斯像越来越多的城市一样，最终把自己的信任寄托在了不同类型的努力中。密苏里植物园园长乔治·摩尔（George Moore）在妇女商会面前对新的方法进行了总结。摩尔宣称："那些热心的改革家们缺乏技术方面的知识，他们很难说服制造商、公寓的管理者或者普通住户相信烟雾是一个可怕的威胁。"摩尔敦促用技术研究和教育方式整体取代非专家的反烟宣传。在这种反烟运动中，他与之交谈的女性，甚至摩尔本人都没有发言权。圣路易斯《邮政快讯》同意摩尔的观点。在一篇社论中，该报鼓励了新形式反烟运动的开始。不会呼吁付诸武力，也不会呼吁大众支持清洁空气。相反，该报呼吁按照匹兹堡梅隆研究所的调查思路，对圣路易斯烟雾问题进行全面的研究。显然，这一调查是由该领域的专家领导的。经过三十年的反烟运动、研究和教育，《邮政快讯》显然决定是时候开始新的运动了。[5]

正如战前几年所预期的那样，烟雾减排运动继续从利益集团主导的政治努力演变为专家控制的科学努力。也许没有任何地方的转变能像盐湖城那样清晰和完整，在战争期间该地工业的快速发展导致了空气质量的急剧下降。1919 年初，城市委员会投票决定发起一项有关盐湖城烟雾问题的科学研究。在犹他州参议员里德·斯穆特（Reed Smoot）拨付的联邦基金的帮助下，该市聘用矿业局牵头进行这项研究。随后，该局聘请了奥斯本·莫尼特来指导调查，后者当时在芝加哥从事咨询工程师的工作，而矿业局局长 O. P. 胡德则在匹兹堡提供指导。这项调查的团队由联邦雇员、犹他大学的科学家和当地工程专家组成，有相当多的专业人员参与其中。调查研究了天气状况，利用林格曼图监测了烟雾排放，在该市进行了一项烟尘降量的研究，并为盐湖城提出了一系列建议。[6]

根据莫尼特的建议，盐湖城在 1920 年通过了一项新的条例，设立了一个专业的烟雾检查部门。随后，该市聘请了参与调查的工程师 H. W. 克拉克（H. W. Clark）担任第一位烟雾检查员。克拉克领导这一部门运用莫尼特的指导方针，强调教育和调查，并尽量减少执法和起诉。克拉克的工作重点是改进锅炉房的设备，并接受了大多数工程师支持的逐步减烟的方法。正如胡德所总结的那样，减烟是一项"长期的努力"，需要"等待结果的意愿"。事实证明，盐湖城的居民非常愿意等待。1926 年，该市才停止资助烟雾检查部门。尽管随后迅速加剧的空气污染迫使该市部分地重新为该部门提供资金，但是该市所在河谷地区的空气质量继续恶化，直到 1940 年代的恶劣环境引发了新一轮活动。[7]

在盐湖城和全国各地，工程师们主导了第一次世界大战后关于烟雾减排的讨论。当非专业改革者继续发表反对烟雾的环保主义观点时，自然资源保护主义者的效率和经济问题得到了市政官员更多的关注。然而，在 1920 年代，虽然烟雾减排官员继续向业主和经营者宣扬效率的福音，皈依者却减少了。即使在 1917 年和 1918 年煤炭严重短缺之后，关于节约煤炭的旧观点也失去了大量的市场。战后，煤炭价格下跌。尽管 1920 年代有过周期性的罢工和随之而来的价格飙升，但是烟煤供应商再也不会像战争期间那样在需求不断膨胀的情况下收缩产能。预计的煤炭消费指数增长未能实现，煤炭价格也趋于平稳。由于燃料价格低廉，煤炭消费者在其他生产领域寻求经济效益，尤其是劳动力成本。[8]

在 1920 年代，个人节约燃料的经济动机有所下降，全国对煤炭节约的关注也有所减少。1908 年，烟煤贸易协会曾预测到 1935 年每年的烟煤产量将达到 10 亿吨，但事实上没有达到这个数字的一半。确实，在那次大萧条中，美国的煤炭产量只比 1908 年多 2%。由于对煤炭的需求几乎没有增加，而且对其他燃料，特别是石油和天然气的潜力有了更大的认识，对煤炭最终枯竭的担忧即使不是荒谬的，也似乎是为时过早的。1917 年，两名政府科学家估计全国仅消耗了 1% 的烟煤供应。确实，节约的时机尚未到来。[9]

随着 1920 年代和 1930 年代煤炭节约行为的显著减弱，战后的反烟努力并没有比战前更成功，甚至可能更不成功。现在，工程师们在全国关于烟雾的对话中占据主导地位。尽管技术主导的讨论很大程度上排除了非专业改革者的声音，但是持续不断的烟云仍在继续激起公众的谴责。此外，1920 年代的繁荣鼓励积极分子提出重要的要求，因为许多改革者认为企业拥有投资的资本。例如，当纽约、费城和芝加哥的电气化铁路向市民和铁路公司证明了它们的价值时，铁路电气化的争论就愈演愈烈。一些城市的居民不再依赖于电力牵引较之蒸汽效率更高的旧观点，而是基于直接从消除烟雾中获得的好处，强烈要求更广泛的改进。

　　毫不奇怪，芝加哥在 1920 年代中期见证了一场关于电气化的激烈辩论，尤其是在 1926 年，当时伊利诺伊中央铁路沿着湖滨南岸开通了它的电气化郊区路线。然而，甚至在通车庆典之前，该市的报纸就已经重新开始了针对电力牵引的运动。《论坛报》以"无烟的空气，电气化中发现的美"为标题，刊登了关于纽约的文章；以"他们为城市中心的美丽景点而电气化"为标题，刊登了关于费城的文章。这两篇文章不仅阐述了电气化的美学价值，而且赞美了其经济价值。作者赞扬了"空气权"的价值，这成为辩论中的口头禅。车站的电气化，特别是中央车站（Grand Center）和费城的宽街车站的电气化，使铁路公司得以发展电气化线路以上的地产。在纽约，宽阔的公园大道正迅速成为一个独一无二的地点，尤其是沿着车站北部的街区。在那里，以前的蒸汽机车创造了《论坛报》所称的"黑色、打嗝、炽热的火炉"。[10]

　　到 1920 年代中期，车站周围的摩天大楼为大中央车站电气化的成功提供了清晰的证据。蒸汽机车的移除使纽约大中央车站能够在车站上近 29 英亩的土地上建造街道和建筑物，并增加了周边房产的吸引力。车站使用后的 15 年里，在麦迪逊大道和列克星敦大道之间的轨道上，从第 42 街到第 45 街的街区，以及沿着修复后的公园大道向北的几个街区，迅速成为纽约市最有价值的房地产之一。在这片土地上，纽约大中央车站自己建造了几座著名的建筑，包括比尔特莫尔和海军准将酒店

(Biltmore and Commodore hotels),这两个名字都是为了纪念铁路公司的建筑师科尼利尔斯·范德比尔特(Cornelius Vanderbilt)。继这两家华丽的酒店之后,大使(Ambassador)酒店、玛格丽(Marguery)酒店、柏宁(Park Lane)酒店和罗斯福(Roosevelt)酒店于1920年代入驻。最后是华尔道夫(Waldorf-Astoria)酒店,于1932年完工。除了高租金的酒店外,还有高租金的办公空间,最引人注目的是位于格雷巴(Graybar)和纽约中央大厦(New York Central buildings)的写字楼。后者实际上横跨公园大道,面对着北面新的市民中心区。沿着第42街和第96街之间的公园大道,房产价值在1904年到1930年间增长了374%,铁路公司因他们的空气权而获得了数百万美元租金。[11]

尽管可能没有曼哈顿市中心的变化那么剧烈,但是在费城的中心区,电气化也具有光明的前景。宾夕法尼亚铁路公司宣布计划将其宽街车站通电,并掩埋从市政厅到斯库吉尔河(Schuylkill River)的蒸汽管道的"中国墙"(Chinese Wall)。城市的任务是支付重建街道、下水道和煤气管道的费用。费城也在继续收获着宾夕法尼亚铁路公司北线向纽约、南线向华盛顿电气化带来的好处。[12]

在东部,特别是纽约的成功,使得电气化在第二次世界大战后以柴油电力取代蒸汽动力之前,仍将是芝加哥的一个主要问题。东部的一些项目不仅很好地证明了新技术的实用性和可取性,而且意识到这样的发展继续绕过伟大的铁路枢纽,伤害了许多芝加哥人的自尊心。例如,《论坛报》在得知宾夕法尼亚铁路公司为其位于费城和威灵顿之间新的电气化线路订购了93节车厢后,发表了一篇尖刻的社论。"如果电气化是有利可

158

图的，"《论坛报》抗议道，"我们不明白为什么我们在芝加哥不能得到一些好处。"社论继续指出铁路公司喜欢东部的大城市，因为他们是公司董事和总裁的家。"这条铁路通向芝加哥，但是董事们却待在东部。他们机车的烟雾没有弄脏他们的衣领。"[13]

如果说纽约和费城的改善给芝加哥的铁路带来了电气化的压力，那么伊利诺伊中央铁路电力线路的竣工更是如此。市长威廉·德弗（William Dever）在向市议会铁路车站委员会作证时说得相当清楚："如果伊利诺伊中央铁路能做到，其他铁路也能做到。"在该铁路开始电力运作的当天，《美国晚报》（Evening American）发表了一篇社论，宣布"芝加哥将迎来新的光明的一天"。"伊利诺伊中央铁路的电气化应该是开始而不是结束，芝加哥的每个车站都应该进行电气化。"就在同一天，《每日新闻》（Daily News）刊登了一幅政治漫画，漫画中展示了一辆新型的伊利诺伊中央铁路的电动机车正从两辆老式蒸汽机车前飞驰而过。"听我说，"伊利诺伊中央铁路的机车说，"自从戒烟以来，我感觉百分百好了，精神也好多了。"这不是唯一一幅把机车的烟雾和烟草联系起来的漫画。五天之后，《论坛报》刊登了一幅题为"被改造过的吸烟者"的漫画。画中，一位代表伊利诺伊中央铁路郊区服务站的年轻英俊男子微笑着站在那里，一群女士在一旁羡慕地看着他。在最前面的位置，一位年纪较大的男人坐在那里，面无表情，抽着大雪茄，背上写着"未改造过的铁路吸烟者"。"自从我戒烟后，我感觉很好。"伊利诺伊中央铁路的代表宣称。[14]

铁路公司遇到了像以前一样的电气化风潮。铁路官员在市议会前恳求说芝加哥的电气化仍然太贵。宾夕法尼亚铁路公司

副总裁 T. B. 汉密尔顿（T. B. Hamilton）提醒市议会，在任何
情况下，"蒸汽服务的使用都不会仅仅因为所谓的烟雾公害而
被取消"，纽约和费城的缓和环境在芝加哥并不存在。铁路官
员还建议更新 1915 年的商会报告，这是一项可能会使电气化
行动推迟一年的计划。但是，在接下来的几个月里，随着市议
会对强制电气化失去了兴趣，铁路公司认为没有必要资助这份
报告的更新。[15]

　　如果说电气化运动未能在芝加哥产生预期的效果，那么在
克利夫兰和圣路易斯等其他城市，反烟活动也未能产生效果。
最有可能的是，1920 年代空气质量的任何改善都比不上随后
十年的大萧条所带来的影响。1930 年代，烟煤年均消费量仅
3.7 亿吨，低于 1920 年代的 4.88 亿吨，这意味着大萧条导致
烟煤消费量下降了 24%。这种下降，尤其是工业方面的下降，
带来了一些局部的空气质量改善，不过代价显然不菲。[16]

　　与第一次世界大战的危机不同的是，大萧条并没有导致放
弃控制烟雾的努力。尽管紧缩的城市预算迫使烟雾检查人员减
少，经济不景气大大降低了对严格执行法律的支持，但是在一
个关键方面，大萧条带来了重大进展。像许多城市问题一样，
烟雾减排受到了旨在结束经济危机的联邦计划的关注。民政事
务局（Civil Works Administration）和工程进度管理局（Works
Progress Administration）都资助了反烟项目，其中一些项目成
为进一步行动的基础。

　　1934 年初，民政事务局资助了芝加哥的一项烟雾调查。
联邦政府的资金允许该市雇用 168 名失业工程师在副烟雾检查
员弗兰克·钱伯斯（Frank Chambers）手下工作。该部门利用
工程师的工作，前所未有地覆盖了芝加哥，因为钱伯斯在每个

159

城区都至少派驻了一名新检查员。以前的覆盖范围很少超出中央商务区和主要工业区。这一项目部分由奥斯本·莫尼特组织，内容包括气象条件、烟尘降量、燃料消耗和工厂设备研究。它还允许工程师们举报违法行为，他们在该项目的 3 个月里这样做了 4559 次。工程师们在 7279 个实例中对炉工进行了指导，并监督了 269 个工厂的重建工作。[17]

钱伯斯在引入民政事务局的新项目时，领导了一场反烟的宣传运动。他使用传统的渠道进行改革运动，如新闻报纸和协会会议，但他也使用广播来介绍这个项目和增强大众的烟雾减排意识。例如，1 月 23 日，芝加哥劳工联合会广播电台（WCFL）广播了关于这个项目的长篇报道。报道开头说道："我们今天向你们传达的信息对家庭主妇和母亲来说应该是至关重要的，因为它不仅关系到成人和儿童的健康，而且关系到家庭的卫生和财产的破坏。"通过这个广播，钱伯斯希望能够吸引传统反烟运动支持者——女性的注意，而且他用非常传统的方式表达了对烟雾的抱怨。广播继续描述了民政事务局的项目，并将烟雾与一些健康问题直接联系起来，包括"呼吸系统疾病"和降低的"社区基调"。[18]

正如人们所预料的那样，该市某些地区对 168 名新上任的烟雾检查员并不太满意。一位宾夕法尼亚铁路官员指出由于蒸汽机车产生烟雾实属难免，越来越多的关注"看起来很像另一个电气化压力计划"。但是，芝加哥的烟雾项目并没有比短命的民政事务局更持久，它的替代项目是在不同的指导方针下由工程进度管理局运作的。工程进度管理局的"空气污染调查"项目雇用了 500 多名从事研究和教育工作的人员，但是没有强制执行。实际上，为了确保工厂经营者和铁路官员的合作，钱伯斯明确地指出工程进度管理局的工程师没有执法能力。钱伯斯心里显然有长远的目标，特别是对烟雾问题的来源和原因有更全面的了解。[19]

钱伯斯与几位市政官员分享了这一目标，这些市政官员曾经利用工程进度管理局的资助在全国范围内进行烟雾调查，包括纽约卫生部门的官员。纽约的调查包括对燃料消耗、烟尘下降量和燃料燃烧设备分布的研究。1937 年春，一份关于这项调查的报告发表在《美国公共卫生杂志》（*American Journal of Public Health*）上。报告称，这项调查收集的数据将"形成理想的信息背景，在此基础上开展聪明的消除烟雾运动"。与工程进度管理局的多数烟雾计划不同，纽约的调查以发表最终报告的形式而结束，数据刊登在美国供暖和通风工程师协会的期刊《供暖、管道和空调》（*Heating，Piping，and Air Conditioning*）上。[20]

其他的调查在独立的报告中公布了他们的数据，包括大篇幅的、未加页码的《宾夕法尼亚州匹兹堡市的空气污染》。这份报告囊括了工程进度管理局的工程师从 1937 年 12 月到 1940 年 3 月收集的数据，包括从全市 100 个收集站得到的烟尘下降量报告。不过，与工程进度管理局的大多数调查一样，这份报告没有对该项工作进行总结，也没有从数据中得出结论。然而，匹兹堡研究与其他研究的不同之处在于，它包含了一个名为"烟雾和你"的健康问题问卷，而公共卫生部门收到了近4500 份回复。[21]

鉴于该项目的性质，匹兹堡调查未能提供结论或政策建议并不令人意外。正如克利夫兰烟雾减排项目宣称的那样，工程进度管理局系列调查的目的有两方面："第一，为技术人员和

161

文职人员提供就业机会；第二，对城市的烟尘和烟雾状况进行准确的调查。"一旦战争使第一个目标变得不必要，许多项目就无法完成，往往只在中途发表他们唯一的公开报告。[22]

然而，这些项目的未完成性并不表明其影响甚微。例如，在克利夫兰，该项目涉及培训 30 多名工程师学习烟雾减排技术，包括正确使用林格曼图和烟灰收集罐。另外 225 人接受了工厂检查方面的培训。因此，克利夫兰的项目除了包括所有工业供暖和发电厂位置的原始数据之外，还向工程师和公众提供了教育。工程进度管理局的资助还使那些在禁烟方面几乎没有做出任何努力的城市进行了广泛的调查，比如路易斯维尔。1938 年末，28 名工程师对路易斯维尔进行了一项"关于工业工厂和铁路烟雾减排的研究"，让该市首次清楚地了解了自身的空气污染问题。甚至匹兹堡的调查也为反烟活动人士提供了重要的数据。仅在完成一年之后，工程进度管理局的研究就引起了公民俱乐部烟雾消除委员会的注意。在这里，运动中的一个重要人物杰伊·里姆（Jay Ream）强调了报告暗指住宅问题所具有的价值。里姆指出 12 万匹兹堡居民使用软煤，认为任何方案都必须解决这个烟雾源。工程进度管理局在其他城市，包括圣路易斯和路易斯维尔的研究，也指出城市官员把家庭排放视为他们烟雾问题的主要元凶，这为改变解决方法提供了重要的信息。事实上，随着工业因大萧条而陷入瘫痪，工程进度管理局的研究留下的最重要的遗产可能就是关注家内污染来源。在一些城市，这些报告预计可能鼓励人们越来越关注较小的污染源。[23]

工程进度管理局的调查在大萧条时期将这个问题摆到公众面前，并就问题的程度和来源搜集了更可靠的数据。这强调了在寻求解决方案的过程中，专业知识处于核心地位。然而，由工程进度管理局工程师组成的特别小组当然不能代表烟雾控制行业的先锋级别（avant-garde）①。在 1920～1930 年代，防止烟雾协会继续代表工程师和其他专业人员致力于这个问题，它仍然是在烟雾控制领域建立专业身份认同的最重要场所。这些成员包括市政烟雾检查员和公司官员。虽然检查员一直担任主席的职位，而芝加哥烟雾检查部门的弗兰克·钱伯斯在过去的几十年里担任财务处长（secretary-treasurer）的职位，但是到 1930 年代中期，私营部门在协会领导层内的影响力已经增强。从 1916 年成立以来，铁路官员一直担任第二副主席的职位。1928 年以后，铁路官员也担任了新的职位——警卫官（sergeant-at-arms）。或许更重要的是，煤炭行业的官员在 1934 年首次出现在协会官员的行列中，当时波卡洪塔斯经营商协会（Pocahontas Operators Association）的 W. E. E. 科菲尔（W. E. E. Koepler）成为该协会的第一副主席。他一直担任这个职位，直到 1938 年新河煤业经营商协会（New River Coal Operators Association）的斯坦利·希金斯（Stanley Higgins）接替他。该协会有助于确保使用低挥发煤的利益集团在协会中拥有发言权，而使用高挥发煤的利益集团没有类似的发言权。[24]

　　继续第一次世界大战期间出现的一种趋势，私营部门人士在协会举行的会谈中也占据了优势。在 1939 年的大会上，工业代表提交了 15 份论文中的 7 份，而市政官员只提交了 2 份。（剩下的为 3 名科学家、2 名联邦政府官员和 1 名印第安纳波

162

163

---

　　① "avant-garde" 是一个法语短语，在美国常用来表示"创新"或"领先"。——译者注

利斯烟雾减排联盟的律师。）第二年，18 位发言者中有 11 位来自私营部门，其中 7 位代表煤炭和铁路工业。工程师可以很容易地在市政、学术和工业领域之间转换，创造出历史学家大卫·诺贝尔（David Noble）所称的"工程师的专业 – 企业 – 教育共同体"。保罗·伯德和奥斯本·莫尼特在私人和公共部门都曾工作过很长时间。前者从芝加哥反烟部门的工作岗位转到了联邦爱迪生公司，后者在其很长的职业生涯中为许多政府部门和公司提供过服务。无论是通过政府雇佣还是企业雇佣，通过技术来减少烟雾的共同职业兴趣都超过了监管者/被监管者分歧所代表的任何表面上的冲突。换句话说，工程师对他们职业的忠诚跨越了公共服务在工业管理中的任何界限。防止烟雾协会提供的只是众多场合中的一个，在这里，有着相似工程兴趣但职业目标迥异的工程师们可以交流想法。[25]

虽然烟雾预防协会的年会仍然是一个重要的对话场所，但是运动中最重要的创新并不是来自协会，而是来自 1930 年代末圣路易斯所发起的一场运动。从伯纳德·迪克曼（Bernard Dickmann）当选市长，以及随后任命雷蒙德·塔克（Raymond Tucker）为他的私人秘书开始，圣路易斯就在烟雾减排努力上走在了前列。1934 年，迪克曼指示华盛顿大学机械工程教授塔克"净化空气，就像前一届政府净化水一样"。塔克接受了挑战，他明白这个问题需要新的解决方法。据他所知，自 1893 年以来，圣路易斯经历了定期有组织的烟雾减排努力，最近的一次是在 1923 年由商会和妇女烟雾减排组织成立公民烟雾减排联盟之后。塔克对联盟组织的教育运动提出了激烈批评，称这种行为是徒劳无益的。他计划彻底背离当时普遍采用的两个失败的策略：在烟囱方面的严格执行和在锅炉/熔炉方面的教育。塔克的战略代表了第三种方法：对煤场的监管。[26]

以水的净化作类比，塔克断言城市不能指望所有市民都使用劣质煤炭而不产生烟雾。相反，如果城市能像对待水那样，在分配之前强制改善燃料，那么人们就可以不再担心自己会被烟雾熏到。当然，塔克并不是第一个提出要等到无烟燃料广泛使用后才能消除烟雾的人。说服违规的业主更换燃料一直是一个可行的策略，尤其是在那些烟煤的替代品非常经济的城市。但是，在圣路易斯这样的城市，大约94%的烟煤来自河对岸伊利诺伊的那些县，无烟燃料在经济上根本没有竞争力。强制改变燃料消费显然需要清除最便宜（最肮脏）的煤炭，或将这些煤炭加工成一种更可接受的形式。[27]

在一个由迪克曼任命的公民委员会提倡限制使用软煤之后，塔克聘请了无处不在的奥斯本·莫尼特研究圣路易斯的情况并提出建议。1936年12月，莫尼特建议大型燃料消费者、工业和公寓建筑使用机械加煤机，而包括住宅在内的小型消费者则改用无烟燃料。尽管莫尼特表示问题的最大部分在于软煤的家内消费，但是与几乎每个谈论这个问题的人一样，他承认任何解决方案都必须包括继续使用伊利诺伊州南部的煤炭。塔克遵循莫尼特的建议，起草了一份新的烟雾法案，但是他也提出了一个重要的补充：一项"洗涤条款"，要求清除在该市出售的煤炭中的杂质。这一规定可以减少燃料中的硫黄和飞灰，但正如反对者所说，它几乎不能减轻烟雾问题。[28]

当市议会就该法案进行辩论时，伊利诺伊的商业利益团体发起了反对通过任何损害煤炭工业的条款的运动。1937年初，贝尔维尔和科林斯维尔商会（Belleville and Collinsville Chambers of Commerce）给圣路易斯工业部门写了一封公开信，发表在

《邮政快讯》上。在声称该法案将使该市廉价燃料的成本翻倍后，这封信呼吁圣路易斯的工业搬迁至河对岸的圣克莱尔县（St. Clair）和麦迪逊县（Madison）。伊利诺伊的煤炭工人也认为，洗涤条款将迫使那些没有资本建造和运营洗涤设施的煤矿关闭。就连圣路易斯的《邮政快讯》也反对这一条款，声称此举不必要地激怒了该市在密西西比河对岸的伊利诺伊州邻居。然而，与伊利诺伊的反对者不同的是，该报支持一项更强有力的法令，这项法令不仅可以减少飞灰和硫黄，还可以阻止烟雾。[29]

当年 2 月，法案的通过导致煤炭公司提起诉讼，但是未获成功。煤炭公司辩称，该法案代表对州际贸易的无理干涉。这部法案还附带有配套的条例，并在 10 月出台了相关的执法规定。新法案规范了城市内煤炭的输入、储存和分销，并授权该市向燃料经销商发放许可证。当第二条例（the second ordinance）① 通过时，塔克同意领导烟雾部门，并得到了一位致力于烟雾控制的市长和持续报道这一问题的《邮政快讯》的支持。尽管如此，烟雾仍在圣路易斯市肆虐。并不奇怪，尤其是在冬季的几个月，密集的烟云可能会减缓高峰时段的交通，迫使人们在中午过后使用街灯。法律实施两年后，塔克拒绝为仍然持续不断的烟雾道歉。相反，他说飞灰和硫黄排放物都减少了。与此同时，塔克还利用工程进度管理局工作人员的观察结果得出结论，认为住宅和公寓贡献了城市烟雾中相当大的一部分。这表明，找到一种能够使最多烟的燃料远离家内炉火的策略是很重要的。[30]

---

① "第二条例"指的是 10 月通过的"配套条例"。——译者注

11 月 26 日，星期天，《邮政快讯》发表了一篇长篇社论，题目是"解决烟雾问题的方法"。这篇社论提出了明确的建议，而不仅仅是呼吁采取行动。社论指出，解决方案"不应涉及摧毁伊利诺伊南部的大型软煤工业"，并建议该市进入燃料市场购买无烟煤炭，以合理的价格进行分销。或许比具体建议更重要的是，《邮政快讯》在接下来的两周内发起了一场声势浩大的反烟运动。在接下来的 16 天里，有 15 天的时间，这个问题都出现在头版，其他版面上也经常刊登相关文章和社论。该报主要刊登了圣路易斯知名人士的证词，以及 11 月底和 12 月初困扰该市的黑烟事件的照片，并从不缺少专栏文章和引人注目的标题。其中一篇头版文章写道："测验表明烟尘颗粒的形状会导致肺癌。"《商业周刊》（*Business Week*）和《生活》（*Life*）杂志后来刊登了该报 11 月 28 日拍摄的一些照片，这些照片被称为"黑色星期二"。[31]

作为对《邮政快讯》反烟运动的回应，迪克曼市长邀请 52 名"公民领袖"（civic leaders）就这个问题召开会议。作为新方法已经在很大程度上改变了烟雾问题定义的一个迹象，该报将这次会议称为"清洁燃料会议"，而不是烟雾减排会议。出席者中有五月公司（May Company）总裁莫顿·梅（Morton May）、圣路易斯商会主席托马斯·迪雅特（Thomas Dysart）和华盛顿大学医学院院长菲利普·谢弗（Philip Shaffer）博士。会议结束后，形成了一个由 7 名杰出人士组成的新的公民消除烟雾委员会，其中包括 1 名房地产经纪人、1 名退休经纪人、1 名有技术背景的孟山都化学品公司副总裁、圣路易斯医学协会即将退休的主席、市长秘书和塔克。第一国民银行（First National Bank）副行长詹姆斯·福特（James Ford）担任

166

委员会主席。除了孟山都的高管和塔克之外，没有一个成员拥有工程经验。委员会任命了两名官方研究顾问，也即密苏里州地质学家和伊利诺伊州地质调查局局长。选择燃料专家而不是蒸汽工程师，证明了从何处着手解决烟雾问题的想法正在发生变化。[32]

在任命两个月以后，委员会发表了一份报告。这些人建议该市采取严厉措施，这些措施都已经讨论很多年了：所有高挥发煤炭的消费者都需使用机械加煤机；不使用加煤机的，需使用无烟燃料；市议会授权该市在紧急情况下购买和分配煤炭。虽然伊利诺伊的煤炭企业一度威胁要抵制圣路易斯的产品，但是该市对新法律的抵抗却微不足道。1938 年 4 月，在市议会轻松通过该法案后，迪克曼市长不无道理地欢呼道："这是我们在圣路易斯做过的最伟大的一件事情。"[33]

为了使新法律生效，该市必须以合理的成本确保低挥发燃料在家内使用。在第一个冬季，该市主要通过与旧金山铁路公司（Frisco Railroad）达成的特别安排来实现目标。这一安排包括运输阿肯色煤炭，该种煤炭含有 15% ~20% 的挥发性物质，远低于伊利诺伊的 35% ~45% 。在获得州际商务委员会（Interstate Commerce Commission）的许可后，铁路开始输送煤炭，每吨的零售价可能只有 5.50 美元，远远低于焦炭或其他加工煤炭的价格。最终，解决圣路易斯烟雾问题并不需要更好的消耗伊利诺伊煤炭的方法。相反，它需要一种获得更好的煤炭的方法。[34]

1940~1941 年的冬天很快证明了这种新方法的价值。加煤机的安装量大幅增加，尽管最贫穷的煤炭消费者确实遇到了一些困难，但是在寒冷的几个月里仍然可以使用无烟燃料。在供暖季节的早些时候，随着通常的雾霾在河对岸扩散（这些地区在新法律覆盖范围之外的东圣路易斯），《邮政快讯》刊登了一幅漫画，画中圣路易斯假装嫉妒地问道："我的烟雾在哪里？"几个月后，美国气象局高级气象学家指出冬天已经过去，"没有真正严重的烟雾"，与前一个冬天相比，浓烟持续的时间减少了83.5%。后来的几个冬天证明了第一次并不是侥幸，尽管煤炭交易商们抱怨连连，但是这座城市在新法律下继续取得进展。[35]

圣路易斯法令的影响远远超出了该市的范围。其新颖的做法和早期的成功吸引了广泛的关注，特别是多烟城市的活动人士和官员，他们很快意识到将监管重点从锅炉房转移到煤场的重要性。在匹兹堡，圣路易斯法律为进一步的行动提供了样例。和其他工业城市一样，匹兹堡在经济大萧条期间遭受重创，可能威胁到经济复苏的政治力量没有得到多少支持。的确，除了工程进度管理局通过卫生部门进行的调查之外，该市在大萧条期间在控制烟雾方面几乎没有取得什么进展。然而，从1940年开始，随着经济的迅速改善，圣路易斯模式显示出成效，匹兹堡发起了自己成功的运动。[36]

在1940～1941年冬天，匹兹堡经历了一些极度烟雾弥漫的日子，同时《媒体》（Press）广泛报道了匹兹堡的烟云和圣路易斯的法令。当其他报纸开始支持控制烟雾时，居民们呼吁采取行动。该市的公共卫生主管I. 霍普·亚历山大（I. Hope Alexander）博士和其他几位匹兹堡人前往圣路易斯，考察该市的进展情况。这次考察也激发了市议会的类似公费旅游活动（junket），以便官员们可以在工作中研究圣路易斯法令。[37]

1941年初，新的行动主义迫使市长任命了一个消除烟雾委员会。其成员包括 H. 玛丽·德米特（H. Marie Dermitt），她是 1913 年烟尘减排联盟的创始成员，当时是公民俱乐部消除烟雾委员会的成员。德米特熟悉圣路易斯法令，并支持在匹兹堡采用该法令。委员会的其他成员，包括亚历山大博士和议员亚伯拉罕·沃克（Abraham Wolk），也对这种新模式抱有同样的热情。包括匹兹堡煤炭公司（Pittsburgh Coal Company）的 A. K. 奥利弗（A. K. Oliver）和矿工联合会（United Mine Workers）的帕特里克·费根（Patrick Fagan）在内的其他一些委员，有理由对任何可能损害匹兹堡当地煤炭市场的计划持怀疑态度。[38]

168　　西宾夕法尼亚煤炭经营商协会（Western Pennsylvania Coal Operators Association）意识到煤炭面临的严重威胁，遂代表匹兹堡及周边地区的 76 家经营商制订了自己减少城市烟雾的计划。该协会强调有必要确保该地区的煤炭将成为解决办法的一部分，并建议采取循序渐进的办法，包括分阶段采用加工煤炭或焦炭，生产这种煤炭需要煤炭经营商提供新的资本投资。该协会向市长委员会提交了一份报告，明确表示煤炭行业有兴趣找到一种解决烟雾问题的方法——这种方法能够确保其产品的生存。[39]

169　　与在市长委员会作证的其他几位议员的证词相比，煤炭行业的担忧显然没有那么重要。3 月，10 名医生指出烟雾与该市的高肺炎死亡率、感冒和"鼻窦炎"问题有关。几名中产阶级妇女也在委员会作证，另有数百名妇女在一旁支持。除了强调关于洁净和健康的传统观点外，一名女性还声称烟雾导致大批人涌向郊区，并导致匹兹堡市中心"金三角"（Golden Triangle）的衰败。新闻报道密切关注着这一作证，为妇女的

图 8 – 1　我的烟雾在哪里？

　　说明：在新的烟雾法令下第一个取暖季节的开始，圣路易斯带着嘲讽的嫉妒，看着伊利诺伊州的东圣路易斯，那里仍然笼罩在一层烟雾之中。

　　资料来源：*Post-Dispatch*，19 November 1940。

申诉和医生的声明提供了充分的空间。[40]

　　很快，消除烟雾委员会向市议会推荐了一个圣路易斯型（St. Louis-type）的条例，而市议会在 7 月未经重大修订就通过了该条例，正好是在市长任命该委员会 5 个月之后。与圣路易斯一样，新的法律要求所有燃料消费者安装机械加煤机或使用无烟（低挥发性）燃料。在 1941 年 10 月 1 日之前，所有工业、办公楼、旅馆和公寓将被强制遵守新的法令，第二年是铁路，1943 年是家内消费者。该法令通过时几乎没有什么争议，就连匹兹堡煤炭公司的奥利弗也支持这项法律，钢铁工人工会和矿工工会的代表也是如此。[41]

正如经常发生的那样，新法律的通过证明比实施更容易。战争一开始就拖延了法律的执行，市议会将家内消费者的遵守期限推迟到战争结束的 6 个月后。但是在战后，煤炭行业继续反对实施该项法令，他们指出无烟燃料供应不足会不公平地给穷人造成高昂的燃料成本负担。战后，三个利益集团展开了辩论：煤炭行业，以西宾夕法尼亚空气污染问题会议（Western Pennsylvania Conference on Air Pollution）为代表，这是专门为拖延法令实施而成立的组织；反烟的积极分子，现在以公民俱乐部创立的伞形组织——联合烟雾委员会（United Smoke Council）为代表；再开发利益集团（redevelopment interests），由理查德·梅隆（Richard King Mellon）的阿勒格尼社区发展会议（Allegheny Conference on Community Development）领导。在煤炭行业和再开发利益集团达成协议，并在许多反烟运动人士的抗议下，该市最终于 1947 年 10 月 1 日通过了一项新立法，要求对家内消费者实施强制措施，而这时已是在新法律最初实施 4 年以后。[42]

新法律规定下的第一个供暖季节确实伴有燃料供应不足和价格上涨的问题，不过该市实行了一项针对穷人的宽松政策。尽管存在问题，但是新法令立即产生了效果，因为该市在

1947～1948 年的冬季烟雾明显减少，阳光明显更多。到 1955
年，据烟雾预防局（Bureau of Smoke Prevention）的记录，该
市只有 10 小时的"重度"烟雾和 113 小时的"中度"烟雾，
分别低于 1946 年的 298 小时和 1005 小时。清除浓烟是匹兹堡
复兴的重要一步，也是重新定义这个城市的重要一步。[43]

　　匹兹堡的巨大成功不能仅仅归功于新的法令。就像在圣路
易斯一样，法律的支持者们预料到这个城市将转而使用当地加
工过的煤炭作为燃料。相反，正像在圣路易斯，一种新的燃料
来源提供了快速成功的关键。在这种情况下，从西南方向来的
新建管道在战后几年提供了可靠而廉价的天然气供应。到
1950 年，匹兹堡 66% 的家庭用天然气取暖，而十年前这一比
例仅为 17%。随着更方便的天然气在匹兹堡的家庭中获得青
睐，最麻烦的煤烟来源消失了。即便是在这个对于矿工、工业
工人、营销者、小贩、商人和投资者来说煤炭长期以来在经济
中扮演着关键角色的城市，只要天然气供应的价格和可靠性达
到了类似煤炭的水平，房主就会心甘情愿地放弃那种麻烦的燃
料。匹兹堡和全国其他城市一样，也见证了从蒸汽机车到柴油
电力机车的转变，这种转变在第二次世界大战后发生得相当迅
速。到 1951 年，全国近一半的机车是由柴油驱动的。尽管柴
油机车本身是高污染性的，但是随着这种转变的继续，匹兹堡
和其他城市从它减少的污染中获益。[44]

　　最终，所有烟雾弥漫的城市都将从向天然气供热和柴油机
车的转变中获益，但是没有一个城市能像匹兹堡那样引人注
目。不过，在 1930 年代和 1940 年代，其他城市也确实意识到
了家庭烟雾的重要性。早在 1928 年，辛辛那提的烟雾减排联
盟就开始将注意力从工业发电厂和铁路转移到民用热风炉上。

然而，大萧条打断了联盟的这一转移过程。由于 1933 年的预算仅为 1928 年支出的 57%，联盟削减了人员，只留下三名检查员中的一名。与此同时，随着房主们转而使用更便宜、更多烟的燃料，家内的烟雾状况恶化。但是，大萧条并没有迫使人们放弃减少烟雾的努力。烟雾减排联盟在 1930 年代和战争期间进行了每年一度的烟尘降量研究。与其他城市由联邦政府资助的调查类似，这些研究提供了有关烟雾来源的相对可靠的数据。正如烟雾减排联盟主管弗兰克·拉明（Frank Lamping）在 1935 年总结的那样，"小的工厂经营者是减排运动中最紧迫的问题。首先，因为他们是如此众多；其次，因为燃料价格呈现上涨趋势"。[45]

与工业锅炉和机车相比，住宅炉火给烟雾减排官员提出了完全不同的问题。官员们很难指望房主仅仅为了防止烟雾就进行大规模的资本改进，而且指望每个可能在家庭火炉中加煤的人都成为燃烧专家也是不合理的。像其他城市一样，辛辛那提的官员很快得出结论，认为他们不能利用减少工业和商业排放方面的经验作为解决住宅烟雾排放的基础。早在 1937 年，辛辛那提市议会曾就煤炭分类系统展开辩论，该系统要求煤炭交易商根据煤炭的挥发性成分来进行分类。从理论上讲，这个系统将允许消费者对他们的燃料做出明智的决定，并且有助于确保用户能够持续购买相同等级的煤炭。[46]

像在匹兹堡一样，1940 年，辛辛那提的反烟活动人士决定效仿圣路易斯的例子。在烟雾部门和烟雾减排联盟的支持下，市议会的法律委员会于 3 月开始就圣路易斯型条例举行听证会。到 4 月初，烟煤行业对该法案发起了一场高度有组织的攻击，因为该法案将允许该市迫使消费者更换燃料。如果辛辛那提限制烟煤的消费，烟煤的生产就会损失惨重。辛辛那提作为西弗吉尼亚州、肯塔基州东部和俄亥俄州南部烟煤田最容易到达的大城市，已成为高挥发煤的重要市场以及沿俄亥俄河运煤驳船的重要转运点。[47]

事实上，煤炭企业在辛辛那提做了很多生意，他们可以对当地的许多公司施加压力。例如，蓝钻煤炭公司（Blue Diamond Coal Company）在4月初给它的供应商写信，请求后者协助取消该法案。在致弗朗西斯·H.莱格特公司（Francis H. Leggett and Company）的信中，副总裁弗雷德·戈尔（Fred Gore）指出："蓝钻煤炭公司从辛辛那提的制造业者和供应商那里为其矿山和商店购买了大量的商品。"戈尔随后表示，他的公司不会将业务转移到别处。为了防止这种不加掩饰的威胁，莱格特的部门经理听从了戈尔的指示，并向市议员写了几封信，谴责这项烟雾法令。其中一个议员，查尔斯·塔夫脱[48]以略显愤怒的语气回应道："该法令的任何副本都没有交给议员。我非常愿意听取关于这一问题的任何合理论点，但是我坚决反对西弗吉尼亚在这一问题上正在组织的歪曲事实的宣传运动。"[49]

塔夫脱还收到了许多反对该法案的请求。罗伯特·卡斯特利尼（Robert Castellini）经营着一家著名的果蔬批发企业，他写道："我们认为，这项法令过于管制、独裁和歧视性。"在另一封信中，代表几家水边批发商的低地辛辛那提商人协会（Lower Cincinnati Business Men's Association）总结道："我们不认为辛辛那提的烟雾情况如此严重，以至于无法像过去许多年里通过合作和教育的方法来解决。"塔夫脱对这封信的反应有点幽默："我想你必须认识到……多年的合作并没有产生你我想要的结果。至少我认为如果你咨询你的妻子，你会得到这样的回答。"[50]

1941 年，当市议会重新讨论这个问题时，煤炭公司对圣路易斯型法案的攻击变得更加老练。几家企业联合成立了煤炭生产商烟雾减排委员会（Coal Producers Committee for Smoke Abatement），该委员会在辛辛那提一直运转到 1950 年代早期。多年来，该委员会一直努力通过引导反烟行动远离燃料限制条例的方式，来保持南部和中西部市场对高挥发煤的开放。到 1949 年，该委员会代表了 12 个高挥发煤运营者协会和 7 个运煤（coal-bearing）铁路公司。委员会在几个城市进行了烟雾调查，为污染性工厂提供咨询服务，为市政当局准备样本法令，对无烟燃烧高挥发煤的知识进行宣传，并参加了一场支持这种燃料的公关活动。到 1949 年，委员会已经成功地在克利夫兰、费城、普罗维登斯、温斯顿 - 塞勒姆、达勒姆、夏洛特和格林维尔确保了高挥发煤的使用。然而，在包括辛辛那提、匹兹堡和密尔沃基在内的几个重要城市，委员会失败了。[51]

在辛辛那提，煤炭生产商烟雾减排委员会通过其协助组织的城市烟雾控制委员会（Metropolitan Smoke Control Committee）进行活动。这个委员会安排了几位煤炭业人士在市议会法律委员会作证，其中包括烟煤研究组织（Bituminous Coal Research）的主席霍华德·埃文森（Howard Eavenson）。烟煤研究组织是由全国煤炭协会（National Coal Association）成立的一个旨在对抗煤炭市场持续萎缩的组织。辛辛那提煤炭交易所（Cincinnati Coal Exchange）董事、阿巴拉契亚煤炭公司（Appalachian Coal, Inc.）的代表以及煤炭生产商烟雾减排委员会的杰克·沃格勒（Jack Vogele）也出席了听证会。这些人警告说限制高挥发煤的法令将给城市的下层居民带来极大的困难，并可能导致严重的燃料短缺。沃格勒反驳了有关圣路易斯法令有效性的说法，称烟雾在法律实施后第一个供暖季节里之所以明显减少，是由于暖冬的原因，而不是由于限煤措施。他还制作了一些剪报，这些剪报报道了圣路易斯持续存在的烟雾问题以及对未能遵守新法规的煤炭交易商处以罚款的情况。[52]

在反对圣路易斯型法律的同时，煤炭工人也提出了他们自己的烟雾减排条例。虽然该条例确实提出了根据挥发性物质对燃料进行标记，但是并没有限制燃料消耗或要求燃料经销商和卡车司机获得许可证。阿巴拉契亚煤炭公司副总裁朱利安·托比（Julian Tobey）在谈到该条例的优点时表示，该法案"不会给低收入人群带来任何困难"，"不会通过强迫购买高价燃料来惩罚煤炭消费者，即使他们没有制造烟雾公害"。[53]

烟雾减排联盟进行了反击，塔克亲自到法律委员会作证，在那里他对圣路易斯的进展给予了更积极的评价。联盟里的路易斯·摩尔博士和联盟主管弗兰克·拉明也在听证会上作证。克拉伦斯·米尔斯（Clarence Mills）博士亦对法案提供了支持，他是辛辛那提大学的一名内科医生，致力于定义烟雾与人类健康之间的关系。通过比较城市与郊区的死亡率，米尔斯已经开始将空气污染与肺癌和其他呼吸道疾病联系起来。[54]

虽然战争分散了公众对辛辛那提市烟雾问题的注意力，但是市议会在1942年9月通过了一项新的控制法案。这是一项折中的法令，它没有限制城市内的煤炭使用，但是它使烟雾管理部门得以扩张，并迫使经销商在煤炭上标明挥发性成分。在实践中，新法律起不了什么作用，因为战争减缓了烟雾管理部门的扩张，而且实际上意味着失去了首席检查员查尔斯·格鲁伯（Charles Gruber），他于 1941 年服役，但是没有继任者及时接替他。经销商们还通过给他们的大多数煤炭贴上高质量标签的方式，防止消费者通过标签来区分它们的好坏优劣，从而挫败了煤炭标签的作用。[55]

煤业利益集团对这项新法令几乎不可能更满意，除非它工作得足够好，能在战后不久阻止新条例的通过。的确，将失败的法律与煤炭利益集团联系在一起，可能加速了出台替代法案的进程。塔夫脱在谈到 1942 年的煤炭条例等同于"煤矿工人的条例"时说，"这是多么肮脏的记录啊！"1946 年，塔夫脱和他的宪章党（Charterite）[56]议员再次支持了一项新的圣路易斯型法案，这次成功了。到 1947 年春天，辛辛那提限制了高挥发煤的消费。与圣路易斯和匹兹堡一样，新条例促使空气质量得到显著改善。由烟雾减排联盟进行的研究表明，在法律实施后的头 8 年里，烟灰排放量下降了 50%。[57]

176
尽管匹兹堡和辛辛那提成功地限制了高挥发煤，但是并非所有烟雾弥漫的城市都能如此直接或如此迅速地效仿圣路易斯模式。无论是在烟雾浓度还是在解决方法的尝试上，纽约与中西部大城市都不一样，直到第二次世界大战后，它才正式着手解决日益恶化的问题。在 1930 年代和 1940 年代早期，卫生部门保留了对烟雾控制的管辖权，它在这个问题上投入了很少的人力。但当大萧条和战争的危机过去后，活动人士再次将城市的注意力转移到日益增多的烟雾上。[58]

《纽约时报》在这场重新发起的运动中发挥了关键作用，发表了数十篇与烟雾有关的社论和致编辑的信件，特别是在

1947 年初之后。在注意到卫生部门的数据显示 1936 年至 1945 年间烟灰增加了 40% 后，《纽约时报》宣称，"纽约存在严重的烟雾问题，许多家庭主妇对煤烟的危害感到震惊，她们将会作证"。《纽约时报》发起了一场类似于 1890 年代的运动，强调健康和清洁，有时甚至强调道德。格伦斯福尔斯（Glens Falls）的一位读者在一封信中写道："烟雾不仅有害健康、财产和道德，我相信它还是导致犯罪和腐败的一个因素。"显然，对许多美国人来说，烟雾仍然是城市最糟糕品质的代表。《纽约时报》甚至将当时正在进行的郊区移民与烟雾和烟灰联系起来。[59]

这项运动很快得到了市长威廉·欧德怀尔（William O'Dwyer）和市议会中多数党——民主党领袖约瑟夫·T. 沙基（Joseph T. Sharkey）的支持。但是即便《纽约时报》报道了辛辛那提和匹兹堡取得的巨大进步，纽约也迟迟没有制订计划。纽约一度因其干净的空气而备受赞誉，但在经历了燃料转型之后，它正迅速成为美国污染最严重的城市之一。无烟煤在该市的市场份额继续下降，到 1948 年，其销量被比它更为肮脏的烟煤超过。与此同时，燃料油在家内供热市场上也取得了重大进展。石油和烟煤炉火的排放物，再加上不断增多的汽车尾气，导致空气质量迅速恶化。[60]

两个利益集团在 1948 年加入了这场运动。公民联盟成立了自己的空气污染委员会，由亚瑟·斯特恩（Arthur Stern）担任主席，他是州劳工部工业卫生部门的总工程师。斯特恩在这个问题上有相当丰富的经验，其中他在十年前领导了工程进度管理局的城市空气污染调查。斯特恩协助沙基议员起草了另一项法案，该法案将把对空气污染的控制权从卫生部门转移到

177　住房和建筑部门，后一部门已经拥有检查燃料燃烧设备的权力。另一个利益团体——户外清洁协会（Outdoor Cleanliness Association），对政府的行动提供了不那么直接但同样重要的支持。该协会的会员名单中包括该市一些最富有、最有权势的家族，其中许多都居住在上东区（Upper East Side），并对这一问题给予了相当大的关注。例如，《纽约时报》定期报道该协会的行动，可能是因为该协会的一名成员伊菲吉恩·奥切斯·苏兹伯格（Iphigene Ochs Sulzberger）是该报出版商阿瑟·H. 苏兹伯格（Arthur H. Sulzberger）的妻子。[61]

　　当沙基法案在议会得到充分的听证，该市逐渐走向立法之时，宾夕法尼亚的事件成了头版新闻。10 月 31 日，《纽约时报》发表了一篇短文，标题是"'烟雾'在宾夕法尼亚多诺拉造成了 18 人死亡和医院堵塞"。第二天，一份更完整的报告显示死亡人数为 20 人。报告指出许多居民已经离开了该地区，志愿消防员正在为留在那里的人输送氧气。这篇文章引用了匹兹堡烟雾预防局（Smoke Prevention Bureau）的化学家诺伯特·霍克曼（Norbert Hochman）的话，将灾难归咎于美国钢铁和电线公司的锌冶炼厂。霍克曼推测，该厂排放的三氧化硫是毒素的来源。就在同一天，《纽约时报》还刊登了一篇文章，提醒读者 1930 年默兹河谷的比利时居民也遭遇了类似的命运。当时，一场硫黄烟雾被认为造成了 70 人死亡，其中哮喘和心脏病患者尤多。纽约卫生部门迅速向市民保证不会有类似的灾难袭击这座大都市，但是正如《纽约时报》报道的那样，俄亥俄州州长并没有冒险。就在灾难发生两天后，他要求州卫生长官报告俄亥俄州工业区域的大气污染，作为防止类似事件发生的第一步。多诺拉杀人烟雾发生三周后，时任辛辛那提大学实验医学系主任的克拉伦斯·米尔斯博士报告了他对该市的调查情况。米尔斯将人们对雾霾的急性反应模式，尤其是死者的性别失衡（15 名男性，5 名女性）情况，与他对慢性疾病和空气污染的观察联系起来。米尔斯得出的结论是雾霾在许多社区确实是一个健康威胁。[62]

尽管人们对此存在关注，但是多诺拉死亡事件并没有说服纽约更迅速地采取行动，以解决自身的问题。新法案要到明年 2 月才能在议会得到通过，而且直到 7 月市长才任命了一个新成立的烟雾控制委员会（Board of Smoke Control）的负责人。该委员会解除了人手不足的卫生部的压力，却将空气污染控制权交给了同样人手不足的工程局。随着投诉不断涌入新部门，主任威廉·克里斯蒂（William Christy）建议大家要有耐心。克里斯蒂是一名工程师，也是烟雾预防协会的长期会员。他和他的下属对违规者发出了一连串的警告和指示，这与该市 40 多年来采取的做法没有什么不同。[63]

许多纽约人再也无法忍受这种慢吞吞的方式。正如"一个来自格拉美西公园的愤怒的家庭主妇"写道，"如果匹兹堡和圣路易斯能清洁他们的城市，纽约肯定也能做到"。到 1950 年中期，人们对 1948 年法令失败的担忧导致了另一项旨在改变该市法律的运动。那年夏天，欧德怀尔市长邀请雷蒙德·塔克访问纽约并提出建议。毫不奇怪，塔克推荐了类似于圣路易斯的燃料利用指南。在塔克的建议之外，纽约还出台了一项法案，允许烟雾委员会对煤炭中的挥发性成分和燃料油中的硫含量进行限制。与其他城市一样，这项提议遭到了相当多的反对，尤其是来自燃料行业的反对。在该法案的公开听证会上，煤炭生产商烟雾减排委员会的赫伯特·拉莫斯（Herbert

178

Lammers）将该法案贴上了"燃料减少而非空气污染减排文件"的标签。然而，令煤炭行业大为沮丧的是，来自曼哈顿约克维尔社区的两名妇女赢得了当天的胜利。她们从一个纸袋里拿出脏衣服，向听证会的 400 名听众展示。在展示了两件脏兮兮的床单和衬衫后，丹尼尔·多兰（Daniel Dolan）夫人简单地问道："我们还要等多久才能看到烟雾控制的结果呢？"《纽约时报》称赞女性的表现，声称她们简单的发言和随后的掌声几乎掩盖了煤炭工人更加技术性的论点。[64]

当年晚些时候，当新法案成为法律时，已经取消了对燃料含硫量的限制，但是限制煤中挥发性物质（不得超过 24%）的条款仍未改变。新法律还采取措施，改善历来松懈的执法，特别是通过增加城市烟雾检查员的数量来达到目的。煤炭行业有充分的理由抗议新法律，因为他们的产品比煤炭在纽约的主要竞争对手——燃料油面临更大的限制。如果硫黄条款获得通过，燃料油的销售将面临限制。[65]

尽管公众强烈要求控制烟雾的行动导致了新法律的通过，但是烟雾委员会并没有严格执行 1950 年条例。事实上，自 1949 年条例通过以来，到 1951 年 1 月为止，该市还没有就烟雾违规行为发出一张法院传票。面对这种无所作为，纽约妇女俱乐部联合会（New York Federation of Women's Clubs）的领导人伊丽莎白·罗宾逊（Elizabeth Robinson）组织了一个新的利益集团——烟雾控制委员会（Committee for Smoke Control）。179 为了确定新法律的有效性，罗宾逊就这一问题对家庭主妇们进行了调查：62% 的人认为该市的空气比前几年更脏，32% 的人认为空气质量没有改善，只有 6% 的人认为在新法律规定之下城市更干净。虽然并不科学，但是罗宾逊的调查结果表明城市并没有让中产阶级女性相信已经取得了进步。这也表明，城市需要一个合理的确定空气质量的方法。[66]

该市确实开始了一项"强硬"的政策，这一政策引起了几起诉讼，但是罗宾逊继续对此问题施压。1951 年 5 月，烟雾控制委员会分发了数以千计的关于空气污染的小册子，聚焦于烟雾对健康的影响以及烟雾局的失败。生于英国的罗宾逊是一名来自皇后区森林山的家庭主妇，她可能受到了自己童年时期与支气管炎斗争的激励，她将这种疾病归咎于利物浦的烟雾。她对《纽约时报》说："妇女们都在为她们孩子的健康着想，在危险的地方，妇女们会像丛林里的老虎一样原始地战斗。"[67]

在烟雾局得过且过的情况下，纽约并没有取得其他城市采用圣路易斯模式所取得的成绩。然而，另一项改进条例的运动也开始了。这一次，市长文森特·因佩里特里（Vincent Impellitteri）向议会提交了一份由城市建设协调员罗伯·摩西（Robert Moses）起草的法案。1952 年 9 月新法律通过时，它创造了一个新的空气污染控制部门。两个月后，当法律生效时，因佩里特里任命伦纳德·格林伯格（Leonard Greenburg）博士领导新的部门。格林伯格曾是州劳工部工业卫生和安全标准部门的执行主任，拥有公共卫生医学博士学位。纽约新的部门和负责人为城市空气质量控制指明了新的方向。这一新的举措不仅将保护人类健康置于其使命的中心，而且认识到现代空气污染问题的复杂性。再也不能用"烟雾"来描述大气污染了，特别是随着汽车、公共汽车、焚化炉和燃油工业排放出更多的污染物。大气污染的这些变化伴随着燃料的转型，这一转型在当时纽约和美国其他地方都在进行着。[68]

其他城市也做出了类似的改变，包括克利夫兰。1947 年，在煤炭生产商烟雾减排委员会为防止采用圣路易斯型条例而发起大规模运动之后，该市选择了另一条道路。克利夫兰没有修改规章制度，而是重组了规章制度。1947 年的法律设立了空气污染控制部门，附属于公共卫生和福利部。这个新的部门整合了工业卫生、工业公害和烟雾减排机构，并且首次在一个部门里解决了室内和室外的所有空气污染问题。这次重组反映了对问题的一个新的理解，即认识到空气污染危害的多样性，特别是工业化学品对工人和附近居民造成的威胁。于是，烟雾局就从公共安全部门搬到了卫生部门，与其他污染控制部门在一起。这一做法在其他许多地方重复出现，包括联邦政府。在那里，空气污染控制的责任从矿业局转移到了公共卫生部门。[69]

这种转变反映了将工业卫生作为一个公认职业时代的到来。正如历史学家克里斯托弗·塞勒斯（Christopher Sellers）所指出的，到 1940 年与工作相关疾病（work-related disease）领域的专家们已经开始把目光投向工厂围墙之外，投向消费者和更广阔的环境。在 1948 年的多诺拉灾难之后，这种工业卫生学的环境转变变得尤为明显，当时工业卫生部门（Industrial Hygiene）的公共卫生服务部门（Public Health Service's Division）领导了政府的调查。正如先驱者罗伯特·基霍（Robert Kehoe）博士在 1958 年所指出的那样，"工业环境在很大程度上已经变成了全国环境"。不断扩大的工业卫生人员的权力是以牺牲动力工程师为代价的。在蒸汽工程中，空气污染专家再也找不到立足之地了。从此，化学家和医学博士将主导环境卫生科学，因为工业卫生的资格盖过了工业工程的资格。从今以后，关于空气污染的辩论将集中于确定污染物的安全浓度水平，而不是发展更有效的燃煤方式。[70]

克利夫兰空气污染机构的重组也反映出煤烟在空气污染总组成中的重要性日益下降，这在一定程度上是克利夫兰和许多其他城市对煤炭依赖减少的结果。在其第一份报告中，烟雾减排局报告说1946年"被石油和天然气取代的固体燃料的数量估计在37.5万吨到40万吨之间"。到1950年，与辛辛那提和匹兹堡一样，在家内取暖方面，克利夫兰较之煤炭更依赖天然气。因此，对于煤炭行业来说，在克利夫兰阻止限制性立法的成功被证明是无意义的，因为克利夫兰和其他城市一样，为了更方便的燃料而放弃了煤炭。[71]

尽管反烟运动采用了新的策略，但是在某种程度上，运动又回到了原点。由于越来越多的研究证实长期暴露在烟雾中会导致严重的健康问题，以及由急性空气污染事件造成的死亡（尤其是在多诺拉），烟雾问题再次成为主要的卫生问题。随着美国开始同与石油燃烧有关的更复杂的空气污染问题做斗争，健康问题的再生变得更加明显。卫生官员、医生和化学家重返城市控烟部门，重新强调了健康的重要性。与此同时，蒸汽工程师的作用正在减弱，他们已经控制了烟雾减排长达30年时间。

181

结语 争取文明空气的斗争

从 1910 年代到 1930 年代，工程烟雾专家预测科学运作的市政部门进行的教育和给出的建议将会解决烟雾污染问题——即使是逐步地解决。但是，专家们错了。20 世纪中期，随着美国城市对软煤的依赖程度降低，燃料使用也发生了显著的变化，这才真正让人松了一口气。几十年来，尽管美国仍坚持使用廉价、污染严重的煤炭，但是有远见的人预测到了这一能源转型，并承诺将出现更清洁的能源技术。早在 1896 年，弗朗西斯·克罗克（Francis Crocker）就在《卡希尔》杂志中设想了"没有煤炭的城市"。克罗克认为，电力将使城市变得无烟和更加卫生。1908 年，随着安妮·塞格尔和其他女性在芝加哥强化了反烟运动，乔治·韦伯（George Weber）宣布该市的烟雾问题正在逐步得到解决。韦伯认为，增加天然气和电力的使用，再加上对所有未来的燃煤蒸汽发电厂进行更好的建设，最终将结束芝加哥的煤烟问题。当然，克罗克和韦伯的预言成真了。但是，毫无疑问，他们都将对从肮脏的煤炭到清洁的天然气和电力技术转变所耗费的时间之久感到惊讶。正如美国矿业局的 O. P. 胡德在 1930 年所言，在他个人参与反烟努力近20 年之后，时间证明无烟燃料必须像煤炭一样便宜才能得到广泛使用。[1]

直到第二次世界大战以后，清洁能源才开始满足国家对电力日益增长的需求，从而抑制了煤炭消费的增长。在战前，石油产品确实在燃料运输，取代蒸汽船和军舰上的煤炭，当然还有推动汽车数量不断增多方面发挥了重要作用。但是作为一种城市燃料，石油只是在非常缓慢地取代煤炭。战前，石油的使用大部分集中在西部和西南部的城市，包括洛杉矶、旧金山、休斯敦和达拉斯。这些地区石油储量丰富，价格比煤炭要便宜得多。相比而言，煤炭不得不经过长途跋涉才能到达这些不断增长的能源市场。石油的利用使这些不断繁荣的城市保持了相对清洁，而在之后几十年里扩大石油供应和改进运输技术将有助于减少其他城市对煤炭的依赖。尽管许多纽约人预测石油将在更早的时候取代煤炭，尤其是在 1902 年无烟煤罢工期间，但是石油在第二次世界大战后才在北方燃料市场取得了重大进展。[2]

183

在 1940 年代和 1950 年代，城市居民越来越意识到石油燃料并没有提供最清洁的煤炭替代品，石油也没有提供缓解煤烟的最大希望。天然气曾在 1880 年代给匹兹堡带来了解脱，并继续得到反烟活动人士的广泛支持。的确，天然气公司将这种燃料的无烟性作为核心卖点之一。然而，在战前，有限的供应和分销网络意味着天然气在燃料市场的份额有限。1920 年代，新管道大大降低了美国南部和西部的天然气价格，加利福尼亚州、得克萨斯州、俄克拉何马州和路易斯安那州的天然气消费量大幅增加。但是，天然气管道在烟雾弥漫的中西部地区的扩张仍然有限，尤其是在工业领域。直到 1940 年代和 1950 年代，天然气才进入中西部和东部的大多数城市，数量足以与煤炭相竞争。与所有化石燃料一样，天然气的运输成本依然很高。这些高成本解释了区域性燃料市场的形成，石油、天然气和煤炭在其产区附近仍然是最便宜和最广泛使用的。[3]（表 9 - 1 和表 9 - 2）

表 9 - 1　煤炭的相对下降：各类能源占总能耗的百分比

年份	烟煤	无烟煤	石油	天然气
1890	41.4	16.5	2.2	3.7
1900	56.6	14.7	2.4	2.6
1910	64.3	12.4	6.1	3.3
1920	62.3	10.2	12.3	3.8
1930	50.3	7.3	23.8	8.1
1940	44.7	4.9	29.6	10.6
1950	33.9	2.9	36.2	17.0

说明：以 BTUs 为估量单位。
资料来源：Sam H. Schurr, Bruce C. Netschert, *Energy in the American Economy, 1850 - 1975* (Baltimore: Johns Hopkins Press, 1960), p. 36。

表 9 - 2　各类燃料价值占总燃料价值的百分比

年份	烟煤	无烟煤	石油	天然气
1890	51.6	30.5	9.9	8.0
1900	59.4	22.9	13.0	4.7
1910	61.3	20.8	14.3	3.6
1920	49.4	10.8	36.1	1.9
1930	30.4	13.6	45.4	5.6
1940	32.7	7.8	52.0	4.6
1950	24.9	4.0	62.1	4.3

说明：按平均单价计算。
资料来源：Sam H. Schurr, Bruce C. Netschert, *Energy in the American Economy, 1850 - 1975* (Baltimore: Johns Hopkins Press, 1960), pp. 536 - 537。

　　尽管天然气和石油为煤炭提供了清洁的替代品，但是转向电力为发展更清洁的能源技术提供了最重要的机会。电力的生产确实需要大量消耗燃料，在遭受烟雾污染的城市里，这些燃料通常是煤炭。但是，集中的发电厂消耗燃料的效率比 20 世纪初普遍使用的分散的蒸汽锅炉更高。在某种意义上，一个中央发电厂可以取代数千个排烟烟囱，为烟雾排放创造一个"点源"（point source）。中央发电厂受到寻求效率的工程师和寻求合规的监管者的严格审查，这意味着随着电力公司的不断创新，将会从每吨煤炭中获得更多的能量和更少的烟雾，电力生产的集中化使得每单位 BTU 的排放量大幅减少。同样重要的是，制造商利用电力的灵活性，使他们的企业更加节能。[4]

　　就像天然气和石油一样，电长期被吹捧为保护城市大气的救世主。1901 年，当美国地质调查局准备在圣路易斯博览会上进行无烟燃烧的实验时，纽约《论坛报》宣称最终使城市摆脱烟雾的是电力，而不是锅炉厂的无烟燃煤。《论坛报》设想在廉价的郊区土地上，甚至在遥远水道上建造大型的中央发电厂是无烟能源供应商的终极目标，这一设想在很大程度上已经成为现实。[5]尽管电在第一次世界大战前确实得到了广泛使用，但是直到战争年代的能源危机之后，大多数工业才转而使用电力。正如历史学家哈罗德·普拉特（Harold Platt）所指出的那样，能源危机的冲击使得许多能源消费者从动荡的燃料市场中抽身出来，转而依靠电力公司获得能源。1920 年代，工业领域向电力的转变标志着第二次工业革命的发展，因为这种非常灵活的能源引发了无数新机器的进步，这些机器可以在家里和工厂里使用。当然，电与其说是与煤炭竞争，不如说是为煤炭提供了一个新的、不断增长的市场。尽管在 1930 年代和

1940 年代，水力发电厂确实为美国提供了多达三分之一的电力，但是大部分热能发电来自煤炭。到 1955 年，美国燃烧了 1.4 亿吨煤炭用于发电。这意味着将近全国煤炭生产量的三分之一都用于发电，并且这一比例仍在继续上升。[6]

软煤行业的高度竞争性导致了劳资纠纷和剧烈的价格波动，特别是在 1920 年代和 1930 年代。烟煤行业的混乱使替代燃料更具有吸引力，但是摆脱燃煤锅炉技术的转变是一个漫长的过程。这种能源转变的渐进性意味着到 1940 年代和 1950 年代初，大多数工业城市的烟雾问题仍将持续存在。尽管发电对煤炭的需求不断增加，但是 1920 年至 1950 年代煤炭消费普遍停滞，揭示了工业问题的复杂性。在这几十年里，煤炭依然丰富（往往过剩）且价格低廉，煤炭消费技术依然可靠且普遍存在，参与建立了一个依赖煤炭的国家的蒸汽工程师们仍然是工业和国家工程学校的重要力量。那么，煤炭是如何被主要竞争对手天然气和石油夺走了这么多市场份额的呢？

答案在很大程度上取决于相互竞争的燃料自身具有的经济优势。在可以利用的地方，天然气甚至比煤炭更便宜。虽然石油在中西部和东部作为燃料更为昂贵，但是其使用可以降低运营成本。例如，铁路在 1920 年占全国煤炭消耗的 25%，但是到 1955 年这一比例还不到 4%。第二次世界大战后，全国机车从蒸汽动力迅速转变为柴油动力。业内普遍认为柴油发动机提供了重要的营运经济性，证明了在转变中投入的资本是合理的。从蒸汽机车到柴油机车的转变给煤炭行业造成了严重的挫折，城市却从最麻烦的污染源之一的消失中受益匪浅。[7]

煤炭显然也因为一些非经济原因而丢失了市场份额，包括它产生烟雾的特性。正如煤炭生产商烟雾减排委员会的赫伯特·拉莫斯在1949年时所说，"烟、飞灰和灰尘并不是我们的煤炭在与公众打交道时必须面对的唯一阻力，但它是当今最主要的阻力之一，也许是最突出的阻力之一，它正在拒绝用户。当今的公众坚持要保持清洁"。在弗吉尼亚煤炭经营商协会（Virginia Coal Operator Association）的一次演讲中，拉莫斯承认，"你不能真的责怪家庭主妇鼓动要求清洁空气。她们习惯了现代化的厨房、机械化冰箱、真空吸尘器、自动化炉子和热水器。她们想要干净的空气配合这些现代化的改进"。通过这段文字，拉莫斯很好地叙述了历史学家萨缪尔·海斯（Samuel Hays）所认定的战后环境保护主义的根源：中产阶级对环境设施的需求，与富裕生活带来的其他诸多好处相伴而生。拉默斯明白，重视便利性和清洁度的现代意识也使得煤炭贬值。[8]

拉默斯意识到"煤王"肯定已死，该行业将不得不奋力维持市场份额。在1950年，煤炭提供了全国总BTU的不到30%；而仅在40年前，它满足了全国超过80%的能源需求。尽管煤炭行业在主要产煤州仍然具有经济和政治影响力，但是由于竞争和反烟运动的影响，煤炭行业已被大为削弱，以至于城市可以成功地立法禁止销售煤炭产品——这在30年前是不可想象的。事实上，直到1933年，烟雾减排支持者兼综合天然气公司（Consolidated Gas Company）执行官亨利·奥伯迈耶还承认，"我们无法想象有哪条法律如此极端，会试图规范燃烧的燃料类型"。仅仅6年之后，这样的法律就通过了，其他的也在制定过程中。尽管这些法律只对高挥发煤有影响，但是拉莫斯在1949年警告说，"记住，如果禁止一种煤炭是合法的，那么禁止所有煤炭也是合法的"。这并不是出于自信而发出的警告。[9]

拉莫斯和煤炭生产商烟雾减排委员会可能会反对能源转型，但是煤炭在某些部门市场份额的流失是永久性的，以至于最终几乎完全消失。煤炭再也不能为运输部门提供大量能源，煤炭在家内供热市场的重要性将继续下降（除了在发电方面的地位）。作为化学工业的原料来源，煤炭也遭受了损失，因为化学工业越来越多地依靠石油和天然气来满足需求。[10]（表9－3）这些远离煤炭的转变，加上石油产品消费量的不断增长，促成了空气污染的转型。正当城市开始计划通过燃料限制来控制煤烟之时，其他的空气污染源也变得越来越重要。事实上，随着问题的复杂性变得越来越明显，专家和公众对"烟雾"本身的担忧逐渐转变为对"空气污染"的担忧。

187

表 9－3 烟煤的消费停滞：表观消费量

单位：吨

年份	烟煤
1890	110785000
1900	207275000
1910	406633000
1920	508595000
1930	454990000
1940	430910000
1950	454202000

说明：四舍五入至净千吨。

资料来源：Sam H. Schurr, Bruce C. Netschert, *Energy in the American Economy, 1850－1975*（Baltimore：Johns Hopkins Press, 1960）, pp. 508－509。

随着城市政府创建了新的空气污染控制机构，并将旧的烟雾控制机构纳入其中，私营部门也重新调整了其焦点，以适应不断变化的现实。1950 年，烟雾预防协会承认了正在发生的转变，并更名为空气污染与烟雾预防协会（Air Pollution and Smoke Prevention Association），仅仅两年后又变成了空气污染控制协会（Air Pollution Control Association）。几年后，辛辛那提令人尊敬的烟雾减排联盟更名为空气污染控制联盟（Air Pollution Control League）。媒体也逐渐将关注的焦点从烟雾转移到更广泛的空气污染问题上。到 1960 年，《期刊文献读者指南》（Readers Guide to Periodical Literature）放弃了把"烟雾预防"作为标题，取而代之的是"雾霾"和"空气污染"，大多数关于这两个主题的参考文献都已经存在了十多年。然而，有一个组织仍坚持使用它的旧名字。1950 年代初，煤炭生产商烟雾预防委员会或许很高兴煤炭不再是美国空气污染问题的罪魁祸首，但是它仍致力于控制烟雾，并宣传石油和天然气消费也会造成污染的观点。[11]

围绕大气污染术语的不断变化，反映出越来越多城市上空雾霾中煤炭排放的实际和相对下降。1940 年代末期的两个空气污染事件，在将公众关注的焦点从煤烟转向其他污染源方面起到了重要的作用。首先，多诺拉事件是由工业烟雾而不是煤烟造成的。这一事件让许多观察人士相信，不可见的排放比煤炭的颗粒物排放更有害。所有的反烟努力和政府的反应都以控制可见排放为前提，使用林格尔曼图就证明了这一点。一旦空气污染专家和活动分子拒绝接受不可见即意味着成功的观点，使用颜色标尺对抗"烟雾"就毫无意义了。多诺拉事件之后，越来越多的人会要求确切地知道从烟囱中排放出了什么——包括可见的和不可见的元素。

作为美国首个直接导致死亡的急性空气污染袭击事件，多

188

诺拉还永远地把严重的空气污染与健康联系在一起。另外，它改变了许多美国人对这个问题的看法。克莱夫·霍华德（Clive Howard）1949 年在《女人的家伴》（*Woman's Home Companion*）一书中揭示了这些变化的深度。在一篇名为《烟雾：沉默的凶手》的文章中，霍华德详尽地描述了多诺拉，但也描述了旧金山湾附近炼油厂制造的"令人作呕的气体"，以及新奥尔良"令人作呕的石油或天然气气味"，这些气味使人们呕吐。尽管他也讨论了克拉伦斯·米尔斯关于烟雾与癌症之间联系的研究，但霍华德并没有提到任何一例煤烟导致急性事件并立即影响健康的例子。事实上，虽然他的标题指责"烟雾"，但是霍华德主要写的是化学烟雾。就连从事多年烟雾研究的米尔斯也在 1954 年总结道："今天我们的兴趣已经从不久以前浓重的黑烟和污浊的烟雾，转移到现在灰色或青灰色的化学烟雾上了。"尽管健康已经成为那些与大气污染做斗争的人们最关心的问题，但是烟雾本身却不那么重要了。[12]

第二个故事涉及洛杉矶夏季经常出现的雾霾，这显然与煤炭无关，因为该市只消耗了少量的煤炭。第二次世界大战后，洛杉矶污染问题的特殊性和严重性使得全国空气污染对话的焦点从烟雾缭绕的中西部转向烟雾弥漫的西部。在战争期间，洛杉矶的人口和工业生产迅速增长，市民忍受着急剧恶化的空气质量。1942 年和 1943 年，该市发生了不明原因的刺眼雾霾（eye-stinging smog）事件，市、县两级政府努力寻找解决方案（甚至是原因）。洛杉矶遭受的不是浓密的碳化烟云，而是含有复杂化学成分的辛辣云雾。1943 年，城市卫生官员确认在刺眼的烟雾中含有 14 种不同的刺激物，包括氨、甲醛、丙烯醛、乙酸、硫酸、盐酸和硝酸。积极分子大声疾呼反对雾霾，指责造成雾霾的诸多源头，包括汽车、柴油公交车、后院焚化炉、炼油厂和其他工业。[13]

　　怀抱推动城市寻求解决方案的希望，《洛杉矶时报》在1946 年聘请雷蒙德·塔克来研究这个问题，并就此提出建议，就像他在其他许多城市所做的那样。然而在洛杉矶，塔克却失去了他的能力。由于该地的煤炭消耗量不大，塔克不能简单地建议城市使用更优等级的燃料。同样，由于排放物的种类繁多，问题的实际来源难以辨认。在《洛杉矶时报》全文刊发的一份报告中，塔克提出了许多建议，包括禁止后院焚化炉、禁止在市政和商业垃圾场生火、监视（主要是燃油的）工业工厂，以及对使柴油发动机冒烟的卡车司机处以罚款。塔克唯一的燃料建议是把铁路的发动机从燃油①动力转向柴油动力。考虑到这个城市的燃料使用模式，塔克发现在他的报告中根本不需要提到煤炭。[14]

　　1950 年，阿里·哈根 - 斯米特（Arie Haggan-Smit）确定了洛杉矶雾霾的主要成分是臭氧，其是由碳氢化合物废气和未燃尽的汽油经光化学反应后产生的一种物质。此后不久，该市根据大气中的臭氧含量发布"雾霾警报"。在一个越来越依赖内燃机、炼油厂、塑料制造、橡胶工厂和柴油机车的经济体中，煤炭的排放物很少。即使在洛杉矶以外，情况也是如此。随着整个国家经济向依赖石油转变，人们对空气污染的担忧从碳颗粒物转向了看不见的气体，比如臭氧和未燃尽的汽油。[15]

──────────

　　①　此处系指燃料油，是一种重质石油产品。──译者注

189

作为美国最重要的电力来源，煤炭最终将成为引发酸雨和全球变暖的主要因素。但是在 1960 年之后，几乎没有人会抱怨美国城市里的煤烟。尽管 1940 年代的圣路易斯、匹兹堡和辛辛那提曾发起过运动，但是几乎完全消除烟雾主要是由燃料的转变造成的——特别是机车、住宅、公寓、办公楼和许多工业的煤炭消耗量大大减少。这表明，从进步主义时代到 1940 年代的烟雾减排努力收效甚微。当然，第一次世界大战前减烟进展的缓慢（在那次战争中完全无法控制烟雾），以及直到 1950 年代还持续存在的问题都表明，几十年进步主义的反烟运动对城市环境几乎没有产生真正的影响。的确，一些历史学家重新审视了烟雾减排运动，并认为这一努力是彻底的失败。[16] 然而，虽然挥之不去的烟雾证明了真正的缺点，但是在许多方面，运动的成就是显著的。在一个依赖煤炭的工业化和城市化经济中，反烟运动与国内最强大的力量——经济和人口增长展开了斗争。在进步主义的几十年里，烟雾问题并没有显著地加剧，这表明这项运动取得了一定的成功。[17]

在 19、20 世纪之交前后的 40 年里，美国的工业城市经历了指数级的增长。1880 年的人口普查显示，在这项研究中被引用最多的城市——纽约、芝加哥、圣路易斯、匹兹堡、辛辛那提、克利夫兰和密尔沃基的总人口为 330 万。[18] 到 1920 年，有接近 1130 万人居住在这些城市之中，为 1880 年的约 3.4 倍。总的来说，到 1920 年，超过 5400 万美国人生活在城市里，是 1890 年的两倍多。到 1950 年，美国城市里生活着接近 8900 万人。城市人口增长的大部分来自美国的大城市。1890 年的人口普查报告显示，只有 970 万美国人居住在人口超过 10 万的城市。但到 1920 年，居住在人口超过 10 万的城市中的人口已经超过 2700 万，几乎是 30 年前的 3 倍。到 1950 年，这个数字增加到将近 4300 万。[19]

同期，国民经济变得越来越能源密集化。从 1900 年到 1950 年，人均能源消耗（不包括木材）翻了一番还多。更重要的是，在 1920 年之前，煤炭消费总量的增长速度超过了城市规模增长的速度，其中大部分增长来自烟煤供应的扩大。因此，随着反烟运动在美国卷入第一次世界大战之前达到了一个顶峰，这个国家每年也燃烧了越来越多的脏煤。1890 年，在反烟运动开始组织之前，全国烟煤消耗量不到 1.11 亿吨。1913 年，当大多数工业城市设立了专门的烟雾检查部门时，全国消耗了近 4.6 亿吨烟煤。1918 年，由于国家处于战争状态和反烟法变得无效，全国消耗的烟煤数量超过 5.56 亿吨，是反烟运动开始时的 5 倍多。[20]

因此，随着越来越大的美国城市燃烧越来越多的煤炭，进步主义时代的烟雾减排运动可能已经很好地防止了更大环境灾难的发生。同样重要的是，这一运动迫使地方政府和州政府对城市大气排放承担监管责任，这种管制标志着公众对工业环境控制迈出了重要的第一步。在进步主义时代改革者的努力下，市政当局对排放的监管经受住了司法的审查，州则宣称公共清洁空气的权利取代了个人为追求利润而廉价处理大气废物的权利。然而，市政当局经常未能就个别污染者的权利而保护公众的权利，这表明对许多城市居民来说，在未来几十年里取得胜利听起来是不切实际的。尽管如此，这些早期运动为 1940 年代和 1950 年代更为成功的运动奠定了重要的法律基础。 191

反烟运动经历了两次转型。在 1910 年代，那些定义了这个问题的非专业人士把寻求问题解决方案的任务交给了工程专家。与此同时，这也在很大程度上使得环境保护主义者的反烟运动发展成为一个注重效率和经济的自然资源保护主义者的努力。换句话说，这场运动从专注于烟囱的外行努力演变成由专注于锅炉房的专家所领导的努力。1930 年代末，雷蒙德·塔克将关注焦点转向了煤场。在那里，政府官员和公众可以很容易理解一个简单的真理：糟糕的燃料导致糟糕的空气。塔克的革新让新一代的改革者重建了一个原有的论点，即一个健康、美丽、道德的环境需要清洁的空气，因此社会必须采取行动减少污染，即使付出巨大的代价。对健康的特别关注在反烟对话中重新占据了中心位置，并在控制其他类型的空气污染方面发挥了关键作用。

很少有城市能够真正终结煤烟，无论是通过限制燃料的立法，还是通过更加渐进的燃料使用转变。实际上，由于新型空气污染给城市带来了新的问题——这些问题需要几十年才能解决，从城市天空飘过的煤烟大部分不再被报道。正如 O. P. 胡德在 1930 年指出的那样，在某种程度上公众会提高他们对环境的标准，要求更清洁的环境。公众甚至会要求在专家完成所有研究之前，在经济学家量化城市居民的不适和个别污染物的不健康程度，并将它们与改革的成本合理地权衡之前，就必须采取措施改善环境。在某种程度上，公众会要求采取行动来净化空气，拒绝进一步的推迟性研究。在这个国家忘记了匹兹堡妇女健康保护联盟、辛辛那提的查尔斯·里德和芝加哥的安妮·塞格尔的工作几十年后，城市居民会再次要求他们的文明国家拥有文明的空气。[21]

引言　模糊的视野

1. "When the Milk Is Spilled," New York *Tribune*, 11 May 1899. 这些环境灾难可能包括在历史学家马丁·梅洛西（Martin Melosi）所说的 18 世纪末的"环境危机"中。尽管梅洛西关注的是城市问题，如污水、水污染、烟雾、垃圾和噪音，开放空间的破坏和国家森林的破坏也与工业城市的发展直接相关。参见 Martin Melosi, "Environmental Crisis in the City," in *Pollution and Reform in American Cities, 1870 – 1930*, ed. Melosi（Austin：University of Texas Press, 1980），3 – 31。长期以来，纽约《论坛报》（*Tribune*）一直对环境问题表示出兴趣，并在 1880 年代初领导了保护阿迪朗达克森林的运动。参见 Roderick Nash, *Wilderness and the American Mind*（New Haven：Yale University Press, 1967），118 – 19。

2. New York *Tribune*, 1899 年 5 月 11 日。

3. 在世纪之交，美国人用"环保主义者"（environmentalist）这个词来表达一种哲学观，这种哲学观基于环境影响人类发展的观点，即历史学家现在所说的积极的环保主义。因此，用环保主义者这个词来形容反烟改革者是不合时宜的，因为参与该运动的活动人士不会用这个词来形容他们自己。然而，这些早期的环境改革家对污染问题的定义，所用的术语和措辞与二战后的环保主义者采用的相同。反烟改革者也使用了许多与战后环保主义者相同的策略。从这个意义上说，环保主义者的描述又是最准确的。关于积极的环保主义的讨论，参见 Paul Boyer, *Urban Masses and Moral Order in America, 1820 – 1920*（Cambridge：Harvard University

Press，1978），220 – 51。

4. 参见 Gabriel Kolko，*The Triumph of Conservatism*（New York：Free Press，1963），关于进步主义改革和改革者保守本质的夸张论述。

5. 罗伯特·韦伯（Robert Wiebe）的 *The Search for Order, 1877 – 1920*（New York：Hill & Wang，1967）仍然是涵盖整个进步主义时代的最佳著作。韦伯认为，新的中产阶级在进步主义时代发挥了影响力，他们用新的城市价值观替换过时的传统信仰。萨缪尔·海斯（Samuel Hays）的 *The Response to Industrialism, 1885 – 1914*（Chicago：University of Chicago Press，1957）也对美国工业化进程中的组织动力提供了重要的见解。内尔·佩因特（Nell Irvin Painter）在 *Standing at Armageddon*（New York：Norton，1987）中认为，19 世纪末中产阶级害怕来自下层的革命（参见 p. xii）。但是中产阶级改革者最害怕的不是社会主义，不是政府控制经济，恰恰相反，而是缺乏对经济的管制。混乱，而不是控制，仍然是 20 世纪早期城市中产阶级最关心的话题。

6. 海报转载自 James West Davidson et al. , *Nation of Nations：A Narrative History of the American Republic*，Vol. II：*Since 1865*（New York：McGraw-Hill，1994），798。

7. 历史学家萨缪尔·海斯得出结论，认为在第二次世界大战之前，"环境与公民行动是有限的"。他显然忽视了改善供水、垃圾处理、污水处理、公园系统和城市空气的长期而重要的一系列运动。铺设街道、埋设电线和种植街道树木的努力也是在进步主义时代甚至之前几十年改善城市环境的重大努力的一部分。参见 Samuel Hays，*Beauty，Health，and Permanence*（New York：Cambridge University Press，1987），72。

罗伯特·戈特利布（Robert Gottlieb）在进步主义时代的土壤中正确地识别了环境运动的城市工业根源。不幸的是，他的作品对最活跃的改革运动没做太多讨论。戈特利布还对烟雾减排运动做出了不准确的评估，完全忽略了由中产阶级女性领导的改革努力。参见 *Forcing the Spring*（Washington：Island Press，1993），47 – 59。

8. 在很大程度上，这一范式来自历史学家萨缪尔·海斯的 *Beauty，Health，and Permanence*，这本书仍然是关于战后环境运动最全面的学术著作。他的 *Conservation and the Gospel of Efficiency：The Progressive Conservation Movement*，

1890 - 1920（Cambridge：Harvard University Press，1959）自出版以来就为保护主义讨论定下了基调。这种范式是如此普遍，以至于环境行动主义的历史往往完全忽略了进步主义时代的城市改革，很大程度上是因为它们与吉福德·平肖（Gifford Pinchot）、西奥多·罗斯福（Theodore Roosevelt）和约翰·缪尔（John Muir）主导的自然资源保护主义叙事不太相符。参见 Roderick Nash，*American Environmentalism：Readings in Conservation History*（New York：McGraw-Hill，1990）。历史学家马丁·梅洛西和乔尔·塔尔（Joel Tarr）是研究进步主义时代环境改革的先驱，他们的工作为这些主张提供了许多基础。参见 Melosi，*Garbage in the Cities*（College Station：Texas A & M University Press，1981）；*Pollution and Reform in American Cities*（Austin：University of Texas Press，1980）；Joel Tarr，*The Search for the Ultimate Sink：Urban Pollution in Historical Perspective*（Akron：University of Akron Press，1996）。

9. 参见 Stephen Fox，*American Conservation Movement：John Muir and His Legacy*（Madison：University of Wisconsin Press，1991）；John Reiger，*American Sportsmen and the Origins of Conservation*（Norman：University of Oklahoma Press，1986）。

第一章　煤炭：我们文明的精华

1. New York *Tribune*，1902 年 5 月 11 日；New York *Times*，1902 年 5 月 13 日、17 日。关于 1902 年无烟煤罢工更详细的讨论，参见 Robert J. Cornell，*The Anthracite Coal Strike of 1902*（New York：Russell & Russell，1957）。

2. James MacFarlane，*The Coal Regions of America：Their Topography，Geology，and Development*（New York：D. Appleton，1873），xvii.

3. Charles Barnard，*Chautauquan* 7（1887）：269. 煤炭也是几十种消费产品的原料来源，这些产品都是通过化学处理获得的。除了工厂生产的用于照明、取暖和烹饪燃料的煤气外，化学家们还利用煤炭中的许多成分提取汽油、石脑油、羧酸、染料和香水等市场产品［"The Magic of a Piece of Coal，"*Cosmopolitan* 38（1905）：603 - 5］。关于能源在美国工业中的作用，参见 Sam H. Schurr and Bruce C. Netschert，*Energy in the American Economy，1850 - 1975*（Baltimore：Johns Hopkins University Press，1960）；Martin Melosi，*Coping with Abundance：*

195

Energy and Environment in Industrial America （Philadelphia：Temple University Press，1985）。

4. 1918 年 1 月 20 日，《纽约时报》图片版刊登了一张感人的照片，照片上第一次世界大战期间的妇女和儿童在煤灰堆中搜寻煤炭，当时煤炭短缺导致许多城市居民买不起煤炭。

5. *Thirteenth Census of the United States* （1910） vol. 4，Population Occupation Statistics. 人口普查共列出 108374 名男子，他们是处理固定炉火的火夫。另外，还有 76381 名火夫照看机车引擎。另见 *Historical Statistics of the United States Colonial Times to 1957* （1960），358 – 59；John G. Clark，*Energy and the Federal Government* （Urbana：University of Ilinois Press，1987），6 – 7。要了解煤炭对矿工家庭的影响，参见 David Alan Corbin，*Life*，*Work*，*and Rebellion in the Coal Fields* （Urbana：University of Illinois Press，1981），特别是第一章 "煤炭使我们存在"。

6. 美国商务部的统计数据显示，对于美国一些最繁忙的铁路线路来说，煤炭作为货物是多么的重要。例如，1914 年，煤炭占宾夕法尼亚铁路总运输量的 51%，占巴尔的摩和俄亥俄州铁路总运输量的 56% ［W. P. Ellis，*Report of the Distribution Division*，Fuel Administration （1919），7］。铁路公司拥有相当一部分无烟煤田，但是对经营烟煤矿却不感兴趣。烟煤矿竞争激烈，且盈利能力也不那么确定。关于对混乱的烟煤工业的讨论，参见 William Graebner， "Great Expectations：The Search for Order in Bituminous Coal，1890 – 1917," *Business History Review* 48 （1974）：49 – 72。有关铁路参与无烟煤矿的情况，参见 Cornell，*Anthracite Coal Strike of 1902*。

7. 第三类煤——褐煤，只占整个市场的很小一部分。褐煤，又称棕煤，是煤炭中最不值钱的一种，需求量很小。

8. 有关焦炭的讨论，参见 Joel A. Tarr， "Searching for a 'Sink' for an Industrial Waste：Iron-Making Fuels and the Environment," *Environmental History Review* 18 （1994）：12 – 13。

9. 1901 年，据美国地质调查局报告，市场上标准的伊利诺伊块煤平均每吨 2.80 美元，大块无烟煤每吨 6.65 美元 ［United States Geological Survey，*Mineral Resources*，*1901* （1902），348］。Melosi，*Coping with Abundance*，30 – 31. 尽管煤

渣对家内用户来说只是一种不便，但是大消费者却面临着来自不纯煤炭残渣的更加
严重的问题。炉渣堵塞了格栅，降低了通风，从而降低了锅炉效率 ［ "Smoke
Prevention," *Journal of the Association of Engineering Societies* 11 （1892）：294］。另
见 Joel Tarr and Kenneth K. Koons， "Railroad Smoke Control：The Regulation of a
Mobile Pollution Source," in *Energy and Transport*, ed. George H. Daniels and Mark
Rose （Beverly Hills：Sage Publications，1982），71 – 92。

10. Clark, *Energy and the Federal Government*, 11. 有关 1890 年代初圣路易斯可用
　　煤炭类型的讨论，参见 "Smoke Prevention"（1892），299 – 303。

11. United States Geological Survey, *Mineral Resources*, *1910*（1911），33. 当宾夕法
　　尼亚的石油、天然气产量与煤炭产量相加时，该州在能源生产方面的领导地
　　位就更加清晰了。1910 年，煤炭产量仅次于宾夕法尼亚的州依次为西弗吉尼
　　亚州（12.3%）、伊利诺伊州（9.1%）、俄亥俄州（6.8%）和印第安纳州
　　（3.7%）。

12. 虽然有些煤炭确实在国内运输了相当远的距离，但是运输煤炭的费用使这种
　　燃料的进出口量相当低。例如，1899 年，煤炭进口仅占当年总产量的 0.5%，
　　同年的出口仅相当于产量的 2.5%。这些非常低的数字代表了这一时期的情
　　况，至少在 1910 年代末之前是这样，当时出口略有增长。因此，虽然消费和
　　生产的衡量是有差异的，两者之间的区别是重要的，但是鉴于美国在国际煤
　　炭贸易中的参与有限，就我们的目的而言，可以将产量作为消费量的粗略估
　　计，反之亦然 ［U. S. G. S.，*Mineral Resources*, *1899*（1900），361 – 62］。

13. U. S. G. S.，*Mineral Resources*, *1910*（1911），78.

14. 同上。1901 年，威廉·布莱恩（William Bryan）估计在圣路易斯那些使用波
　　卡洪塔斯煤炭的人将花费 0.24 美元去蒸发 1000 磅的水，而那些使用便宜得多
　　的橄榄山煤炭的人花费不到 0.11 美元去做同样的工作 ［Bryan, "Smoke
　　Abatement in St. Louis," *Journal of the Association of Engineering Societies* 27
　　（1901）：221］。

15. Sam H. Schurr and Bruce C. Netschert, *Energy in the American Economy*, *1850 –*
　　1975（Baltimore：Johns Hopkins University Press，1960）36，85 – 108. 另见
　　Joseph A. Pratt， "The Ascent of Oil：The Transition from Coal to Oil in Early
　　Twentieth-Century America," in *Energy Transitions：Long-Term Perspective*,

ed. Lewis J. Perelman（Boulder：West-view Press，1981）。

16. Sam H. Schurr and Bruce C. Netschert，*Energy in the American Economy*，*1850 –1975*，36，125 – 39. 另见 John H. Herbert，*Clean*，*Cheap Heat*：*The Development of Residential Markets for Natural Gas in the United States*（New York：Praeger，1992）。

17. Sam H. Schurr and Bruce C. Netschert，*Energy in the American Economy*，*1850 –1975*，36，45 – 57.

18. Alfred D. Chandler，"Anthracite Coal and the Beginnings of the Industrial Revolution in the United States," *Business History Review* 46（1972）：141 – 81；Martin Melosi，"Energy Transitions in the Nineteenth-Century Economy," in *Energy and Transport*，ed. Daniels and Rose；William F. M. Goss，"Smoke Responsibility Cannot Be Individualized," *Steel and Iron* 49，pt. 1（1915）：224. 煤炭不仅有助于城市的发展，而且在很大程度上决定了那些美国最成功的城镇的位置。矿石从北密歇根和明尼苏达远道而来，人们从遥远的俄罗斯和波兰而来，在宾夕法尼亚西部燃烧煤炭。

19. D. T. Randall，"The Government Fuel Investigation and the Smoke Problem," *Power and the Engineer* 29（1908）：101；Melosi，*Coping with Abundance*，33.

20. Sam H. Schurr and Bruce C. Netschert，*Energy in the American Economy*，*1850 –1975*，508；"The Smoke Nuisance," *Medical Record* 69（1906）：392；"Smoke，Dust and Gas," *The Sanitarian* 46（1900）：188 – 89. 东部城市的一些煤炭消费者之所以抵制改用烟煤，主要有几个原因。首先，无烟煤是一种更高效的燃料，尽管它每吨的成本更高，但是它实际上可以比成本更低的竞争对手做更多的工作。其次，即使在软煤具有经济意义的时候，公众对于煤炭产生的新的烟雾的压力也促使一些行业坚持使用价格更高的无烟煤。1897 年，费城鲍德温机车工厂的萨缪尔·沃克林（Samuel Vauclain）表达了对公司改用软煤的不满。他说："很明显，继续使用软煤不仅会引起我们近邻的抗议，也会引起市政官员们（city fathers）的反对。"他的公司找到了一个可行的折中办法，开始使用软煤和硬煤的混合物来减少烟尘排放，并节省公司的燃料开支［*Journal of the Franklin Institute* 143（1897）：419］。

21. "The World's Coal Production," *Iron Age* 94（1914）：1085；William Jasper

Nicolls, *The Story of American Coals* (Philadelphia: Lippincott, 1897), 388. 1899 年，美国煤矿的产量首次超过英国，当时美国生产量接近 2.54 亿吨，英国生产量不到 2.47 亿吨。自 1871 年以来，美国的产量超过德国，使美国在超过英国之前的 28 年里成为世界第二大煤炭生产国 [U. S. G. S., *Mineral Resources, 1901* (1902), 310 – 13]。另见 Edward Atkinson, "Coal Is King," *Century Magazine* 55 (1898): 828 – 30。

22. Henry Obermeyer, *Stop That Smoke*! (New York: Harper & Brothers, 1933), 9 – 10.

23. Chester G. Gilbert, "Coal Products," *United States National Museum Bulletin* 102, pt. 1 (1917): 3; Chester G. Gilbert and Joseph E. Pogue, "Power: Its Significance and Needs," *National Museum Bulletin* 102 (1917): 7; Charles Barnard, "Rocks as Civilizers," *The Chautauquan* 7 (1887): 269; Gifford Pinchot, *The Fight for Conservation* (New York: Doubleday, Page, 1910), 43. 俄亥俄州立大学采矿工程教授弗兰克·雷 (Frank Ray) 也认为煤炭的重要性无论怎样估计都不过分。"它是现代文明之父。"他写道 (Ray, "The Ohio Coal Supply and Its Exhaustion," Ohio State University Engineering Experiment Station *Bulletin* No. 12, 1914)。

24. Robert W. Bruere, *The Coming of Coal* (New York: Association Press, 1922), 2, 10 – 12.

25. Birmingham *Age-Herald*, 1913 年 1 月 30 日，2 月 1 日。

26. Chicago *Record-Herald*, 1909 年 4 月 26 日; Booth Tarkington, *Growth* (New York: Doubleday, Page, 1927), 319 – 20. 《骚动》最初以连载的形式于 1914 年底和 1915 年初发表在《哈珀周刊》上，后在 1927 年与《宏伟的安伯森大道和国家大道》(*The Magnificent Ambersons and National Avenue*) 一起刊出，而成为更大的《发展》(*Growth*) 的一部分。

27. William M. Barr, "The Smoke Nuisance," *Journal of the Association of Engineering Societies* 1 (1882): 401.

28. New York *Tribune*, 1902 年 6 月 14 日; New York *Sun*, 1902 年 6 月 10 日; New York *Times*, 1902 年 6 月 4 日、15 日。

29. New York *Times*, 1902 年 6 月 11 日; New York *Tribune*, 1902 年 6 月 14 日。纽约并不是唯一一个受罢工影响如此严重的城市。所有严重依赖无烟煤的东部

198

城市，燃料成本都大幅上涨。其他城市也产生了浓烟。在华盛顿特区，由于无烟煤的缺乏，有关部门无法执行一部强有力的反烟法。到 9 月底，华盛顿纪念碑由于缺乏煤炭来操作电梯而被迫关闭（New York *Times*，1902 年 9 月 22 日、24 日）。

30. New York *Times*，1902 年 6 月 15 日；New York *Tribune*，1902 年 6 月 5 日。

31. New York *Times*，1902 年 5 月 22 日；New York *Tribune*，1902 年 6 月 4 日。

32. New York *Times*，1902 年 5 月 19 日，12 月 12 日。

33. New York *Tribune*，1902 年 5 月 28 日；New York *Times*，1902 年 6 月 14 日、27 日。

34. New York *Tribune*，1902 年 6 月 10 日。这篇文章以 "城市被浓烟笼罩" 为标题，宣布自从罢工开始，特拉华、拉克瓦纳和西部铁路公司（Delaware, Lackawana, and Western Railroad）就没有出售过无烟煤。其他资料参见 New York *Tribune*，1902 年 5 月 24 日；New York *Times*，1902 年 7 月 25 日，8 月 15 日，9 月 27 日，10 月 9 日。

35. *The Nation* 75（October 16，1902）：298；New York *Times*，1902 年 10 月 16 日。1902 年 11 月 15 日，当无烟煤的价格降至每吨 6.50 美元时，纽约恢复执行《烟尘条例》（New York *Times*，1902 年 11 月 15 日）。

36. New York *Tribune* 在 1902 年 6 月 8 日的标题文章中提到了纽约市的 "黑幕"（black shroud）。

37. Peter Brimblecombe，"Attitudes and Responses towards Air Pollution in Medieval England," *Journal of the Air Pollution Control Association* 26（October 1976）：941 – 45；New York *Tribune*，14 June 1902. *Scientific American* 还发表了一篇关于如何高效燃烧烟煤的简短入门文章，其中包括中西部软煤城市长期以来知晓的常识信息［*Scientific American* 87（1902）：182］。

38. New York *Times*，1902 年 9 月 30 日。

39. 1913 年 11 月 13 日，New York *Times* 援引曼哈顿区长马库斯·M. 马克斯（Marcus M. Marks）的话。关于对进步主义时期几十年中环境问题的评论，参见 Martin Melosi，ed.，*Pollution and Reform in American Cities，1870 – 1930*（Austin：University of Texas Press，1980）。

40. 在 19、20 世纪之交前后几十年里，文明的概念在公共话语中引起了相当大的关注，特别是在环境问题方面。作家玛莎·本斯利·布鲁尔（Martha Bensley Bruere）在一篇关于烟雾的文章中提到了"我们的半文明阶段"。据布鲁尔说，烟雾是这个国家遭受的一种疾病，只有完全治愈，才能把美国提升到一个更高的文明水平［"A Cure for Smoke-Sick Cities，" *Collier's* 174（1924 年 11 月 1日），28］。政治经济学家西蒙·帕藤（Simon Patten）详细讨论了更高文明的要求，不仅关注贫困的消除，也关注人类环境的改善。在帕藤对更高文明的构想中，"所有的水都会像泉水一样纯净，城市里的光和空气会像山里一样清澈，街道也会像家里一样干净、安全和真实"［*The New Basis of Civilization*（New York：Macmillan，1907），196］。

第二章　　地狱是一个城市：生活在烟雾中

1. 关于对 19 世纪美国城市环境的描述，参见 Martin Melosi，ed.，*Pollution and Reform in American Cities，1870 – 1930*（Austin：University of Texas Press，1980），3 – 23；Melosi，*Garbage in the Cities*（College Station：Texas A & M Press，1981），16 – 20。有关对 19 世纪最后几十年城市的一般描述，参见 Sam Bass Warner Jr.，*The Urban Wilderness*（New York：Harper & Row，1972），85 – 112。

2. Waldo Frank，*Our America*（New York：Boni & Liveright，1919），117. 想要了解有关外界对芝加哥烟雾印象的长篇讨论，参见 William Cronon，*Nature's Metropolis*（New York：W. W. Norton，1991），"Prologue：Cloud over Chicago，"5 – 19。

3. 弗兰基派妮·苏特（Frangipani Soot）写给编辑的信，Milwaukee *Sentinel*，1888年 10 月 28 日。苏格兰作家威廉·阿切尔（William Archer）在 1900 年的一次访问中，把芝加哥的烟雾比作雷雨云。参见 Bessie Pierce，ed.，*As Others See Chicago*（Chicago：University of Chicago Press，1933），408 – 11。

4. New York *Tribune*，1899 年 4 月 24 日，1898 年 12 月 13 日，1899 年 4 月 27 日。

5. "Pittsburgh's Smoke Abatement Exhibit，" *Survey* 31（1913）：1。圣路易斯还在梅隆研究所的鼓励下进行了一项烟尘沉降研究。这项研究由华盛顿大学的教师指导，并获得了烟雾减排妇女组织的资助。该研究收集了 1916 年 4 月至 1917 年 3月期间该市 12 个地点的烟灰。研究显示，当年圣路易斯平均每平方英里降下812 吨烟灰，整座城市总计为 49870 吨［Ernest L. Ohle and Leroy McMaster，

199

"Soot-Fall Studies in Saint Louis," *Washington University Studies* 5, pt. 1 (1917): 7]。

6. 辛辛那提的烟尘下降统计数据先于公民名录刊登在 *Williams' Cincinnati Directory* 关于城市的简要描述中，显示了该市烟雾问题的严重性 [*Williams' Cincinnati Directory* (1916), 12-13]。美国许多烟雾弥漫的城市都坐落在河谷中，它们临近的郊区位于周围的山丘上。匹兹堡、辛辛那提、圣路易斯、克利夫兰以及密尔沃基（某种程度上），都符合这种描述。

7. 参见 Martin Melosi, *Coping with Abundance* (Philadelphia: Temple University Press, 1985), 32。逆温加剧了许多城市的烟雾问题，包括盐湖城和比特（Butte）。在这些城市，由于冶炼厂的大量存在，空气污染呈现出一种更具毒性的特征。伦敦因其被称为"雾"的逆温现象而闻名于世，这些雾有时会变得非常浓密，甚至致命。在 20 世纪早期，这些致命的烟雾有了一个新的名字——"雾霾"（smogs）。伦敦最致命的雾霾发生在 1873 年、1880 年、1892 年和 1952 年。参见 Eric Ashby and Mary Anderson, *The Politics of Clean Air* (New York: Oxford University Press, 1981) 以及 Peter Brimblecombe, *The Big Smoke* (New York: Methuen, 1987)。引自 James Parton, "Pittsburgh," *Atlantic Monthly* 21 (1868): 21。

8. 烟雾的定义本身就包含了"可见"（visible）这个词，而且在大多数情况下，城市居民只关心烟囱排放出的可见部分。城市条例依赖于"浓密"或"黑色"这两个词来描述被禁止的排放物。评论人士最常提到的是空气污染和烟尘的不透明性质，后者是排放在空气中的可见部分。然而，这并不意味着城市居民不了解排放的复杂组成。反烟积极分子还评论了煤烟中硫的负面影响，尤其是对植物和建筑表面的影响。此外，在 19、20 世纪之交的工业城市里，烟雾本身并不是唯一的空气污染。在这些城市里，各种排放和废气几乎没有受到任何监管。1907 年，俄亥俄州扬斯敦的阿莫斯·普莱斯（Amos Price）发表了关于克利夫兰之行的评论，这暗示了空气污染问题的严重性："我去过克利夫兰，去过当地的百老汇和伊利铁路。在这些地方，油罐中的原油一度与烟雾混合在一起，复合成足够大的、能够感觉到的块状物。除了近距离的观察以外，这是唯一能在黑暗的空气中进行辨认的方法。" [*Power* 27 (1907), 120]

冶炼厂附近的居民很清楚，这些烟囱排放的不仅仅是未燃尽的碳。与大多数煤火不同，冶炼厂的炉火释放出剧毒气体和砷颗粒。在拥有大型冶炼厂的城市，如蒙大拿的比特，空气污染的影响是毁灭性的。尽管如此，在美国大多数城市，清洁城市空气的努力集中在可见的排放，即未燃尽的碳。有关控制冶炼厂烟雾行动的研究，参见 Donald MacMillan，"A History of the Struggle to Abate Air Pollution from Copper Smelters of the Far West, 1885 – 1933"（Ph. D. diss.，University of Montana，1973）。

9. Cincinnati Board of Health，*Annual Report*（1886），55，19. 参见 David Stradling，"The Price of Blue Skies: The Anti-Smoke Movement in Cincinnati, 1868 – 1916"（Master's thesis, University of Wisconsin-Madison，1991）。对于烟雾之于健康影响的认识程度，参见 Oskar Klotz and William Charles White，eds.，"Papers on the Influence of Smoke on Health," *Mellon Institute Smoke Investigation Bulletin No. 9*（1914）。梅隆研究所的研究清楚地表明了烟雾对人体肺炎和其他呼吸道疾病的影响。在这一时期，美国人主要依靠英国和德国流行病学家的研究，获取有关烟雾和煤烟对健康影响的数据。

201

10. Chicago *Record-Herald*，1911 年 4 月 18 日，1905 年 12 月 21 日；Cleveland Chamber of Commerce，"Report of the Municipal Committee on the Smoke Nuisance"（1907）；Willian H. Wilson，*The City Beautiful Movement*（Baltimore: Johns Hopkins University Press，1989），多处。有关烟雾在城市美化规划理念中作用的讨论，参见 John O'Connor，"The City Beautiful and Smoke," *Pittsburgh Bulletin* 65，no. 4（1912）: 9。城市的美化规划通常围绕着一个中心思想: 城市的风景应该是令人印象深刻的，既宏伟又美丽。显然，烟雾很容易破坏这些规划。

11. 1904 年，Chicago *Record-Herald* 对该市新联邦大楼的迅速污损表示惋惜。"但愿不久的将来，人们能够用肥皂和水擦洗联邦大厦，使得大理石保持足够长时间的白色，以回报公众为如此大规模的清洗所付出的劳动和费用。"（*Record-Herald*，1904 年 9 月 21 日）关于城市中心和白城理想的讨论，参见 John O'Connor，"The City Beautiful and Smoke," *Pittsburgh Bulletin* 65（1912）: 9。有关白城的详细描述，参见 David F. Burg，*Chicago's White City of 1893*（Lexington: University of Kentucky Press，1976）。

12. J. E. Wallace Wallin，"Psychological Aspects of the Problem of Atmospheric

Pollution," *Mellon Institute Smoke Investigation Bulletin No. 3* （1913）：36；"Art in War on Smoke," Chicago *Record-Herald*，17 July 1908. 卫生官员对阳光问题给予了相当大的关注，他们常常将贫民窟的许多问题归咎于公寓内有限的光线。地下室公寓作为肮脏、疾病和堕落的温床而受到特别的重视。卫生工程师查尔斯·F. 温盖特（Charles F. Wingate）甚至宣称"光线不足通常以丑陋、佝偻病和畸形为特征，且在任何气候条件下都是淋巴结核和肺病的致病原因"［*Sanitary News* 14（1889）：55］。要了解贫民窟地下室公寓的条件，参见Benjamin Flower，*Civilization's Inferno*（Boston：Arena，1893）。

13. Herbert H. Kimball， "The Meteorological Aspect of the Smoke Problem," *Mellon Institute Smoke Investigation Bulletin No. 5*（1913）：48. 政府刊物 *Monthly Weather Review* 42（1914）：29 – 35 也刊登了 Kimball 工作的节略介绍。

14. Svante Arrhenius， "The Influence of the Carbonic Acid in the Air upon the Temperature of the Ground," *Philosophical Magazine* 41（1896）：237 – 76；Charles Richard Van Hise， *The Conservation of Natural Resources*（New York：Macmillan，1924；orig. pub. 1910），33； "The Increasing Temperature of the World," *Scientific American* 107（1912）：99. 在阿伦尼乌斯（Arrhenius）宣布发现的 10 年之前，一位德国化学家克莱门斯·温克勒（Clemens Winkler）写了一篇题为"煤炭燃烧对我们大气的影响"的文章，其中温克勒问道，"现代工业生产的如此大量的碳酸，有可能不能被植物消耗，而是逐渐积聚在地球大气层中吗？"虽然温克勒承认他不知道答案，但是他相信人类缺乏影响这种宇宙力量的力量［*Open Court* 1（1887）：197 – 99］。

15. Civic League of St. Louis， "The Smoke Nuisance"（1906），5 – 6； "They Live in the Shadow of a Miniature, but Active Volcano," *Cleveland Press*，1905 年 1 月 6日。在梅隆研究所对匹兹堡烟雾问题的初步调查中，烟雾对植被的影响引起了足够多的关注，足以用一本书的内容来分析这个问题。参见 J. F. Clevenger， "The Effect of Soot in Smoke on Vegetation," *Mellon Institute Smoke Investigation Bulletin No. 7*（1913）。

16. Paul Boyer， *Urban Masses and Moral Order in America*（Cambridge：Harvard University Press，1978），220 – 51. 与进步主义改革者一样，博耶（Boyer）最关心的是肮脏的城市环境对下层社会道德的影响。斯坦利·舒尔茨（Stanley

Schultz）还讨论了 19 世纪发展起来的 "道德环境主义" ［*Constructing Urban Culture*（Philadelphia：Temple University Press，1989），112 – 14］。亚瑟·达德利·温顿（Arthur Dudley Vinton）的 "Morality and Environment" 对积极的环境主义进行了简明扼要的总结。在描述一个在纽约市贫民窟长大的孩子时，温顿总结道，"他别无选择，只能变得邪恶"，这归因于他所处的环境 ［*Arena* 3（1891），567 – 77］。其余引文均来自 Wallin，"Psychological Aspects of the Problem of Atmospheric Pollution," 32；Charles A. L. Reed，"An Address on the Smoke Problem"（1905），3；"Smoke Causes Crime," Cincinnati *Times-Star*，1907 年 9 月 23 日。纳尔逊依靠新罕布什尔州 W. T. 塔尔博特（W. T. Talbot）博士的工作，得出了烟雾与犯罪之间存在关系的结论。

17. "Women Complain of Smoke Evil," Milwaukee *Sentinel*，1903 年 11 月 10 日。许多 19 世纪的作家详细讨论了美丽、健康、清洁和道德之间的关系。以查理斯·罗瑞·布理斯（Charles Loring Brace）为例，参见 *The Dangerous Classes of New York and Twenty Years' Work among Them*（New York：Wynkoop & Hallenbeck，1872），esp. 56 – 69。

18. "Millions Spent in Cleaning Dirt from Buildings," Chicago *Tribune*，1913 年 5 月 20 日。*Tribune* 特别关注新建筑的状况："看到闪闪发光的白色墙壁很快就被灰色和黏稠的涂层覆盖，让人难以想象自己的支气管和肺的状况，而这些气管和肺部不可能镶上釉面陶土。"梅隆研究所烟雾问题的首席研究员雷蒙德·本纳（Raymond Benner）发表了一篇专门研究这一问题的论文："Papers on the Effect of Smoke on Building Materials," *Mellon Institute Smoke Investigation Bulletin No. 6*（1913）。

19. *National Municipal Review* 6（1917）：591 – 98。詹姆斯·帕顿（James Parton）在 1868 年一篇关于匹兹堡的文章中详细描述了这座城市的烟雾。他写道："所有精致艳丽的服装都被大气的状态所禁止"，"精致的室内装饰也同样如此" ［*Atlantic Monthly* 21（1868）：19］。

20. "The Smoke Nuisance：Report of the Smoke Abatement Committee," Civic League of St. Louis（1906），4 – 5.

21. 奥康纳（O'Connor）利用匹兹堡公司的报告，估计该市 30% 的人造光是由烟雾造成的非自然黑暗耗费的。奥康纳还指出烟雾不仅增加了对人造光的需求，

203

而且污染了保护灯具的球罩和灯罩，从而降低了其效率［John J. O'Connor Jr.，"The Economic Cost of the Smoke Nuisance to Pittsburgh," *Mellon Institute Smoke Investigation Bulletin No. 4* (1913)，31］。

22. 同上。关于城市环境问题在郊区发展中所起的作用，参见 Mark Rose，"'There Is Less Smoke in the District,'" *Journal of the West* 25，no. 2 (1986)：44 – 54。到 1910 年代末，关于铁路附近土地价值的一般性陈述有一个例外：由于大中央车站和为该地区服务的高架铁路的电气化，曼哈顿中心区的烟雾已大大减少。参见 Kurt C. Schlichting，"Grand Central Terminal and the City Beautiful in New York," *Journal of Urban History* 22 (1996)：332 – 49。

23. O'Connor，"The Economic Cost," 40 – 41.

24. "Smoke Cost Fabulous," Chicago *Record-Herald*，1909 年 11 月 18 日。威尔逊在辛辛那提举行的美国公民协会会议上透露了他的估计。

25. 1909 年，克利夫兰的年度估算假设全职工作、非农业工人的平均收入是 594 美元，非熟练工人的平均周薪不足 11 美元。当然，商会得出的单个家庭损费并没有反映损害之间的实际差异。由于工薪阶层家庭往往生活在城市烟雾弥漫的地区，他们无疑比生活在相对清洁社区的富裕家庭付出了更大的代价。Paul H. Douglas，*Real Wages in the United States*，*1890 – 1926* (New York：Houghton Mifflin，1930)，177，391.

26. 虽然这一估计数字在 1909 年还不到国民生产总值的 2%，但是这一损费并没有在全国平均分配，而主要是由那些生活在消耗大量软煤的城市里的人承担。引自克利夫兰商会，"Report of the Committee on Smoke Prevention" (1909)，4 – 10；*Industrial World* 45，pt. 2 (1911)：1321；O'Connor，"The Economic Cost," 8 – 10；Chicago *Record-Herald*，1909 年 11 月 18 日。这些关于城市烟雾成本的估算被广泛发表。例如，参见 *Outlook* 93 (1909)：6。*The Iron Age*，*Power*，*Industrial World* 和其他行业杂志对烟雾问题的经济和工程方面给予了特别密切的关注。有关工资统计，参见 United States Bureau of the Census，*Historical Statistics of the United States Colonial Times to 1957* (1960)。

27. 这些估计可能被称为保守估计，因为它们未能加上烟雾的健康成本，而这是真实和可观的。这些估算都没有讨论工作时间的减少、工作寿命的缩短以及住院或医生费用的数额。梅隆研究所的 C. W. A. 韦德茨（C. W. A. Veditz）在试图确定匹兹堡的烟雾成本时，联系了芝加哥的伯德（Bird）和辛辛那提的爱德华·杰罗姆（Edward Jerome）。杰罗姆指出，还没有进行任何确定烟雾在辛辛那提实际成本的研究。韦德茨回答说："迄今已公布的所有数字，包括烟雾造成的经济损失，都只是猜测，往往是模糊和不确定的。"韦德茨担心缺乏对烟雾成本的科学研究，会限制这些数字对公众的影响。参见 Jerome 致 Veditz，1912 年 3 月 19 日；Veditz 致 Jerome，1912 年 3 月 22 日，Smoke Investigation Activities MSS，series 1，folder 21，University of Pittsburgh Library。

28. *Sanitary News* 18（1891）：202.

29. New York *Tribune*，1898 年 12 月 11 日，1893 年 12 月 8 日；Chicago *Record-Herald*，1907 年 4 月 13 日。

30. Wallin，"Psychological Aspects of the Problem of Pollution，" 8 - 9. 沃林对他关于烟雾和心理健康的主张非常坚定，但是他的观点并不是最极端的。同年，美国公共卫生局的 J. B. 史丹纳（J. B. Stoner）写道，"生活在少光阴暗的家中，穿着暗色衣服的妇女也容易动怒，她们会责骂和鞭打孩子，用刻薄的语言问候丈夫"［*Military Surgeon* 32（1913）：373］。早在 1882 年，伦敦的一位内科医生就把烟雾与"一般性抑郁症"联系在一起。在进步主义时期的几十年里，这种联系仍然是假定的，被偶尔提及的 ［*Sanitary News* 1（1882 年 12 月 15 日）：38］。

31. Upton Sinclair，*The Jungle*（New York：Signet New American Library，1960；orig. pub. 1906），29 - 30，34.

32. 具有讽刺意味的是，马歇尔·菲尔德公司本身也因为在 1891 年违反了烟雾条例而受到攻击。马歇尔·菲尔德公司并不是唯一一个对烟雾污染表示深切关注的烟雾制造者。在一个如此依赖煤炭的国家，很少有城市居民声称自己在烟雾的产生中是无辜的。参见 *Marshall Field & Company v. City of Chicago* 44 Ill App 410（1892）。

33. "The Smoke Testimony of One Week，" Chicago *Record-Herald*，1907 年 2 月 25 日。同年晚些时候，布雷肯里奇在一份经常被引用的报告中发表了他的研究成果："How to Burn Illinois Coal without Smoke，" *University of Illinois Engineering Experiment Station*，Bulletin No. 15（1907 年 8 月）。

34. "The Atmospheric Crisis with which Civilization Is Threatened，" *Current Literature*

43 (1907)：331. 如要了解在垃圾、污水处理及供水方面取得的成功，参见 Melosi，ed.，*Pollution and Reform in American Cities*。

35. 参见 Nelson Blake，*Water for the Cities*（Syracuse：Syracuse University Press，1956），144 – 71，提供了关于克罗敦高架渠（Croton Aqueduct）建筑的描述。参见 Louis P. Cain，*Sanitation Strategy for a Lakefront Metropolis*（Dekalb：Northern Illinois University Press，1978），说明了为保持芝加哥供水的纯净所做的广泛努力。

36. 例如参见 Robert C. Benner，"Why Smoke Is an Industrial Nuisance，" *Iron Age* 91（1913）：135 – 38。尽管工业也造成了一些严重的水污染问题，但是在第一次世界大战前的几十年里，城市居民对家庭水污染的其他原因表达了更大的担忧。长期以来，卫生官员将污水与疾病联系在一起，但是工业废料对健康的影响却不那么为人所知。在广域水体中稀释工业污染物，即把未经处理的废物倾倒进水道，仍是第一次世界大战期间主要的处理方法。参见 Craig Colton，"Creating a Toxic Landscape，" *Environmental History Review* 18（1994）：86 – 88；以及 Joel Tarr，"Industrial Wastes，Water Pollution，and Public Health，1876 – 1962，" in *The Search for the Ultimate Sink*（Akron：University of Akron Press，1996），354 – 84。

当工业水污染确实引发了公众的救灾要求时，强大的工业部门却从无能或无所作为的地方政府手中摆脱了有效的控制。因此，在 1920 年代以前，与工业有关的水污染问题几乎没有得到有效的监管。与此同时，城市污水处理问题在改善公共卫生的斗争中引起了相当大的市政关注。参见 Andrew Hurley，"Creating Ecological Wastelands，" *Journal of Urban History* 20（1994）：349 – 60。随着化学和石油工业的发展，工业水污染问题在第一次世界大战间和之后几十年间有所增加，但是对水域中人类废物的关注仍然超过了对工业废物的关注。安德鲁·赫尔利（Andrew Hurley）讲述了芝加哥在 1943 年为使密歇根湖免于巨大的加里工厂（Gary Works）污染而做出的努力，这一事件最终达成一项协议，要求该厂处理其人类废物，而不是工业废物，后者继续被倾倒到湖中和卡鲁梅特河（Grand Calumet River）中。参见 Hurley，*Environmental Inequalities*（Chapel Hill：University of North Carolina Press，1995），42 – 43。

37. 有关 1832 年、1849 年和 1866 年霍乱流行的讨论，参见 Charles Rosenberg，*The*

Cholera Years（Chicago：University of Chicago Press，1962）。城市在试图解决供水问题的同时，面临着另一种危机：火灾。1835 年，纽约市的一场大火最终迫使修筑克罗敦高架渠（Blake，*Water for the Cities*，143）。

38. 伦敦的情况并非如此。19 世纪，偶尔发生的强烈烟雾（雾霾）导致了成千上万的伦敦人死亡。参见 Ashby and Anderson，*The Politics of Clean Air*。1948 年，宾夕法尼亚州的多诺拉也经历了一场致命的烟雾。参见 Lynne Page Snyder，"'The Death-Dealing Smog over Donora，Pennsylvania，'" *Environmental History Review* 18（1994）：117－39。

39. "Smoke a Sanitary，Not Only an Esthetic Nuisance," *American Medicine* 3（1902）：800.

第三章　空气中的麻烦：运动开始

1. Letter to the Editor，Pittsburgh *Gazette*，1823 年 11 月 7 日；"Pittsburgh," *Atlantic Monthly* 21（1868）：18。威拉德·格雷泽援引内容参见 Charles Glaab，*The American City：A Documentary History*（Homewood：Dorsey Press，1963），236。关于匹兹堡的其他早期描述，参见 John Duffy，"Smoke，Smog，and Health in Early Pittsburgh," *Western Pennsylvania Historical Magazine* 45（1962）：93－106。

2. Cleveland *Daily Leader*，1869 年 5 月 7 日，1871 年 10 月 26 日。

3. 关于 1890 年代之前反烟活动的有限性，参见 Lucius Cannon，*Smoke Abatement*（St. Louis：St. Louis Public Library，1924），210－11，231－32；John O'Connor，"The History of the Smoke Nuisance and of Smoke Abatement in Pittsburgh," *Industrial World* 47，pt. 1（1913）：353－54。

4. 1869 年，匹兹堡还特别禁止在市区内建造炼焦炉。不过，该市似乎没有强制执行这一规定，因为在 19 世纪后期，100 多台炼焦炉仍在城市内运行［Joel A. Tarr，"Searching for a 'Sink' for an Industrial Waste：Iron-Making Fuels and the Environment," *Environmental History Review* 18（1994）：15］。

5. Augustus A. Straub，"Some Engineering Phases of Pittsburgh's Smoke Problem," *Mellon Institute Smoke Investigation Bulletin No. 8*（1914），12. 辛辛那提的烟雾检查员爱德华·杰罗姆讲述了 1915 年辛辛那提第一部反烟法失败的故事，参见 "Proceedings of the Tenth Annual Convention of the International Association for the

Prevention of Smoke" (Cincinnati, 1915), 36。有关该条例的讨论，参见 City of Cincinnati, *Annual Reports of the Departments*, *1881*, 668 – 69。有关芝加哥 1881 年法令的司法支持情况，参见 *Harmon v. City of Chicago*, 110 Ill. 400 (1884); *Marshall Field & Company v. City of Chicago*, 44 Ill. App. 410 (1892)。有关对芝加哥最早减烟努力的描述，参见 Christine Meisner Rosen, "Businessmen against Pollution in Late-Nineteenth-Century Chicago," *Business History Review* 69 (1995): 351 – 97。

6. Milwaukee *Daily Sentinel*, 1879 年 10 月 11 日；1880 年 11 月 6 日、13 日、16 日 以及 12 月 29 日；1881 年 1 月 26 日。

7. *Huckenstine's Appeal*, 70 PA 107 (1871). 有关烟雾公害法的概述，参见 H. G. Wood, *A Practical Treatise on the Law of Nuisances in Their Various Forms* (Albany: John D. Parsons, 1875), 470 – 514。在另一个经常被引用的宾夕法尼亚案例——*Galbraith v. Oliver* 3 Pitts. 79 (1867) 中，法院提出了一个难题，"一个人有权保留多少纯净的空气供他使用？"法院回答道，"对于他个人的健康和舒适，以及他的财产安全而言须是必需的部分"。此后，法院给出了一个更加相对的答案，以区分城市居民和农村居民。关于 19 世纪公害判例法的进一步讨论，参见 Jan G. Laitos, "Continuities from the Past Affecting Resource Use and Conservation Patterns," *Oklahoma Law Review* 28 (1975 年冬): 60 – 96; Harold W. Kennedy and Andrew O. Porter, "Air Pollution: Its Control and Abatement," *Vanderbilt Law Review* 8 (1955): 854 – 77。

8. *Campbell et al. v. Seaman*, 63 NY 577 (1876). 在本案中，法官判决原告胜诉。原告是奥尔巴尼南部郊区一处大地产的业主，要求对他家附近的一家高污染砖块制造商下达禁令。*Louisville Coffin Company v. Warren*, & c., 78 KY 403 – 4 (1880); *Rhodes v. Dunbar*, 57 PA 286 (1868). 另见 *Richard's Appeal*, 57 PA 112 (1868)。在这一案件中，宾夕法尼亚最高法院在注意到凤凰钢铁公司 (Phoenix Iron Company) 的排放确实对邻近社区的财产造成了损害后，仍然做出了有利于该公司的裁决，认为优质的铁是"一件极其重要的必需品"，因此一些损害是合理的。

9. *Appeal of the Pennsylvania Lead Company*, 96 PA 116, 127 (1880); *People v. The Detroit White Lead Works*, 82 Mich 471 (1890). 然而，仅仅因为排放的气体有

害，法院的禁令并不能保证对冶炼厂烟尘的投诉得到缓解。农村地区的冶炼厂受到相当大的法律保护。例如，在 1904 年针对田纳西铜业公司（Tennessee Copper Company）的一起案件中，田纳西州的一个法院承认公司对当地农场，尤其是对农作物和林木造成了损害，甚至对抱怨咳嗽和头痛的农妇也造成了损害。但是，尽管了解到损害情况，法院并没有对污染者发布禁令，并指出冶炼厂无法迁移到更偏远的地方。判决反问道："以赔偿的方式给予申诉人应有的充分救济，还是进一步批准他们要求淘汰两家大型采矿和制造企业的主张，以摧毁一个县一半的纳税值，并驱散超过 10000 人远离家乡？"显然，如果农村居民住在有价值的工业企业附近，法院可以剥夺他们呼吸洁净空气的权利 [Madison v. Copper Company, 113 Tenn 366（1904）]。

10. Robinson v. Baugh, 31 Mich. 290（1875）. 也见 Ross v. Butler, 19 NJ Eq. 294（1868）。并非所有阻止工业进入居民区的尝试都成功了，例如在 Adams v. Michael, 38 Md. 123（1873）中，马里兰州法院拒绝阻止"在某些有价值的住所附近"建造工厂。

11. 虽然商人俱乐部研究烟雾问题，经常为此目的成立特别委员会，但是大多数商人组织（特别是商会）只是在 19、20 世纪之交以后才积极地从事禁烟工作。工程俱乐部也研究烟雾问题，但是很少意图影响 1890 年代的公共政策。

12. John O'Connor, "The History of the Smoke Nuisance and of Smoke Abatement in Pittsburgh," Industrial World 47, pt. 1（1913）: 353 - 54; Pittsburgh: Its Commerce and Industries, and the Natural Gas Interest（Pittsburgh: George B. Hill, 1887），41; Sanitary News 18（1891）: 53, 388; Proceedings of the Engineers' Society of Western Pennsylvania 8（1892）: 22 - 49, 51 - 73, 299 - 323. 妇女组织的代表参加了 2 月和 3 月的工程师协会会议，在两次会议上都有男性代表发言。包括主席 Alfred Hunt 在内的几位成员支持这些女性反烟的论点，而其他人则坚持认为烟雾在很大程度上是必要的，而且可能对这座城市有益。妇女健康保护联盟（Women's Health Protective League）也被认定为妇女健康保护协会。

13. Suellen M. Hoy, "'Municipal Housekeeping': The Role of Women in Improving Urban Sanitation Practices, 1880 - 1917," in Pollution and Reform in American Cities, ed. Martin Melosi（Austin: University of Texas Press, 1980），173 - 98;

Hoy, *Chasing Dirt*: *The American Pursuit of Cleanliness* (New York: Oxford University Press, 1995), 72 – 86; Angela Gugliotta, "Women and Anti-Smoke Activism in Pittsburgh, 1880 – 1920" (1997 年 3 月, 在马里兰州巴尔的摩市举行的美国环境历史学会两年一度的会议上提交的论文)。关于性别在政治改革中影响的讨论, 参见 Maureen A. Flanagan, "Gender and Urban Political Reform," *American Historical Review* 95 (1990): 1032 – 50。关于妇女俱乐部的发展和市政管家的讨论, 也可参见 Karen J. Blair, *The Clubwoman as Feminist* (New York: Holmes & Meier, 1980); Marlene Stein Wortman, "Domesticating the Nineteenth-Century American City," *Prospects* 3 (1977): 531 – 72; Mrs. T. J. Bowlker, "Woman's Home-Making Function Applied to the Municipality," *American City* 6 (1912): 863 – 869; 以及 Mary Ritter Beard, *Woman's Work in Municipalities* (New York: D. Appleton, 1915), esp. 45 – 96。其他城市的妇女也成立了妇女健康保护协会。以纽约市为例, 该市妇女于 1884 年组织起来, 承诺采取行动确保卫生法规的实施, 并强制通过对那些不够完善的法律的修正案 ("Charter and By-Laws of the Ladies' Health Protective Association of the City of New York," 1885)。

14. *Proceedings of the Engineers' Society of Western Pennsylvania* 8 (1892), 31, 44 – 46. 伦德为烟雾辩护, 甚至声称肺部的碳沉积在穿过血液时净化了空气。伦德也曾对芝加哥公众的肺病发表过类似的声明。1892 年初, 当他在联盟俱乐部发表演讲时, 感叹道: "烟雾是工业祭坛上燃烧的香, 对我来说是美丽的。它表明, 人类正在把自然界的潜在力量转变为人类舒适的物品……烟雾意味着制造业, 而制造业建立了我们的城市。" Rosen, "Businessmen against Pollution in Late-Nineteenth-Century Chicago," 385 – 86.

15. O'Connor, "The History of the Smoke Nuisance," 353 – 54; Robert Dale Grinder, "From Insurgency to Efficiency: The Smoke Abatement Campaign in Pittsburgh before World War I," *Western Pennsylvania Historical Magazine* 61 (1978): 187 – 202.

16. "Smoke Prevention: Report of the Special Committee on Prevention of Smoke, Presented to Engineers' Club of St. Louis," *Journal of the Association of Engineering Societies* 11 (1892): 322 – 23; "To Stop the Smoke," St. Louis *Post-Dispatch*, 22

January 1893；Cannon，*Smoke Abatement*，212；William H. Bryan，"Smoke Abatement in St. Louis,"*Journal of the Association of Engineering Societies* 27（December，1901）：215 – 31.

17. Charles F. Olney，"My Dear Friends..."1897 或 1898 年未注明日期的演讲，Charles Fayette Olney Papers，1894 – 1898，欧柏林学院（Oberlin College）档案馆。克利夫兰 1882 年法令宣布烟雾是一种公害，并设立了烟雾检查员一职。两年来，市政府取得了一些进展，检查员帮助企业为锅炉配备了机械加煤机和蒸汽喷射器，但是在 1884 年，市政府废除了该条例［*Industrial World* 41，pt. 2（1907）：860 – 61，在卷数中表示为 X 和 XI］。查尔斯・奥尔尼通过支持一项城市规划，成为克利夫兰"城市美化运动"的积极成员，该规划将在一个宏伟的城市中心集中建设公共建筑。参见 Elroy McKendree Avery，*A History of Cleveland and Its Environs*，vol. 1（Chicago：Lewis Publishing，1918），467。关于克利夫兰减排工作法律方面的评述，参见 Cannon，*Smoke Abatement*，245 – 47。

18. 1891 年，芝加哥居民还建立了一个烟雾预防协会（Society for the Prevention of Smoke），但是目标很有限。1893 年世界博览会上，几位有公民意识的商业精英希望通过整个白城和芝加哥给世界留下深刻的印象。消灭芝加哥的烟雾成为他们改善工作的一个重要部分，因为成员们担心烟尘会阻止白城成为未来干净、有计划、健康城市的典范。这个协会只持续到 1893 年（Rosen，"Businessmen against Pollution in Late-Nineteenth-Century Chicago,"351 – 87）。也可参见 Chicago Association of Commerce，*Smoke Abatement and Electrification of Railway Terminals in Chicago*（1915），82 – 96。

19. "Women Complain of Smoke Evil," Milwaukee *Sentinel*，1903 年 11 月 10 日。

20. "Smoke Nuisance and Health," St. Louis *Post Dispatch*，1899 年 5 月 8 日；"Smoke Causes Crime," Cincinnati *Times-Star*，1907 年 9 月 23 日；*Commercial Tribune*，1908 年 12 月 25 日；Cincinnati *Post*，1909 年 12 月 14 日；"Smoke, Fog, and Health," Chicago *Record-Herald*，1904 年 4 月 7 日；Samuel W. Skinner，"Smoke Abatement"（在乐观主义者俱乐部前宣读的文章，Cincinnati，1899，19）。

21. 引自 R. Dale Grinder，"The Battle for Clean Air：The Smoke Problem in Post-Civil

War America," in *Pollution and Reform in American Cities*, ed. Melosi, 86。

22. 例如参见 Bernard J. Newman, "The Home of the Street Urchin," *National Municipal Review* 4 (1915): 587 – 93。

23. Engineers' Club of St. Louis, *Journal of the Association of Engineering Societies* 11 (1892): 322. 工程学杂志还指出，健康问题是烟雾预防研究和发展的主要动因，在深入研究更多技术问题之前，常常简短而含糊地引用健康问题。在 *Sibley Journal of Engineering* 上发表的一篇文章中，作者的关注点远远超出了他的专业领域。他得出的结论是"呼吸充满碳的大气的危险是很容易理解的"，尽管当时医学还没有确定烟雾如何或是否对健康产生显著影响〔"Smoke Prevention in Boiler Furnaces," *Sibley Journal of Engineering* 13 (1899): 310〕。

24. "Pure Air and Clear Skies," *Outlook* 61 (1899): 106 – 7; "A Note of Warning," *Outlook* 60 (1898): 898. 也可参见 "The Smoke Nuisance," *Outlook* 60 (1898): 1000。

25. Oskar Klotz and William Charles White, eds., "Papers on the Influence of Smoke on Health," *Mellon Institute Smoke Investigation Bulletin* 9 (1914): 8; *Journal of the Franklin Institute* 143 (1897): 402, 以及 144 (1897): 37。关于利用烟雾作为消毒剂的描述，参见 Charles Rosenberg, *The Cholera Years* (Chicago: University of Chicago Press, 1962)。

26. 关于烟雾消毒性的争论在冶炼城市尤其流行，例如蒙大拿州的比特，那里的医生宣称高硫排放实际上改善了公共健康。硫黄是一种众所周知的消毒剂，医生们认为熔炉的烟雾杀死了整个社区的细菌，降低了某些疾病的发病率。到 20 世纪，在冶炼城市里，将烟雾作为一种消毒剂仍是一个强有力的观点。参见 Duane Smith, *Mining America* (Lawrence: University of Kansas Press, 1987), 76 – 78; Donald MacMillan, "A History of the Struggle to Abate Air Pollution" (Ph. D. diss., University of Montana, 1973), 79 – 80。

27. *Franklin Institute* 144 (1897): 23. 在富兰克林研究所的研究中，费城卫生委员会主席威廉·福特 (William Ford) 回避了缺乏科学证据证明烟雾有害的问题。尽管列举了对烟雾的一些担忧，但是福特说："从收集到的证据来看，几乎不能合理地怀疑烟雾会对健康造成损害。"〔*Franklin Institute* 144 (1897): 31〕

28. John H. Griscom, *The Uses and Abuses of Air: Showing Its Influence in Sustaining*

Life, *and Producing Disease*（New York：J. S. Redfield，1848），多处。

29. George Derby，*An Inquiry into the Influence of Anthracite Fires upon Health*（Boston：A. Williams，1868），esp. 52，62 – 66. 有关废弃物处置"归宿地"的讨论，参见 Tarr，"Searching for a 'Sink'，" 9 – 10。

30. David Schuyler，*The New Urban Landscape*（Baltimore：Johns Hopkins University Press，1986），59 – 60；Sydney Dunham，"The Air We Breathe，" *Chautauquan* 23（1896）：145. 关心城市贫困儿童命运的人道主义者在许多大城市设立了新鲜空气基金（Fresh Air Funds），作为一种手段，至少减轻了人们所认为的贫民窟内空气的一些负面影响。这些基金，有些可以追溯到 1880 年代，允许被选中的孩子在夏天的几天里拜访农村家庭。那些支持该基金的人认为"新鲜空气"，即使是发挥几天的作用，也可能有助于这些贫困儿童的身心发展。New York's *Tribune* 在该市赞助了该基金 ［Harry W. Baehr Jr.，*The New York Tribune since the Civil War*（New York：Dodd，Mead，1936），236］。也可参见 Willard Parsons，"The Story of the Fresh-Air Fund，" *Scribner's Magazine* 9（1891）：515 – 24。

31. 1960 年代末，在改善空气质量的运动中，巴尔的故事引起了一些关注。参见 James P. Lodge，ed.，*The Smoke of London*：*Two Prophecies*（Elmsford：Maxwell Reprint Company，1969）。巴尔并不是最受欢迎的在作品中使用烟雾的欧洲小说家。反烟活动人士经常提到查尔斯·狄更斯（Charles Dickens）在 *Hard Times* 中描写的焦炭镇。狄更斯对英国的工业秩序和新英格兰令人窒息的实用主义进行了长期的批评，他通常以宏伟、离奇的方式利用烟雾，但更多的是用来描绘焦炭镇的阴郁景象："在这样的天气里，从远处看，焦炭镇笼罩在一层薄雾中，似乎得不到阳光的照射。你只知道小镇就在那里，因为你知道如果没有小镇，眼前的视野中就不会有如此阴沉的污点。一团模糊的烟灰和烟雾，时而迷糊地吹向这边，时而模糊地吹向那边……" Dickens，*Hard Times*（New York：Oxford University Press，1992；orig. pub. 1854），146.

32. 确定烟雾对健康影响的话语权只是众多领域中的一个，在这些领域中，女性逐渐将话语权让渡给了受过科学训练的医生。在 19、20 世纪之交，通过专业化、对科学的重视以及与江湖骗术的长期斗争，医生已经获得了相当大的公众声望。虽然妇女仍然与健康问题有关，特别是与儿童和家庭有关，但是训练有素的医生在公共卫生问题上已经占主导地位。参见 Judith Leavitt，*Brought to Bed*（New York：Oxford University Press，1986），本书探讨了美国的生育史，以及男性医生的科学知识对女性传统知识的主张。

211

33. "The Sanitary Bearings of Smoke Nuisance，" *Medical News* 64（1894）：51.

34. "Smoke，" *Journal of the American Medical Association* 44，pt. 2（1905）：1619.

35. 阿谢尔的研究发现在美国和欧洲有广泛的受众，甚至 *Engineering News* 也发表了有关他工作的概述［58（1907）：434 – 35］。另见 *Journal of the Royal Sanitary Institute* 28（1907）：88 – 93。阿谢尔并不是唯一一位在美国引起关注的研究烟雾的欧洲科学家。例如参见 J. B. Cohen，"The Air of Towns，" *Smithsonian Institution Annual Report*，1895，349 – 87；*Journal of the American Medical Association* 47（1906）：41。

36. *Journal of the American Medical Association* 47（1906）：385 – 86，以及 49（1907）：813 – 15。谢弗的研究结果发表在 *Boston Medical and Surgical Journal* 157（1907）：106 – 10。

37. John Wainwright，"Bituminous Coal Smoke，" *Medical Record* 74（1908）：792. 有关烟雾对健康影响的医学发现得到了大众媒体的极大关注。例如 1908 年 11 月 11 日的 Cincinnati *Times-Star* 回顾了温赖特（Wainwright）的发现。"The Value of Sunshine，" *Sanitary News* 14（1889）：70 – 71；Hollis Godfrey，"The Air of the City，" *Atlantic Monthly* 102（1908）：65.

38. 历史学家克里斯蒂·罗森（Christine Rosen）认为，1890 年代中期的大萧条是导致芝加哥早期禁烟运动失败的一个重要因素，但是她也解释了其他几个因素的作用。罗森认为芝加哥防止烟雾协会的活动得到的支持有限，因为公众仍然对这个商界精英组织持怀疑态度。许多芝加哥人对烟雾的印象仍然相当温和。然而，也许最重要的是，组织这个协会的人是以保护 1893 年世界博览会的白城为主要目标。随着世界博览会的圆满结束，毫无疑问，社会上最活跃的成员对减少烟雾失去了强烈的兴趣（Rosen，"Businessmen against Pollution in Late-Nineteenth-Century Chicago，" 380 – 85）。

39. 关于 19 世纪后期纽约市环境的描述，参见 John Duffy，*A History of Public Health in New York City，1866 – 1966*（New York：Russell Sage Foundation，1974），112 – 42。有关辛辛那提的情况，参见 Zane Miller，*Boss Cox's Cincinnati*

（Chicago：University of Chicago Press，1968），3 – 24。

40. 乐观主义者俱乐部和制造商俱乐部都组织了反烟委员会，并在 1890 年代讨论
    了烟雾公害问题，但是这两个组织都没有发起有组织的运动来改善市政法规。
    参见 *Smoke Prevention and Fuel Gas Considered by the Manufacturer's Club*
    （Cincinnati，1896）；Samuel Skinner，"Smoke Abatement"。

41. 妇女俱乐部的大多数成员住在郊区，位于市中心盆地北部的山丘上。Woman's
    Club，"Reports of the Department of Civics，1895 – 1906，" 186，188；Woman's
    Club，"Minutes of the Executive Board，1902 – ," 130 – 31，136. 妇女俱乐部的
    记录由俱乐部私人持有。

42. 里德得到全国医师的公认，担任美国医学会会长一职。在向妇女俱乐部发表
    演讲时，他还是美国医学会立法委员会的主席。里德演讲的两篇摘要发表在
    Journal of American Medical Association［44（1905）：1619 – 20；49（1907）：
    813］上，同时 *American Medicine* 重印了整篇演讲［9（1905），703］。*Medical
    Record* 也报道了里德的演讲，并指出 *St. Louis Medical Review* 发表了他的演讲
    ［*Medical Record* 67（1905）：860］。克利夫兰的烟雾检查员约翰·克劳斯
    （John Krause）在西宾夕法尼亚工程师协会的一次演讲中广泛引用了里德的话
    ［*Proceedings of the Engineers' Society of Western Pennsylvania*，24（1908）：99］。
    里德的演说也以小册子的形式分发，并保存在辛辛那提历史学会（Charles
    A. L. Reed，"An Address on the Smoke　Problem," delivered before the Woman's
    Club of Cincinnati，1905 年 4 月 24 日，1 – 4）。

43. Woman's Club，"Reports of the Department of Civics,"201，205；Woman's Club,
    "Annual Report for the Year Ending June 5，1905," 11.1905 年的年度报告中包
    括一张辛辛那提几个街区的地图，上面标出了该市许多地区不同建筑物的烟
    雾水平。随附的案文指出，无烟的烟囱可以作为烟雾能够被防止的证据。也
    可参见 Charles Reed，"The Smoke Campaign in Cincinnati," remarks made before
    the National Association of Stationary Engineers，Cincinnati，1906 年 7 月 10 日，
    6。

44. 烟雾减排联盟每年发布一份成员名单。有关辛辛那提杰出市民的简短传记，
    参见 Charles Frederick Goss，*Cincinnati：The Queen City，1788 – 1912*
    （Cincinnati，1912）。

212

45. Cincinnati *Times-Star*，1910 年 1 月 11 日。

46. 像往常一样，里德经常用"火夫"来形容那些照管火的人。

47. Reed，"The Smoke Campaign in Cincinnati," 5.

48. Editorial，New York *Times*，1905 年 4 月 27 日。第二年，巴尼指出卫生委员会的反烟活动在过去三年里大幅减少。1902 年，该市调查了 714 起案件，起诉了 57 起，但是 1905 年，这两个数字分别降至 117 起和 1 起。显然，卫生委员会已无力制止日益严重的烟雾公害（New York *Times*，1906 年 3 月 6 日）。

49. New York *Times*，1905 年 9 月 5 日，3 月 8 日、15 日，以及 1906 年 5 月 4 日、17 日；*Industrial World* 41，pt. 2（1907）：855 – 57，在卷数中用 Ⅴ-Ⅶ 表示；*Medical Record* 70（1906）：420。1906 年，至少根据首席法官的说法，大多数被判烟雾罪的人都被缓刑，其原因归于硬质煤的缺乏。参见 New York *Times*，1906 年 5 月 18 日。1906 年，纽约卫生委员会的年度报告列出了不同但相似的逮捕和定罪人数，211 人中有 165 人最终被定罪，17 人在报告发布时仍悬而未决。由于被判缓刑的人数众多，该市仅从 5 项定罪中收取了 240 美元的罚款。参见 *Annual Report*，1906，130 – 31。

50. *Industrial World* 41，pt. 2（1907）：856 – 57；Chicago *Record-Herald*，1906 年 9 月 22 日。

51. New York *Times*，1906 年 3 月 6 日，1907 年 6 月 27 日，1907 年 4 月 13 日。

52. A. A. Straub，"Some Engineering Phases of Pittsburgh's Smoke Problem," *Mellon Institute Smoke Investigation Bulletin No. 8*（1914），12. 到 1915 年，梅隆研究所收集了美国 75 个城市反烟条例的复印本。参见 "Proceedings of the Tenth Convention of the International Association for the Prevention of Smoke," Cincinnati，1915，28。

53. 负责保护费城免受公害的官员、卫生委员会主席威廉·福特也认为费城"不是一个烟雾弥漫的城市"，但是他教促在公害变得根深蒂固之前采取行动 [*Franklin Institute* 144（1897 年 7 月）：36，32]。

54. 进步主义时代政治的另外两个方面值得注意，因为它们有助于迅速扩大人们对环境改革的兴趣。首先，随着城市之间为吸引资本、劳动力和交通路线而相互争夺，城市间的竞争（虽然不是进步主义时代特有的）变得尤为激烈。为了提高城市在竞争中的地位，城市的推动者进行了大量改革，使城市对投

213

资者和劳动者更具吸引力。在这种改革主义中，烟雾减排经常起到一定作用。遍及全国的反烟运动认为纯净的空气将使他们的城市在经济增长的竞争中占有优势，不仅仅是因为空气的质量很重要，而且是因为清洁空气的努力对于城市及其居民来说很重要。正如查尔斯·里德在发起烟雾减排联盟过程中谈到辛辛那提时所问的那样，"我们是否可以说，与其他城市相比，我们更少有真正的企业、公民自豪感和公共礼仪？"（Reed，"The Smoke Campaign in Cincinnati，"8）关于城市推动者的讨论，参见 William Cronon，*Nature's Metropolis*（New York：Norton，1991），31-46。

　　其次，在进步主义时代，城市政治发生了重大变化，利益集团在城市政策的创造、表达和实施方面成为主导组织。利益集团政治的发展给社会中几个关注环境的群体带来了新的或更响亮的声音，其中包括中产阶级女性和城市推动者，他们一直在公众面前谈论烟雾减排等问题。关于组织的重要性和利益集团的发展情况，参见 Samuel Hays，*The Response to Industrialism*（Chicago：University of Chicago Press，1957），48-70。

55. "环境设施"（environmental amenities）一词来自 Samuel Hays，*Beauty，Health，and Permanence*（New York：Cambridge University Press，1987），22。参见 Martin Melosi，"Environmental Crisis in the City：The Relationship between Industrialization and Urban Pollution，"in *Pollution and Reform in American Cities*，ed. Melosi，3-31。

56. Reed，"The Smoke Campaign in Cincinnati，"4.

57. 虽然反烟的改革者很少对工业经济提出广泛的批评，而是选择零碎地解决它的许多问题，但是活动人士很清楚烟雾是一个工业问题。然而，大多数改革者选择将烟雾和其他环境问题视为个人失败的标志，而不是系统缺陷的象征。改革者们经常指责个别火夫和工程师没有能力不产生烟雾，但是他们也指责业主。1904 年，Chicago *Record-Herald* 指责几千名业主用煤烟覆盖了芝加哥200 万居民的肺。"几千人，"社论写道，"认为他们赚了一点额外的利润，而200 万人却在健康和舒适方面遭受了痛苦。"（Chicago *Record-Herald*，1904 年12 月10 日）1906 年，*Medical Record* 要求在纽约采取行动，"除非我们满足于为富有公司的贪婪而牺牲我们意大利式美丽的天空"。"The Smoke Nuisance，"*Medical Record* 69（1906）：392.

214

58. 辛辛那提的爱德华·杰罗姆是烟雾减排联盟的负责人，他只是众多观察人士中的一员，他们注意到了笼罩在世界上最文明城市上空的烟雾所固有的矛盾。"我们不是生活在世界上最开明的时代吗?"他问道。"如果是这样，让我们向自己和他人证明这一点。"(Smoke Abatement League, "Annual Report, 1911," 10)

59. "The Smoke Nuisance," *Sanitary News* 18 (1891): 129. "野蛮"引自 New York *Tribune*, 6 March 1898 的社论。地质调查局的 H. M. 威尔逊 (H. M. Wilson) 也在 1909 年宣称"这座烟雾弥漫的城市将成为野蛮的标志和遗迹" [*Outlook* 93 (1909): 6]; Cincinnati *Times Star*, 1 June 1908。威廉·T. 斯特德 (William T. Stead) 在他 1894 年的畅销书 *If Christ Came to Chicago* 中，表达了对这座城市文明状况的担忧，经常以糟糕的环境状况作为堕落的证据。烟雾威胁文明社会的论点在英国也引起了共鸣。正如阿尔弗雷德·R. 华莱士 (Alfred R. Wallace) 向他的英国同胞们恳求的那样，"我们自称是一个拥有高度文明、先进科学、伟大人性和巨额财富的民族! 我们不能让我们的人民呼吸没有污染、没有毒害的空气，这是非常可耻的!" Alfred R. Wallace, *Man's Place in the Universe* (New York: McClure, Phillips, 1903), 257.

60. 然而，这并不意味着在没有政府参与的情况下，个别污染者从未采取措施控制自己的排放。在一个重要的例子中，琼斯和劳克林钢铁公司 (Jones and Laughlin Steel Company) 于 1900 年左右建立了高大的榛木蜂巢焦炭炉，其高耸的烟囱用于驱散排放物，从而缓解了附近居民遭受的污染。Joel Tarr, "Searching for a 'Sink' for an Industrial Waste," in *The Search for the Ultimate Sink* (Akron: University of Akron Press, 1996), 385–411.

61. 关于对公民在城市环境方面合作的讨论，参见 Delos Wilcox, *The American City* (New York: Macmillan, 1904), 200–202。

第四章 大气将被管制

1. 关于在战前迅速发展的城市中公害法作用变化的讨论，参见 Stanley Schultz, *Constructing Urban Culture* (Philadelphia: Temple University Press, 1989) 42–47, 50–52。詹姆斯·威拉德·赫斯特 (James Willard Hurst) 的 *Law and the Conditions of Freedom* (Madison: University of Wisconsin Press, 1965) 对 19 世纪

法律做了简要而深刻的解释。关于公害法在 19 世纪的发展，最好的单一资料来源是 Horace Gay Wood，*A Practical Treatise on the Law of Nuisances in Their Various Forms*（Albany：John D. Parsons，1875）。

2. 市政卫生部门的年度报告一般包括一份已报告和已消除的公害的清单。这份名单摘自辛辛那提卫生委员会 1869～1899 年的 *Annual Report*，其组成在 19 世纪最后 30 年里变化不大。

3. *Journal of the Franklin Institute* 144（1897）：52 - 61. 其他城市，包括圣路易斯和匹兹堡，将执行反烟法的权力授予其他部门，如公共安全部门、公共发展部门或公共工程部门。然而，这种安排并不一定要求烟雾减排官员比卫生官员更了解烟雾的产生和预防。

4. *A Digest of the Act of Assembly Relating to and the General Ordinances of the City of Pittsburgh，from 1804 - 1908*（1909）568；Milwaukee Board of Health，*Annual Report*（1899），44；*General Ordinances and Resolutions of the City of Cincinnati in Force April，1887*（1887），269.

5. 布莱恩是美国机械工程师协会和圣路易斯工程师俱乐部的活跃成员。参见 William H. Bryan，"The Problem of Smoke Abatement，"在辛辛那提乐观主义者俱乐部发表的演说，1899 年 5 月 20 日，28。当然，布莱恩有夸大他的部门成功的动机。不过，虽然他对烟雾减少的估计可能过高，但是很明显，烟雾法的实施对圣路易斯的空气质量产生了积极的影响。另可参见 Bryan，"Smoke Abatement in St. Louis，"*Journal of the Association of Engineering Societies* 27（1901 年 12 月）：215 - 19。关于条例，参见 Lucius Cannon，*Smoke Abatement：A Study of Police Power*（St. Louis：St. Louis Public Library，1924），212。

6. 从这个意义上说，普通法对烟雾公害的处理不同于其他许多公害。例如，卫生官员可以强制财产所有人将他土地上的死水排干，而无须证明它伤害或给其他公民造成了麻烦。垃圾和异味也是如此。这些本身都是公害，法院认为它们对人类健康构成了威胁。

7. Cannon，*Smoke Abatement：A Study of Police Power*，214 - 15；St. Louis *Post-Dispatch*，1897 年 11 月 17 日。公司联合起来在法庭上挑战反烟条例并不罕见。正如海茨伯格（Heitzeberg）得到其他圣路易斯公司的支持一样，斯普林菲尔德煤气灯公司（Springfield Gas Light Company）也在 1906 年挑战了马萨诸塞州斯

普林菲尔德的法律。这家天然气公司得到了当地一家酿酒厂和两条主要铁路——纽约中央铁路及纽约、纽黑文和哈特福德铁路（New York Central and the New York，New Haven，and Hartford）的支持。*Municipal Journal and Engineer* 20（1906），583.

8. Bryan，"Smoke Abatement in St. Louis，" 28. 1899 年的法律是合宪的，因为它把烟雾和其他公害一样对待。城市有权起诉以损害邻居利益的方式使用其财产的居民。

216

9. 同上，26。

10. 关于法院挑战克利夫兰和圣保罗反烟条例的讨论，参见 Cannon，*Smoke Abatement：A Study of Police Power*，245–47，280–81。克利夫兰商会，"Report of the Committee on Smoke Prevention，1912 年 5 月 15 日，" 4；汉密尔顿县烟雾减排联盟，"Annual Report"（1911），6。关于国家对城市的控制，参见 Schultz，*Constructing Urban Culture*，66–75，以及 Jon Teaford，*The Unheralded Triumph*（Baltimore：Johns Hopkins University Press，1984），83–102。

11. *Moses v. United States*，16 D. C. App. 428（1900）. 虽然该案件涉及国会和首都地区之间的特殊关系，但是法院判决清楚地表明它与涉及各州市政管理的案件存在相关性。法院总结道："国会在哥伦比亚特区内制定影响公共和平、道德、安全、健康和舒适的法规的权力，与几个州立法机构在各自领域范围内的权力相同。"

12. *State v. Tower*，185 MO 79（1904）. 也可参见 *Glucose Refining Co. v. City of Chicago*，138 Fed 209（1905）；*Bowers v. City of Indianapolis*，169 Ind 105（1907）。

13. *Northwestern Laundry v. City of Des Moines*，239 U. S. 486，491–92（1916）. 对城市烟雾排放法规的司法批准并不意味着所有被定罪的烟雾违规者都输掉了上诉机会。例如，在纽约，纽约中央铁路公司赢得了一项上诉，理由是该市在罚款时没有考虑到技术的局限性。铁路公司成功地辩称机车第一次点燃炉火时必须冒烟。*People v. New York Central & H. R. R. R. Co.*，159 NY App. 329（1913）.

14. Chicago *Record-Herald*，1904 年 4 月 25 日以及 1904 年 10 月 4 日、10 日。有关为芝加哥烟雾管制提供司法支持的情形，参见 *Harmon v. Chicago*，110 Ill. 400（1884），以及 *Field v. Chicago*，44 Ill. App. 410（1892）。

15. Chicago *Record-Herald*，1904 年 10 月 10 日、11 日。

16. Chicago *Record-Herald*，1905 年 2 月 6 日。

17. Chicago *Record-Herald*，1905 年 2 月 15 日。

18. Chicago *Record-Herald*，1905 年 2 月 17 日以及 1905 年 5 月 24 日；*Glucose Refining Co. v. City of Chicago*，138 Fed 215（1905）。

19. New York *Times*，1906 年 1 月 9 日；Chicago *Record-Herald*，1906 年 7 月 19 日、26 日，1906 年 8 月 16 日，1906 年 9 月 13 日（引自 Schubert），1906 年 9 月 20 日、27 日。

20. Chicago *Record-Herald*，1906 年 10 月 2 日、11 月 24 日；Jacob Zeller，"The Corn Products Refining Co.，" *Moody's Magazine* 15（1913）：399 – 405。

21. Chicago *Record-Herald*，1906 年 1 月 30 日。

22. 同上。

23. "Soot? Enginemen Pay，" Chicago *Record-Herald*，1906 年 2 月 15 日。伊利诺伊中央铁路采用了一种在过去被证明成功的策略：在陪审团审判中寻求庇护。1893 年，一系列悬而未决的陪审团、小额罚款，甚至无罪释放，帮助排放烟雾者战胜了 1881 年的反烟法，摧毁了烟雾预防协会。Christine Meisner Rosen，"Businessmen against Pollution in Late-Nineteenth-Century Chicago，" *Business History Review* 69（1995）：377 – 81.

24. Chicago *Record-Herald*，1906 年 9 月 6 日。

25. 然而，铁路律师确实继续使用这种策略。1911 年，宾夕法尼亚铁路的总代理和负责人 W. H. 斯克里文（W. H. Scriven）建议他的公司的律师申请陪审团审判："我相信，我们会从陪审团那里得到更好的待遇，因为陪审团可能至少会有一两个铁路工人、煤矿工人或其他公正的人。"律师们遵照他的指示，要求对 28 个未决案件进行陪审团审判。作为回应，该市立即以总计 100 美元的罚款了结了 11 起案件，这表明在陪审团面前无法胜诉。事实证明，这座城市是如此不愿在陪审团面前受理任何案件，以至于宾夕法尼亚铁路公司在 1911 年 4 月获得了一份 125 美元的判罚，外加 43 项有待裁决的违规行为的法庭费用 [Scriven 致 Loesch，Scofield 以及 Loesch，1911 年 2 月 28 日；Loesch，Scofield 以及 Loesch 致 Scriven，1911 年 3 月 10 日、4 月 21 日，Pennsylvania Railroad MSS，box 1271，folder 16，哈格里图书馆（Hagley Library）]。

217

26. Chicago *Record-Herald*，1906 年 3 月 16 日、12 月 18 日。

27. Milwaukee，"Common Council Action on Smoke Control，1896 – 1947，" 1 – 4；Milwaukee Board of Health，*Annual Report* (1899)，44. 尽管密尔沃基法令在很多方面都很典型，但是威斯康星州的法律确保它至少具有一个特点。1911 年，威斯康星州立法机关为密尔沃基通过了一项新的授权法律，"授权"该市"在公司范围内和一英里范围内，管理和禁止向户外排放浓烟"。1914 年的立法反映了这一变化，因为密尔沃基的烟雾控制部门对城市内外的排放进行了监管。威斯康星州在法律上考虑到了烟雾跨越城市边界的情况。Bureau of Smoke Suppression，City of Milwaukee，"Smoke Suppression Ordinances" (1914)，3 – 9.

28. Pittsburgh Bureau of Smoke Regulation，*Handbook* 1918，7. 这张表上标明了 1890 年代末在巴黎开发衡量标准的马克斯·林格曼（Max Ringelmann）的名字。该表在传入美国后迅速传播开来，尤其是通过美国机械工程师协会，该协会于 1899 年底向美国介绍了该表，参见 Lester Breckenridge，"How to Burn Illinois Coal without Smoke，" *University of Illinois Engineering Experiment Station Bulletin Number 15* (1907)，11 – 13；A. S. M. E. *Transactions* 21 (1900)：97 – 99。一些城市使用了一种不同的设备来判断烟雾浓度：烟尘浊度计（umbrascope），一种装有灰色玻璃的管子。如果烟雾透过暗色的范围可见，那么烟囱就违反了条例。辛辛那提、底特律、阿克伦和其他几个城市选择了烟尘浊度计而不是林格曼图。J. F. Barkley，"Some Fundamentals of Smoke Abatement，" Bureau of Mines，*Information Circular 7090* (1939)，19 – 20.

29. New York *Times*，1911 年 9 月 5 日。关于条例，参见 *People v. New York Edison Co.* 159 NY App. 787 (1914)。这一条例在一个方面是创新性的：它将汽车尾气列为公害物质。而卫生部确实要求逮捕排放浓烟的汽车司机。

30. New York *Times*，1913 年 7 月 19 日。

31. New York *Times*，1913 年 7 月 21 日；1913 年 7 月 27 日。New York *Times* 试图挽救该市的烟雾条例，其他人则试图挽救约塞米蒂国家公园的赫奇赫查峡谷（Hetch Hetchy Valley）。7 月 21 日，支持反烟法令的社论紧接着约翰·穆尔关于"赫奇赫查入侵者"的一封冗长的信刊发在报上。之后，7 月 27 日的反烟社论紧随着罗伯特·安德伍德·约翰逊（Robert Underwood Johnson）的一封信刊发在报上，该信谴责旧金山市提出的在国家公园里面建造水坝的计划。

32. "New York Smoke Ordinance Unconstitutional," *Power* 38（1913）：174. *Power* 在 1910 年代中对烟雾问题特别感兴趣，经常发表关于防烟工程进展的报告，并发表大量关于该主题的社论。并非巧合的是，奥斯本·莫尼特曾担任该杂志的编辑。

33. *People v. New York Edison*，159 NY App. 789（1914）.

34. *Industrial World* 48，pt. 1（1914）：137. 在扬斯敦开展最初的反烟行动时，它是一个繁荣的小城，大约有 8 万居民。一些商会成员对任何监管排放的法令均表示担忧，包括共和钢铁公司（Republic Iron and Steel Company）的总裁 T. J. 布雷（T. J. Bray），他认为严格的立法将迫使一些企业关闭，因为工厂用于改进的资金有限。

35. *Industrial World* 48，pt. 1（1914）：135. 在比巴尔的摩干净的邻城——华盛顿，烟雾减排甚至也引起了人们的注意。1899 年，国会宣布浓厚的黑色或灰色烟雾是哥伦比亚特区的公害，并禁止排放，规定对污染者的罚款从 10 美元到 100 美元不等。华盛顿并不是一个主要的制造业城市，但是首都的许多居民抱怨在这座城市的许多白色外墙上，办公楼冒出的烟雾造成了严重的影响。1905 年，由于该法令在减少浓烟方面进展缓慢，西奥多·罗斯福直接向国会投诉。在他的国情咨文中，总统建议该条例"通过增加最低和最高罚款，使之更加严格；对屡次违反规定的人处以监禁；并提供补救措施，禁止持续违法者继续经营工厂"。罗斯福还建议国会在烟雾部门增加更多的检查员，以便将更多的违法者送上法庭（Cannon, *Smoke Abatement：A Study of Police Power*，285；*Congressional Record*，95th Cong. , 1st sess. , 1905，40：102）。

36. 例如，在 1913 年，卢肯斯计算出全年减少了 207 个公害，其中 71 个转向使用硬煤，另外 44 个开始通过混合硬煤和软煤的方法来减少烟雾。参见 *Annual Report of the Mayor of Philadelphia*（标题随着市长名字而不同），1905 – 1913。费城并不是唯一一个无烟燃料替代方法成为解决冒烟烟囱最常见方法的城市。例如，在大急流城，1910 年代早期烟囱性能的大部分改进涉及改用无烟煤或焦炭。*Industrial World* 47，pt. 1（1913）：147 – 48.

37. 市民俱乐部成立于 1895 年，一定程度上是妇女健康保护协会的派生组织。然而，与协会不同的是，市民俱乐部既有男性也有女性，男性在官方职位上占 219

据了优势（Angela Gugliotta，"Women and Anti-Smoke Activism in Pittsburgh，1880 – 1920，"在美国环境历史学会两年一度的会议上发表的论文，Baltimore，Md.，1971 年 3 月）。

38. 虽然商会在创建烟尘减排联盟方面发挥了重要作用，但是至少有一位杰出的成员——匹兹堡大学的约翰·奥康纳希望联盟能成为净化空气的堡垒。他写信给联盟成员、经济学教授 J. T. 霍尔兹沃思（J. T. Holdsworth），抱怨商会成员、联盟首任主席威廉·托德（William Todd）的表现。"你很清楚商会的名声，"奥康纳写道，"它使任何与积极运动稍有相似之处的活动都丧失活力和积极性。"奥康纳要求霍尔兹沃思投票反对托德的连任。在下一次会议上，联盟选举了卡内基工学院院长 A. A. 哈默施拉格（A. A. Hamerschlag）为主席，奥康纳担任秘书。O'Connor 致 Holdsworth，1913 年 11 月 22 日，Smoke Investigation Activities MSS，ser. 1，folder 2，University of Pittsburgh Library；*Industrial World* 48，pt. 1（1914）：iv.

39. *Industrial World* 45，pt. 2（1911）：841，1010，1154；46，pt. 2（1912）：996；"The Smoke and Dust Abatement League，"1916，一本在匹兹堡出版的简短小册子。亨德森对烟雾减少的估计依赖于美国气象局有关烟雾天气的报告。1912 年的前 6 个月，匹兹堡总共有 93 天烟雾弥漫，而在 1916 年同期，只有 50 天。当然，这些统计不是完全科学的，但是它们可以反映一种趋势。International Association for the Prevention of Smoke，"Proceedings of the Eleventh Annual Convention"（1916），St. Louis，94 – 95.

40. Rochester Chamber of Commerce，"The Smoke Shroud: How to Banish It"（191?），18 – 19.

41. "Smokeless Cities of To-Day，" *Harper's Weekly* 51（1907）：1139. 这种对烟雾看法的改变在中产阶级中当然更为普遍。关于工人阶级继续接受烟雾是繁荣象征的看法（甚至到今天），参见 Joel Tarr and Bill C. Lamperes，"Changing Fuel Use Behavior and Energy Transitions: The Pittsburgh Smoke Control Movement，1940 – 1950，" *Journal of Social History* 14（1981）：563。

42. Chicago Association of Commerce，*Smoke Abatement and Electrification of Railway Terminals in Chicago*（1915），173.

43. 工程和工业行业杂志上充斥着有关减烟装置最新进展的文章，尤其参见 *Iron*

Age，*Industrial World*，*Power*，*Engineering News*，以及 *Factory*。有关烟雾预防装置的四个主要发明的简要讨论，参见 William Bryan，"Smoke Abatement，" *Cassier's Magazine* 19（1900）：22 – 24。

44. *Iron Age* 90（1912）：19. *Iron Age* 转载了华纳信件的全部内容，vol. 80（1907）：1149. 参见 Harold C. Livesay and Glenn Porter，"William Savery and the Wonderful Parsons Smoke-Eating Machine，" *Delaware History* 14（1971）：161 – 76。在讲述了这位发明家失败的努力之后，利维赛（Livesay）和波特（Porter）得出结论，认为反对烟雾的斗争"由于技术和经济上的实际原因而失败了，因为企业家在关键时刻未能制造出一种可行且廉价的设备"。这个结论没有得到证据支持。虽然没有一种设备能够完全消除烟雾，但是许多功能强大的设备和设计确实有效地减少了烟雾。至于便宜，一个相对的术语，城市居民——无论是排放烟雾的人还是生活在烟雾中的人——都需要确定晴空的价格多少才是合理的。

45. Chicago *Record-Herald*，1904 年 4 月 4 日；1908 年 8 月 23 日。

46. Milwaukee，*Annual Report of the Smoke Inspector*（1912），14；Alburto Bement，"The Suppression of Industrial Smoke with Particular Reference to Steam Boilers，" *Journal of the Western Society of Engineers* 11（1906）：722. 要求新炉窑和锅炉建造许可的法令除了将大型公寓楼排除在外，还通常明确地将住宅排除在外。

47. John W. Krause，"Smoke Prevention，" *Proceedings of the Engineers Society of Western Pennsylvania* 24（1908）：101. 参见阿尔伯托·贝宁（Alburto Bement）于西部工程师协会演讲后的讨论 [*Journal of the Western Society of Engineers* 11（1906）：703 – 4 以及多处]。那些对科学技术抱有最终信念的人，往往把责任归咎于 20 世纪初火夫和工程师的无能，这让他们对技术的未来保持乐观，对无知和肮脏的贫困阶层（尤其是移民）的命运感到悲观。

48. *Locomotive Firemen's Magazine* 27（1899）：61.

49. Charles Poethke，*Annual Report of the Smoke Inspector*，Milwaukee，for the year 1909，p. 7；关于 1912 的情况，见 p. 9。

50. Cincinnati *Times-Star*，1913 年 3 月 3 日，4 月 4 日；Cincinnati *Commercial Tribune*，1913 年 4 月 8 日。毫无疑问，蒸汽船产生的烟雾只占城市空气污染的一小部分。例如，在芝加哥，即使有繁忙的密歇根湖港口，一项估计认为蒸汽船的贡献也不到城市全部烟雾的百分之一。参见 Goss, *Smoke Abatement and Electrification of Railway Terminals in Chicago*（Chicago，1915），facing p. 178 中的图表。

51. New York *Tribune*，1899 年 9 月 13 日；州际和对外贸易众议院委员会（House Committee on Interstate and Foreign Commerce），*Supervisor of New York Harbor, Etc.*，56th Cong.，1st sess.，1900，H. Rept. 478，1 – 5。

52. New York *Tribune*，1900 年 2 月 28 日；56th Cong.，1st sess.，1900，H. Rept. 478，4 – 7。第 56 届国会最有可能通过这项法案，因为纽约州众议员尼古拉斯·穆勒是州际商务委员会的成员。1901 年穆勒辞职后通过的关于纽约港的联邦立法只是为灯塔拨出了更多的资金，并没有涉及对烟雾的管制。虽然国会直到 1955 年才通过有关哥伦比亚特区之外空气污染的立法，但是最高法院早在 1907 年就对州际空气污染做出了裁决。在那一年，法院裁定支持佐治亚州，该州曾起诉要求对田纳西州的两家冶炼公司发出禁令。奥利弗·温德尔·霍姆斯（Oliver Wendell Holmes）在为公众撰写的文章中指出，该州"对于是否应该剥夺山区的森林，让居民呼吸到纯净的空气，拥有最终的决定权"。从本质上说，霍姆斯宣称跨越州界的污染侵犯了佐治亚州管理自身环境的权利。参见 *Georgia v. Tennessee Copper Company*，206 U. S. 230。有关联邦政府就参与空气污染控制的初步国会讨论，参见 *Congressional Record*，84th Cong.，1st sess.，1955，101，pt. 6：7248 – 50，以及 pt. 8：9923 – 25。

53. New York *Times*，1913 年 3 月 26 ~ 28 日，30 日。

54. Cincinnati *Times-Star*，1913 年 4 月 4 日；Cincinnati *Enquirer*，1913 年 4 月 6 日。尽管更多的人声称机车和蒸汽船的消失减少了烟雾，但是有关洪水破坏的报道经常提到工厂的关闭，这也促进了更清洁空气的出现。参见 New York *Times*，1913 年 3 月 30 日；Cincinnati *Enquirer*，1913 年 4 月 5 日。

第五章　新时代的牧师：工程师和效率

1. Charles Mulford Robinson, *The Improvement of Towns and Cities*（New York: Putnam's，1901），61。另一位非专业的改革者，芝加哥城市俱乐部的罗伯特·库斯（Robert Kuss）承认，"除非运用工程思想来解决问题，否则法律本身可能会因为不切实际而失效"。*Journal of the Western Society of Engineers* 11（1906）：697；*Sanitary News* 18（1891）：53，388；Ernest L. Ohle and Leroy McMaster,

"Soot-Fall Studies in Saint Louis," *Washington University Studies* 5（1917 年 7 月）：3 – 8。

2. Charles H. Benjamin，"Smoke and Its Abatement," *Transactions of the American Society of Mechanical Engineers* 26（1905）：743. 一些工程行业杂志也会滔滔不绝地大谈烟雾的危害。*Power and the Engineer*［32（1910）：550］发表社论说："我们不要忘记，这是一个道德问题，也是一个工程问题；人们开始意识到他们的权利；人人都有权呼吸纯净的空气，也有权饮用纯净的水。最后，那个让烟雾和烟灰从烟囱里逸出的人，不仅是个差劲的经理，而且是个不受欢迎的公民。"

3. *Journal of the Western Society of Engineers* 11（1906）：731.

4. 当然，这两个极端的论点，即烟雾减排是一个效率问题或健康、美丽、清洁问题，并不是对立的。大多数反烟的积极分子，包括外行和专家，都认为烟雾是肮脏和低效的，它威胁健康和浪费煤炭，是不道德和不经济的。但是，正如下面的章节所示，从一极向另一极的逐渐转移确实对市政当局及其居民产生了重大影响。

5. 工程师开始主导解决 20 世纪早期的其他重要环境问题，包括水污染、垃圾收集和污水处理。参见 Joel Tarr，"Searching for a 'Sink' for an Industrial Waste：Iron Making Fuels and the Environment," *Environmental History Review* 18（1994）：24；Martin Melosi，*Garbage in the Cities*（College Station：Texas A & M University Press，1981），79 – 104；以及 Stanley Schultz and Clay McShane，"To Engineer the Metropolis：Sewers，Sanitation，and City Planning in Late-Nineteenth-Century America," *Journal of American History* 65（1978）：389 – 411。

6. William Goss，"Smoke Responsibility Cannot Be Individualized," *Steel and Iron* 49，pt. 1（1915）：226. 长期以来，工程师在工业城市的建设中一直发挥着重要作用，特别是通过建造下水道和供水系统凸显其重要性。但是在世纪之交日益复杂的城市中，随着市政当局的权力日益增长，工程师对城市及其政府的重要性越来越大。关于工程师在 19 世纪末日益增长的重要性的讨论，参见 Stanley Schultz，*Constructing Urban Culture*（Philadelphia：Temple University Press，1989），153 – 205；Jon Teaford，*The Unheralded Triumph*（Baltimore：Johns Hopkins University Press，1984），133 – 41。

7. Edwin T. Layton Jr.，*The Revolt of the Engineers*（Cleveland：Case Western Reserve University Press，1971），3，53 – 68.

222

8. 参见 Stanley Schultz and Clay McShane， "Pollution and Political Reform in Urban America：The Role of Municipal Engineers, 1840 – 1920," in *Pollution and Reform in American Cities*, *1870 – 1930*, ed. Martin Melosi （Austin：University of Texas Press，1980），155 – 72；Schultz, *Constructing Urban Culture*, 183 – 205；Layton, *The Revolt of the Engineers*, 13 – 14。有关对效率的狂热，参见 Samuel Haber, *Efficiency and Uplift* （Chicago：University of Chicago Press, 1964），51 – 74。1910 年底，路易斯·布兰代斯（Louis Brandies）在向美国州际商务委员会提交的铁路费率调查中提到科学管理之后，公众对效率的兴趣在次年爆发。布兰代斯反对涨价，坚持认为如果铁路公司采取科学的管理系统，可以提高工资和降低税率。许多美国人很快就认识到一种新的管理体制的力量，这种体制保证会给企业、劳工和消费者带来更好的结果。支持者认为通过更科学的组织和运作来提高效率，将大大增加生产和利润，造福于整个社会。参见 Horace Drury, *Scientific Management* （New York：Longmans，Green，1922），35 – 48。

9. "Report of the Special Committee on Prevention of Smoke," *Journal of the Association of Engineering Societies* 11 （1892）：291 – 327；"The Smoke Nuisance and Its Regulation，with Special Reference to the Condition Prevailing in Philadelphia," *Journal of the Franklin Institute* 143 （1897）：393 – 424，以及 144 （1897）：17 – 61。

10. "Abatement of the Smoke Nuisance," *Journal of the Association of Engineering Societies* 30 （1903）：41 – 45. 美国工程师经常提到英国、德国或其他欧洲工程师的工作，他们中的许多人长期从事烟雾减排研究。早在 1856 年，费城的 *Journal of the Franklin Institute* 就转载了一篇英国 *Mechanics' Magazine* ［61 （1856）：67，113］ 的关于烟雾的文章。

11. 尽管许多观察家将富兰克林的工作看作防烟工程诞生的标志，但他并不是第一个发明下吸式火炉（down-draft furnace）的人，也不是第一个在设计火炉设备时就开始关注烟气问题的人。对设计无烟设备感兴趣的工程师们也经常提到苏格兰发明家詹姆斯·瓦特（James Watt），他发明了下吸式火炉。这种炉子把空气从下部注入热煤中，然后向上贯穿整个锅炉。这种方法保证了可用氧气与火的更充分混合，但是不能保证无烟。参见 *Engineers' Society of Western Pennsylvania* 8 （1892）：301；Leonard W. Labaree, ed. , *The Papers of Benjamin*

223

Franklin, vol. 13 (New Haven: Yale University Press, 1969), 197.

12. D. H. Williams and R. B. Fitts, "D. H. Williams' Improved Apparatus for the Combustion of Smoke in Steam Boiler Furnaces," 1860; Samuel Kneeland, M. D., "On the Economy of Fuel, and the Consumption of Smoke, as Effected by Amory's Improved Patent Furnace," 1866; D. G. Power, "A Treatise on Smoke: Its Formation and Prevention," 1879.

13. 这类公开推荐不同于销售人员提供的书面推荐, 而潜在买家往往会忽略后者。若要了解铁路公司不愿接受书面推荐作为烟雾减排设备有效性的证据, 参见 Harold C. Livesay and Glenn Porter, "William Savery and the Wonderful Parsons Smoke-Eating Machine," *Delaware History* 14 (1971): 171。

14. Robert Moore, "Smoke Prevention," *Journal of the Association of Engineering Societies* 8 (1889): 201 - 4; *Industrial World* 48, pt. 1 (1914): 134.

15. Association of the Transportation Officers of the Pennsylvania Railroad, "Report of the Committee on Motive Power", 21 November 1894, Pennsylvania Railroad MSS, box 410, folder 14, Hagley Library, Wilmington, Delaware。一些工程师继续认为, 无烟煤或半烟煤是唯一真正解决烟雾问题的方法。1903 年, 宾夕法尼亚铁路公司第二副总裁查尔斯·普 (Charles Pugh) 写信给动力总监 A. W. 吉布斯, 谈到费城议会为通过 "不切实际且繁重" 的反烟立法做出了 "相当艰巨的努力"。普要求吉布斯想办法 "把麻烦降到最低限度"。吉布斯回答说无烟煤提供了最可靠的解决办法, 如果证明这种办法不切实际, 可以考虑波卡洪塔斯半烟煤 (Pugh 致 Gibbs, 1903 年 9 月 9 日; Gibbs 致 Pugh, 1903 年 9 月 11 日, PA RR MSS, box 703, folder 1, 哈格里图书馆)。

16. Altoona Railroad Club of the Pennsylvania Railroad, "Report of Maintenance of Equipment Committee" (1910), 1 - 2; Livesay and Porter, "William Savery and the Wonderful Parsons Smoke-Eating Machine," 170. 有关对宾夕法尼亚铁路的研究, 参见 David Crawford in *Industrial World* 47, pt. 2 (1913): 1097 - 98。Crawford 致 Peck, 1910 年 12 月 29 日, PA RR MSS, box 1291, folder 15, 哈格里图书馆。有关塞尔对克劳福德自动加煤机的评论, 参见 Pittsburgh Health Bureau, *Annual Report* (1911), 368。有关机车目录, 参见 Pennsylvania Railroad Company, *67th Annual Report* (1913), 66。

17. 在蒸汽喷射器试验中，阿尔图纳车间使用了一种特殊设计的试验机车，它由测力计（dynamometer）保持静止。测力计置于机车轮子上，测定其功率，而操作者可以通过刹车来模拟不同的负荷。工程师们利用林格曼图确定蒸汽喷射器可以减少烟雾。参见 D. F. Crawford, "The Abatement of Locomotive Smoke," *Industrial World* 47, pt. 2（1913）: 1096 – 97。铁路公司以前曾用这种机车来测试实验燃料和设备。1908 年，地质调查局报告了在阿尔图纳车间使用政府生产的煤块和铁路测试机车进行的研究的进展。参见 William F. M. Goss, "Comparative Tests of Run-of-Mine and Briquetted Coal on Locomotives," *Geological Survey Bulletin* 363（1908）。

18. "Report of Test Made at the Altoona Testing Plant for General Manager's Association," 1913; Chicago General Manager's Association Report, 1913 年 5 月 5 日; Chicago Gen. Man. Ass. Circular No. 740, 1913 年 7 月 29 日, PA RR MSS, box 1272, folder 2, 哈格里图书馆。克劳福德在匹兹堡向国际防烟协会发表了一篇关于他的工作的长篇演讲，目的是使烟雾减排官员们相信铁路公司明白减少排放的必要性，并为此投入了大量资金。克劳福德无疑对市政官员产生了一些影响。参见 *Industrial World* 47, pt. 1（1913）: 130 – 31。

19. *Engineering News* 35（1896）: 9; *Iron Age* 66（1900）: 25.

20. 为回应 *Engineering News* 关于烟雾预防的文章，芝加哥、伯灵顿和昆西铁路公司的一名员工回答道："迄今为止，没有能够'全部治愈'锅炉和熔炉厂各种弊病的方法，但是对每个案例的聪明研究总会显示出改进的机会，并且在大多数情况下会带来相对彻底的结果。" *Engineering News* 35（1896）: 93.

21. 伯德引自他的演讲 "City Supervision of New Boiler Plants"，发表在 "Proceedings of the International Association for the Prevention of Smoke, 3rd Annual Convention, 1908," 48。

22. 宾夕法尼亚铁路公司关于机车无烟消耗软煤的研究可以追溯到 1859 年，当时该公司希望将客运列车从木质燃料改为煤炭。然而，在当时的大多数技术下，来自软煤机车的浓烟让乘客感到不舒服。在阿尔图纳进行了一系列的试车后，铁路找到了一种组合设备，使他们能够扩大对廉价的烟煤的使用。参见 *Railroad Gazette* 43（1907）: 719 – 24。

23. A. S. Vogt 致 A. W. Gibbs, 1903 年 7 月 31 日, PA RR MSS, box 703, folder 1,

哈格里图书馆。

24. G. E. Rhoades 致 E. D. Nelson，1906 年 9 月 1 日，PA RR MSS，box 703，folder 1，哈格里图书馆。样本显然从未到达，随后至少有一次试图找到马尔瓦尼的尝试也失败了。

25. E. R. Dunham 致 A. W. Gibbs，1909 年 2 月 18 日；G. B. Koch 致 E. D. Nelson，1909 年 3 月 9 日，PA RR MSS，box 703，folder 1，哈格里图书馆。

26. D. M. Perine 致 A. W. Gibbs，1907 年 11 月 8 日；Gibbs 致 Perine，1907 年 11 月 11 日；Koch，Bodson，Sproul，"Smoke Prevention – Visit to Chicago," 1907 年 11 月 22 日，all in PA RR MSS，box 703，folder 1，哈格里图书馆。

27. 早在 1912 年，*Iron Age* 就警告读者："有些司炉工可能会告诉你他的设备可以做到这一点，但是要谨慎；有时他相当成功，但通常他的机器令人讨厌。" *Iron Age* 90（1912）：19.

28. "Report on the Operations of the Coal-Testing Plant of the United States Geological Survey at the Louisiana Purchase Exposition, St. Louis, MO. 1904," U. S. G. S. *Professional Paper No. 48*（1906），23 – 26. 德怀特·兰德尔（Dwight Randall）在 "The Burning of Coal without Smoke in Boiler Plants" 的导言中总结了美国 U. S. G. S. 试验的目标。U. S. G. S. *Bulletin No. 334*（1908），5.

29. U. S. G. S. *Professional Paper No. 48*（1906），29 – 30.

30. U. S. G. S. *Bulletin No. 325*（1907）以及 *Bulletin No. 373*（1909），多处。

31. *American Review of Reviews* 39（1909）：192 – 95.

32. *Industrial World* 48，pt. 1（1914）：368，以及 44，pt. 2（1910）：1540 – 41；Herbert Wilson，"The Cure for the Smoke Evil," *American City* 4（1911）：263 – 67。关于矿业局的建立和政府燃料测试演变的简要概述，参见 Guy Elliot Mitchell，"The New Bureau of Mines," *The World To-Day* 19（1910）：1150 – 55。虽然该局承担地质调查局的燃料测试职责，但是该局成立后的首要目标是拯救矿工的生命。该局还向有兴趣改进防烟部门的市政当局提供非工程性建议。1912 年，该局颁布了一项样本条例，强调需要专业工程师管理城市烟雾部门以及管制新锅炉建造的重要性。参见 Samuel Flagg，"Smoke Abatement and City Smoke Ordinances," *United States Bureau of Mines Bulletin No. 49*（1912），29 – 35.

225

33. Lester Breckenridge, "How to Burn Illinois Coal without Smoke," University of Illinois Engineering Experiment Station *Bulletin No. 15* (1907); "Check on Smoke Evil," Chicago *Record-Herald*, 4 April 1904; *Municipal Engineering* 35 (1908): 127.

34. Breckenridge, "How to Burn Illinois Coal without Smoke," 2. 布雷肯里奇关于软煤无烟燃烧可能性的结论在大众和技术出版物中都成为新闻。*Outlook* 报道说伊利诺伊的实验"清晰而明确地"揭示了软煤可以"在不产生令人讨厌的烟雾的情况下燃烧"［*Outlook* 90 (1908): 54］。也可参见 *The World To-Day* 19 (1910): 1121。在 1910 年美国机械工程师学会会议上，D. T. 兰德尔 (D. T. Randall) 强调了减少烟雾的可能性和实用性。兰德尔依靠自己的研究经验和来自其他来源的越来越多的证据（包括布雷肯里奇的工作），声称"在过去的五年中，在炉子的设计上已经取得了相当大的进展。现在有许多工厂在利用烟煤而运转，且烟煤的燃烧效率高，没有令人讨厌的烟雾"。*Transactions of the American Society of Mechanical Engineers* 32 (1910): 1138.

35. Ernest L. Ohle, "Smoke Abatement—A Report on Recent Investigations Made at Washington University," *Journal of the Association of Engineering Societies* 55 (1915): 139 – 48. 1915 年，弗纳尔德从华盛顿大学转移到了宾夕法尼亚大学。他还曾在克利夫兰的凯斯西储大学 (Case Western) 教授工程学。参见 Fernald, "The Smoke Nuisance," *University of Pennsylvania Free Public Lecture Course*, *1913 – 14* (1915), 165 – 90。Ernest Ohle and Leroy McMaster, "Soot-Fall Studies in Saint Louis," *Washington University Studies* 5, pt. 1 (1917): 3 – 8.

36. 调查并没有公布该基金捐赠者的身份。匹兹堡历史学家罗伊·卢博韦 (Roy Lubove) 确认捐赠者是罗伯特·邓肯·肯尼迪 (Robert Duncan Kennedy)，他曾担任研究所的所长。不过，调查中的一篇论文指出理查德·B. 梅隆 (Richard B. Mellon) 是赠款的来源。梅隆家族与工业研究所关系密切，后者很快就以梅隆家族的名字命名。梅隆家族中的两位——安德鲁·W. 梅隆 (Andrew W. Mellon) 和理查德·B. 梅隆 (Richard B. Mellon) 于 1920 年代加入了受托人委员会 (committee of the trustees)。参见 Roy Lubove, *Twentieth-Century Pittsburgh* (New York: John Wiley, 1969), 48; Oskar Klotz and William

Charles White, eds. , "Papers on the Influence of Smoke on Health," *Mellon Institute Smoke Investigation Bulletin No. 9* (1914), 164。

37. 1922 年出版了第 10 卷，标题为 "Recent Progress in Smoke Abatement and Fuel Technology in England"，但是这一卷超出了最初的调查范围。

38. "Outline of the Smoke Investigation," *Mellon Institute Smoke Investigations Bulletin No. 1* (1912), 1 - 2. 奥康纳并没有把他的反烟活动限制在与他在梅隆研究所的工作有关的活动中，在匹兹堡烟尘减排联盟最活跃的几年里，他还担任该组织的秘书。

39. W. H. Snider 致 Benner, 1913 年 7 月 24 日; O'Connor 致 Snider, 1913 年 7 月; 乔治·H. 史密斯铸钢公司关于匹兹堡的调查, 1913 年 7 月 29 日，全部存于 Smoke Investigation Activities MSS, series 1, folder 2, 匹兹堡大学。

40. John O'Connor, "The Smoke Investigation of the University of Pittsburgh," *Industrial World* 47, pt. 1 (1913): 132; A. A. Straub, "Some Engineering Phases of Pittsburgh's Smoke Problem," *Mellon Institute Smoke Investigation Bulletin No. 8* (1914), 10. 该研究所在全国和世界各地发表了它的简报。1915 年 2 月，奥康纳向英国的煤烟减排协会（Coal Smoke Abatement Society）发送了每份简报的 6 份文本。参见劳伦斯·丘伯（Lawrence Chubb）和奥康纳的通信, 1915 年 1 月至 2 月, Smoke MSS, series 1, folder 2, 匹兹堡大学。

41. 华盛顿、伊利诺伊和匹兹堡大学并不是进行大量烟雾减排方面研究的仅有的几所大学。烟雾控制也是许多工程项目的一个重要研究领域，例如田纳西大学对蒸汽喷射器进行了广泛的试验。参见 *Engineering Magazine* 40 (1910): 406 - 12。

42. The Civic League of St. Louis, "The Smoke Nuisance," 1906, 25 - 26.

43. "New Smoke Inspector in St. Louis," *Industrial World* 45, pt. 2 (1911): 925; William A. Hoffman, "The Problem of Smoke Abatement," *Journal of the Association of Engineering Societies* 50 (1913): 250.

44. Chicago *Record-Herald*, 1907 年 9 月 6 日、26 日。在烟雾减排工程学方面，贝宁获得了相当多的专业知识。例如，参见他的 "The Suppression of Industrial Smoke with Particular Reference to Steam Boilers," *Journal of the Western Society of Engineers* 11 (1906): 693 - 752。1912 年，类似的一幕发生在辛辛那提，当时

高效率的马修·纳尔逊（Matthew Nelson）被经验丰富的实用工程师亚瑟·霍尔（Arthur Hall）取代，后者是公务员考试中的最高分者。参见 *Commercial Tribune*，1912 年 6 月 29 日，7 月 3 日。同样在 1912 年，克利夫兰市长牛顿·贝克（Newton Baker）要求他新任命的首席烟雾检查员将该部门置于工程基础之上。他为这项工作选择的人是 E. P. 罗伯斯（E. P. Roberts），该人有多年的机械工程师经验，非常适合这项工作。罗伯斯还曾担任商会颇具影响力的烟雾减排委员会的主席。参见 "A 'New Deal' for Cleveland on Smoke," *Industrial World* 47，pt. 1（1913）：134。

匹兹堡也在其烟雾检查员培训方面遇到了争议。1914 年，检查员塞尔反对通过一项法令的企图，该法令要求一位受过大学训练的工程师担任他的职务。塞尔获得了许多实用工程师的支持，其中包括全国固定工程师协会（National Association of Stationary Engineers），他们认为这一要求将不公平地取消许多具有广泛烟雾减排背景的优秀候选人的资格。因此，这场斗争不是在外行改革者和专家之间展开的，而是在两类专家之间展开的。参见 *Industrial World* 48，pt. 1（1914）：35，125；*Power* 39（1914）：201。

45. 例如参见 Raymond C. Benner， "Methods and Means of Smoke Abatement," *American City* 9（1913）：230 – 32；J. M. Searle， "Smoke Prevention：The Problem of Cities," *Industrial World* 45，pt. 1（1911）：858；以及 "The Gloom of Useless Smoke," *World's Work* 17（1908）：10865 – 66，尽管它的标题是 "芝加哥做得很好"。

46. Osborn Monnett， "New Methods of Approaching the Smoke Problem," *National Engineer* 16（1912）：720. 关于对莫尼特职业生涯的简短的讨论，参见 "Chicago's New Smoke Inspector," *Power* 34（1911）：230。莫尼特曾担任 *Power* 的编辑。宾夕法尼亚铁路公司的律师报告了与莫尼特的几次会晤，他们与莫尼特建立了友好关系。为了表示诚意，莫尼特接受了 46.5 美元的法庭费用，作为驳回 48 起违反法律案件的回报。律师们得出结论："我们感到非常高兴的是，报告烟雾情况会产生如此令人满意的结果。在任命莫尼特先生为首席烟雾检查员之前，这种情况已成为一个最严重的问题。"（Loesch，Scofield 以及 Loesch 致 W. H. Scriven，1911 年 8 月 2 日，PA RR MSS，box 1271，folder 16，哈格里图书馆）

47. 雪城商会，"Report upon Smoke Abatement"（1907），5 - 12；Emil Pfleiderer 致 John O'Connor，1914 年 4 月 21 日、5 月 2 日，Smoke MSS，series 4，folder 7，匹兹堡大学。

48. Chicago *Record-Herald*，1906 年 6 月 28 日、30 日。

49. 有关锡拉丘兹会议上所有报告的摘要，参见 *Power* 31（1909）：116 - 18。

50. "Proceedings of the 10th Annual Convention of the International Association for the Prevention of Smoke"（辛辛那提，1915），15 - 17。

51. 1918 年，纽瓦克市成为第一个两次举办大会的城市。城市的选择似乎与烟雾检查员在该协会中的参与程度最为相关，也是对积极的检查员的一种奖励，比如 1907 年主办第二届大会的密尔沃基的查尔斯·波伊特克。奇怪的是，芝加哥在第一次世界大战结束前并没有举办过一次大会，尽管它的检查员在协会中非常活跃。

52. *Industrial World* 47，pt. 2（1913）：1092.

53. 国际防止烟雾协会，"Third Annual Convention"（Milwaukee，1908）；Smoke Prevention Association，"Proceedings of the Tenth Annual Convention"（Cincinnati，1915）；"Proceedings of the Eleventh Annual Convention"（St. Louis，1916）；"Thirty-Third Annual Convention"（Milwaukee，1939）。协会的官方公告 *Industrial World* 和 *Smoke* 详细讨论了其他会议。

54. Milwaukee *Sentinel*，1907 年 6 月 26 日。或许是担心防烟协会的排他性带来的后果，约翰·奥康纳写信给圣路易斯的首席烟雾检查员威廉·霍夫曼，目的是确保公众广泛参与 1916 年在该市举行的大会。奥康纳要求协会特别努力吸收活跃的民间组织的代表，特别是圣路易斯、路易斯维尔、辛辛那提的烟雾减排联盟和他自己的烟尘减排联盟的代表（O'Connor 致 Hoffman，1916 年 7 月 22 日，Smoke MSS，series 4，folder 6，匹兹堡大学）。

55. "Proceedings of the Eleventh Annual Convention"（St. Louis，1916），多处。

56. 麦克奈特的妇女健康保护协会于 1895 年与阿勒格尼县市民俱乐部合并。麦克奈特还帮助成立了二十世纪俱乐部（Twentieth Century Club），这是一个由杰出女性组成的组织。1912 年，该组织与市民俱乐部一起加入了烟尘减排联盟，致力于改善该市的空气质量。

57. Pittsburgh *Post*，1906 年 11 月 10 日。在 1910 年代早期，反对烟雾的工程学论点获得了如此多的支持，以至于巴尔的摩的一个妇女组织把提高效率的呼吁作为烟雾减排小册子的标题："Black Smoke Means Waste of Fuel and Loss of Boiler Efficiency: History of the Work of the Smoke Committee of the Women's League"（Baltimore，no date），Smoke MSS，series 4，folder 9，匹兹堡大学。

58. New York *Times*，1913 年 8 月 15 日。

第六章　烟雾意味着浪费

1. 在谈到自然资源保护的重要性时，一位作家甚至把烟雾减排称为"保护空气纯净"之举。在作者看来，清洁的空气已经加入了自然资源的行列，多年的贪婪掠夺了这些资源，造成了严重的供应短缺。然而，对大多数观察家来说，烟雾产生过程中所浪费的资源不是纯净的空气，而是煤炭。参见 Alexander G. McAdie，"Conservation of the Purity of the Air-Prevention of Smoke," *Monthly Weather Review* 38（1910）：1423。

229 2. Oskar Klotz and William Charles White，eds.，"Papers on the Influence of Smoke on Health," *Mellon Institute Smoke Investigation Bulletin No. 9*（1914），164 – 73。

3. 参见 Michael Teller，*The Tuberculosis Movement*（New York：Greenwood Press，1988），以及 Barbara Bates，*Bargaining for Life*（Philadelphia：University of Pennsylvania Press，1992）。也可参见 *Journal of the Outdoor Life*，一本致力于结核病治疗的活跃杂志，在 1906～1918 年运动最活跃的几年里，几乎没有为烟雾问题腾出版面。

4. 历史学家南希·图姆斯（Nancy Tombs）认为，"细菌理论并没有破坏干净、道德的生活与远离疾病之间的联系"。图姆斯的研究主要集中在 1870 年代和 1880 年代，当时细菌理论和瘴气理论在流行的疾病概念中仍然共存。但是到了 20 世纪的第二个十年，这些维多利亚时代的联系衰退了。参见 "The Private Side of Public Health：Sanitary Science，Domestic Hygiene，and the Germ Theory，1870 – 1900," *Bulletin of the History of Medicine* 64（1990）：529 – 30。

5. 在一封给芝加哥公司律师的信中，宾夕法尼亚铁路的总代理和监督人 W. H. 斯克里文写道："很明显，这场防止烟雾的运动是针对铁路而发动的，目的是迫害它们，以确保铁路的电气化。" Scriven 致 Loesch，Scofield 以及 Loesch，1911 年 2 月 26 日，Pennsylvania Railroad MSS，box 1271，folder 16，哈格里图书馆。

6. Paul Bird，"Locomotive Smoke in Chicago," *Railway Age Gazette* 50（1911）：321。

伊利诺伊中央铁路穿过格兰特公园的位置成了一些芝加哥人关注的主要问题。Chicago *Record-Herald* 的一篇社论写道："这座城市的许多地方都被机车的烟雾污染了，但是最需要保护的地方是商业区前面的湖泊。那里公共公园的土地因烟雾、煤渣和烟灰而变得无用。人们甚至不能在免受烟雾伤害的情况下走完公园，这些伤害比人们从运动和空气中得到的好处还要多。"（1906 年 1 月 26 日）

7. Chicago *Record-Herald*，1906 年 1 月 4 日、26 日。

8. Cloyd Marshall，"Electric Traction，" *Railway and Engineering Review* 38 （1897）：745 – 46。正如马歇尔所言，只有一条蒸汽铁路进行了电气化项目：巴尔的摩 – 俄亥俄州开通了一条通过巴尔的摩隧道的电气化铁路。早期的电气化项目大多涉及有轨电车和城际铁路，而不是更大的蒸汽铁路线。参见 Michael Bezilla，*Electric Traction on the Pennsylvania Railroad* （University Park：Pennsylvania State University Press，1980），3 – 6。

9. *Railway and Engineering Review* 37 （1897）：189. 有关电力牵引的背景信息，参见 Carl W. Condit，*The Port of New York：A History of the Rail and Terminal System from the Beginnings to Pennsylvania Station* （Chicago：University of Chicago Press，1980），176 – 238。

10. 对 1905 年存在的电力牵引技术的积极评价，参见 Condit，*The Port of New York*，229 – 38。许多最强烈的电气化支持者在这项新技术中拥有经济利益，包括乔治·威斯汀豪斯 （George Westinghouse）。如果铁路采用他的电力系统，他将获得可观的生意。西屋电气 （Westinghouse） 在与通用电气 （General Electric） 的竞争中大力支持交流电，他强调了他的系统相对于其他系统的主要优势：交流电对于长铁路线更划算。西屋电气设想了铁路的完全电气化，包括横穿全国的货运线路。参见 George Westinghouse， "The Electrification of Steam Railways，" *Railway Electrical Engineer* 2 （1910）：52 – 55；还有通用电气的 George W. Cravens， "Electrification of Steam Railroads，" *Railway Electrical Engineer* 1 （1909）：164 – 65。

230

11. New York *Times*，1902 年 1 月 9 日、10 日；*Railroad Gazette* 34 （1902）：18。

12. New York *Times*，1902 年 1 月 10 日。就在上一年，乘车穿越第四大道隧道的乘客感到不舒服，这引起了陪审团的调查。陪审团的结论是除了其他因素外，"隧道内采用的动力应该改变，以避免使用煤炭"。此后不久，*Railroad Gazette*

发表社论，称"电力牵引技术……似乎已经达到了一个不仅可能实现根本改善，而且切实可行的状态"。*Railroad Gazette* 33（1901）：565，576.

13. New York *Times*，1902 年 1 月 10 日、2 月 11 日。事故发生后不到一个月，验尸官（coroner）就完成了调查，为工程师开脱了罪责，转而指责纽约中央铁路允许隧道内持续存在烟雾和蒸汽。参见 *Railroad Gazette* 34（1902）：78。

14. Bezilla，*Electric Traction on the Pennsylvania Railroad*，18 – 25；Henry Obermeyer，*Stop That Smoke*！（New York：Harper，1933），59. 也可参见 Kurt Schlichting，"Grand Central Terminal and the City Beautiful in New York，" *Journal of Urban History* 22（1996）：332 – 49。施利希廷（Schlichting）将大中央车站的改进置于城市美化运动之中，特别讨论了伴随着电气化的许多新建筑的结构，包括终端本身的结构。遗憾的是，施利希廷没有做关于烟雾、蒸汽和噪音减排的讨论，所有这些都将加强他关于电气化项目与城市美丽之间关系的论点。

15. Bezilla，*Electric Traction on the Pennsylvania Railroad*，56 – 73. 费城的烟雾检查员约翰·M. 卢肯斯（John M. Lukens）声称，该市减烟的压力有助于宾夕法尼亚铁路公司决定电气化。在相对无烟的费城，这座城市最重要铁路烟雾缭绕的机车使该公司成为反烟行动的明显目标。卢肯斯总结道："越来越多的人反对烟雾滋扰，这可能是宾夕法尼亚铁路公司决定宣布将对德耳曼镇（Germantown）和栗子山（Chestnut Hill）路段，以及远至保利（Paoli）的干线进行电气化的一个重要因素。"然而，鉴于该公司在芝加哥和其他烟雾弥漫的城市对电气化的抵制，直接的经济考虑无疑决定了电气化的计划。参见 *Third Annual Message of Rudolph Blankenburg*，*Mayor of Philadelphia*（1913），532 – 33。

16. A. W. Gibbs，"The Smoke Nuisance in Cities，" *Railroad Age Gazette* 46（1909）：412 – 415. 吉布斯的报告是对美国公民联合会（American Civic Federation）要求提供有关铁路烟雾问题信息的回应。

17. David F. Crawford，"The Abatement of Locomotive Smoke，" *Industrial World* 47，pt. 2（1913）：1095 – 100. 纽约市的电气化成本确实"巨大"。宾夕法尼亚铁路公司对其在纽约的整个电气化项目（包括建设隧道）的成本进行了估算，为 1.59 亿美元［American Society of Civil Engineers，*Transactions* 68（1910），

9］。宾夕法尼亚铁路公司没有试图在匹兹堡进行电气化，该公司雇用了8名烟雾检查员观察机车的烟雾。这些烟雾检查员可以指导火夫进行无烟操作，并向公司官员报告持续的违规行为，公司官员反过来惩戒甚至解雇没有效率的火夫。J. M. Searle，"Report of Division of Smoke Inspection，Pittsburgh，PA.，" *Industrial World* 44，pt. 2（1910），1151 – 52.

18. Condit，*The Port of New York*，176 – 238.

19. 雷亚估计，在没有电气化的情况下，改进华盛顿特区排放问题的总成本为2000 万美元（Senate Committee of the District of Columbia，"Statements before the Committee on H. R. 9329，" 1907，20 – 25；House， "Additional Terminal Facilities at the Union Station，" 59th Cong.，1st sess.，1906，H. Doc. 2563，1 – 2）。

20. George Gibbs 致 W. W. Atterbury，1906 年 1 月 11 日，PA RR MSS，box 153，folder 31，哈格里图书馆。吉布斯似乎认为所有的线路最终都会电气化，唯一的问题是时机。

21. Rea 致 McCrea，1907 年 1 月 30 日，PA RR MSS，box 153，folder 31，哈格里图书馆。雷亚确实命令使用无烟燃料，并由工程师和火夫提供额外的照管（Rea 致 Atterbury，1907 年 1 月 26 日）。

22. Washington *Evening Star*，1907 年 2 月 20 日，3 月 1 日，as found in PA RR MSS，box 153，folder 32，哈格里图书馆。

23. 参见 Samuel Rea，George Stevens，W. H. White 之间的通信，1907 年 2 ~ 3 月；引自 Rea 致 Stevens 的信，1907 年 3 月 30 日，PA RR MSS，box 153，folder 32，哈格里图书馆。

24. E. F. Brooks 致 W. W. Atterbury，1907 年 11 月 29 日，PA RR MSS，box 153，folder 32，哈格里图书馆。纽约和华盛顿之间就电气化问题存在分歧，第一列定期从纽约开往华盛顿的电动火车于 1935 年 2 月抵达。参见 "1343 Miles of Electrified Track，" *Fortune* 13（1936 年 6 月）：94 – 98，152。

25. Chicago *Record-Herald*，1908 年 3 月 31 日，4 月 17 日。

26. Chicago *Record-Herald*，1908 年 9 月 12 日。历史学家哈罗德·普拉特（Harold Platt）也对 1908 ~ 1915 芝加哥的电气化运动进行了解释。尽管普拉特在一个复杂的问题上提出了很好的论点，但由于缺乏对全国性背景的观照，他得出了一个可疑的结论。普拉特认为，塞格尔和反烟联盟的女性为烟雾问题提供了一个新的定义，因为她们将公众对烟雾的讨论从主要使用技术术语转向主要使用健康和美学术语。正如上面所讨论的，在许多美国城市，包括辛辛那提、圣路易斯和匹兹堡，妇女一直站在反烟运动的最前线，早在 1890 年代她们就建立了有关烟雾问题的主要定义。普拉特总结道，1908 年芝加哥的女性既没有 "原创性"，也没有重新定义 "政策辩论的条款"。尽管芝加哥是第一批在其烟雾监测部门配备专业 （工程学） 人员的城市之一——1903 年，在蒸汽锅炉和蒸汽工厂检测部门的指导下，重新创建了烟雾监测部门——但是该市也在很大程度上从健康和美学角度定义了烟雾问题。1893 年，在这座城市为世界博览会做准备的过程中，一场消除烟雾的运动发展起来。

普拉特在对 1908 年芝加哥运动的讨论中也过分强调了细菌理论的作用。正如普拉特指出的那样，细菌理论在 1908 年并不新鲜，它在女性决定将机车烟雾作为健康威胁进行攻击方面没有发挥重大作用，与政府行动和商业反应也没有多大关系。参见 Platt，"Invisible Gases：Smoke，Gender，and the Redefinition of Environmental Policy in Chicago，1900 – 1920，" *Planning Perspectives* 10（1995）：67 – 97。

27. Chicago *Record-Herald*，1908 年 9 月 17 ~ 18 日。该市还对电气化进行了一项新的可行性研究，并准备发表相关报告，其与铁路声称电气化不会降低运营成本或增加交通流量的说法相矛盾。

28. Chicago *Record-Herald*，1908 年 9 月 19 日。

29. Chicago *Record-Herald*，1908 年 9 月 22 日、24 ~ 26 日，以及 10 月 6 日、14 日。*Record-Herald* 曾援引弗里奇的话说："除非能证明这样做是一桩好生意，否则任何一条铁路花费数百万美元都是没有道理的。"

30. Chicago *Record-Herald*，1908 年 10 月 6 日、20 日。*Record-Herald* 的一篇社论提到了约翰·温赖特 （John Wainwright） 博士在芝加哥电气化辩论期间发表在 *New York's Medical Record* 74（1908）：791 上的文章。温赖特支持烟雾有害健康的论点，这使得 *Record-Herald* 写道："烟雾损害和破坏鼻子、喉咙、眼睛、肺和气管的组织；加重心脏病患者的不适；它加剧了神经紊乱；这对老年人是一种危险；它会降低一般健康的基调 （tone）；并进一步减少已经降低的对疾病的抵抗力。"（1908 年 11 月 19 日） 虽然反烟联盟的焦点仍是伊利诺伊中央铁路，但是显然其他铁路公司也在其他社区制造了自己的烟雾公害。塞格尔鼓励英格伍德妇女俱乐部（Englewood Woman's Club）的成员用类似于反烟联盟的手段，发起她们反对洛克岛铁路公司（Rock Island Railroad）的运动（Record-Herald，1908 年 11 月 24 日）。

31. Chicago Record-Herald，1908 年 12 月 4 日、19 日。如果铁路公司与城市在控制烟雾排放的活动中经常无法合作的话，铁路公司之间实际上会相互合作。1915 年时，J. H. 刘易斯（J. H. Lewis）是受雇于芝加哥铁路公司的一名烟雾检查员，他向国际防烟协会报告他所在城市的铁路烟雾检查员们已经成立了一个协会，来自该市 33 条铁路的检查人员分享报告和观察结果。例如，罗克岛铁路公司的一名检查人员如果发现西北铁路公司的一辆机车违反了条例，就会通知西北铁路公司的检查人员。通过这种方式，铁路公司建立了一个由轨道观察员组成的网络，以控制烟雾并避免公众的干扰。参见 International Association for the Prevention of Smoke，"Proceedings"（1915），39。

32. *Locomotive Firemen's Magazine* 32（1902）：156 – 159；Chicago *Record-Herald*，1911 年 6 月 29 日。铁路部门因烟雾违规问题而对大量火夫和工程师进行了纪律处分。1909 年 11 月初，*Record-Herald* 报道有 50 人向他们的工会抱怨这种处分。工程师兄弟会（Brotherhood of Engineers）的回应是提供相对无烟的火车站的报纸照片（1909 年 11 月 2 日）。

33. Chicago *Record-Herald*，1909 年 1 月 6 ~ 7 日。

34. Chicago *Record-Herald*，1909 年 7 月 8 日以及 10 月 21 日、25 日。

35. "Proceedings of the Local Transportation Committee, City Council of Chicago, November 17，1909，" 5 – 7，as found in PA RR MSS，box 1271，folder 15，哈格里图书馆。这一记录似乎是宾夕法尼亚铁路公司雇用的速记员的作品，它与 *Record-Herald* 的引文略有不同，在 *Record-Herald* 上引用了 "sacrifice" 一词（1909 年 11 月 18 日）。

36. 至少有一个反对严格烟雾减排的人直接去了反烟联盟。联合煤矿公司（United Coal Mining Company）总裁 C. M. 莫德维尔（C. M. Moderwell）面见了塞格尔和其他女性，希望说服她们煤炭可以无烟燃烧。显然，莫德维尔对女性之于软煤的印象影响不大。参见 Chicago *Record-Herald*，1909 年 10 月 29 日以及 11 月 4 日、18 日；"Proceedings... November 17，1909，" 13，33 – 36。这里，凯利的

233

引文不同于 *Record-Herald* 上的引文，上面写着："我认为这是一项妇女法律，一项主要由妇女起草的反对烟雾公害的法律。"

37. "Proceedings... November 17, 1909," 59–61.

38. Chicago *Record-Herald*，1909 年 11 月 29 日。

39. Chicago *Record-Herald*，1909 年 11 月 7 日。伦德还通过参加一个与烟雾问题有既得利益的组织——伊利诺伊煤炭运营者协会，施加了影响。他曾任职于该协会的燃煤与防烟委员会，该委员会于 1908 年出版了一本关于伊利诺伊和印第安纳煤炭无烟燃烧的小册子，为火夫分发指导海报并贴在纸板上，以便他们能悬挂在锅炉房里。煤炭经营者的行动反映了他们对实现无烟化生产重要性的理解，或许还反映了他们对关注烟雾问题的必要性的理解。阿尔伯托·贝宁与伦德一起在反烟委员会工作，他是该市烟雾减排咨询委员会的成员，该委员会为烟雾检查员伯德提供了技术指导。毫无疑问，贝宁参与这个项目，极大地有助于吸引烟雾监测部门和西部工程师协会的支持，这两个组织都对出版小册子加以协助。参见 Joint Committee on Smoke Suppression，"The Use of Illinois and Indiana Coal without Smoke"（1908）。

40. D. C. Moon 致 A. F. Banks et al.，1910 年 1 月 28 日；"Report of the Meeting of Railroad Officials Held at Chicago, February 27th, 1911," box 1271, folder 15；W. D. Cantillon 致 G. L. Peck，1911 年 4 月 11 日，box 1271, folder 16, PA RR MSS，哈格里图书馆。

41. Chicago *Record-Herald*，1909 年 12 月 23 日以及 1910 年 2 月 16 日、3 月 26 日。几家芝加哥铁路公司也在市区外投资兴建了一个新的交换设施。除了将新的交换场置于未来任何需要电气化的城市议会法律均无法触及的范围之外，新设施还将减少城市机车产生的烟雾量，尤其是考虑到切换车辆（switching cars）作为重度烟雾制造者的臭名昭著的名声。参见 Chicago *Record-Herald*，1908 年 12 月 1 日以及 1911 年 4 月 3 日、7 日。

42. Rea 致 Turner，1912 年 8 月 20 日，PA RR MSS, box 153, folder 33，哈格里图书馆。当雷亚写这封信的时候，总经理 G. L. 派克（G. L. Peck）已经要求并收到了公司关于华盛顿情况的记录。派克希望它们能包含一些关于如何处理芝加哥运动的建议（W. H. Myers 致 G. L. Peck，1909 年 12 月 10 日，box 1271, folder 15）。

43. W. A. Garrett 致 Cantillon et al.，1912 年 9 月 18 日，PA RR MSS, box 1271,

folder 17，哈格里图书馆。有趣的是，下属委员会一致认为在不到一周的时间内成立烟雾检查联合局是不可取的，但是该协会显然忽视了这一建议。

44. 芝加哥铁路运营烟雾检查联合局，"Instructions for Making Reports，"1912 年 12 月 17 日，PA RR MSS，box 1271，folder 17；芝加哥总经理协会，1914 年 5 月 28 日，PA RR MSS，box 1272，folder 3，哈格里图书馆。

45. 芝加哥商业协会，*Smoke Abatement and Electrification of Railway Terminals in Chicago*（1915），19 – 23。

46. 芝加哥商业协会，*Smoke Abatement and Electrification*，19 – 23；W. F M. Goss，"Smoke as a Source of Atmospheric Pollution，" *Journal of the Franklin Institute* 181（1916）：306；Chicago *Tribune*，1913 年 5 月 20 日。

47. Chicago *Record-Herald*，1911 年 12 月 2 日以及 1912 年 3 月 30 日。当然，在电气化的许多方面，女性不得不听从工程师和经济学家的意见。但是在一个关键问题，即电气化的时机上，这些女性和其他任何群体一样专业。虽然反烟联盟的妇女并没有提供详细的烟雾解决方案，但是她们已确定电气化将是消除铁路烟雾的唯一永久和彻底的办法。因此，对妇女来说，唯一相关的问题是城市何时将强制电气化。1911 年底，对于该协会的工程师、经济学家以及市长来说，还有几个问题需要回答，尤其是关于电气化在经济上的可取性问题。

48. Chicago *Tribune*，1913 年 5 月 12 ~ 13 日。八家铁路公司派代表参加了这个委员会：伯灵顿铁路公司、西北铁路公司、圣保罗铁路公司、宾夕法尼亚铁路公司、伊利诺伊中央铁路公司、纽约中央铁路公司、圣达菲铁路公司和洛克岛铁路公司。1913 年初，铁路公司每个月要花费大约 15000 美元在 C. A. C. 的研究上。这些费用按照轨道里程和进入城市的客车数量的公式分摊在道路上。在这种安排下，芝加哥和西北铁路公司支付最多，四年来平均每月略高于 2000 美元。伊利诺伊中央铁路每月支付约 1800 美元。铁路公司通过总经理协会支付他们的费用。参见 W. S. Tinsman 致 B. McKeen，1913 年 4 月 18 日，PA RR MSS，box 1272，folder 1，哈格里图书馆。

235

49. Chicago *Tribune*，1913 年 5 月 20 日。

50. Chicago *Tribune*，1913 年 6 月 3 日。

51. Chicago *Tribune*，1915 年 11 月 3 日；芝加哥商业协会（1915），1052。报告还列出了 1912 年芝加哥铁路消耗的煤炭总量和种类。数据显示，即使多年来承

诺改用无烟燃料（如焦炭或无烟煤），甚至是来自西弗吉尼亚州的烟雾较少的
波卡洪塔斯煤，该市的铁路仍严重依赖伊利诺伊和印第安纳州的肮脏烟煤。
该市机车消耗的煤炭中有 72% 以上是烟煤。*Journal of the Franklin Institute* 181
(1916)：318.

52. 一幅 *Record-Herald* 的漫画描绘了妇女坐在办公大楼的顶层，一边编织毛衣，
一边观察违规的烟囱。虽然女性不太可能坐在每一栋建筑上，但是她们确实
系统地观察了芝加哥和其他城市周围的烟囱。参见第 3 章和图 3 - 1 对辛辛那
提妇女俱乐部活动的概述。

53. 芝加哥商业协会（1915），173；Chicago *Record-Herald*，1911 年 2 月 16 日。报
告中关于机车排放对于芝加哥烟雾总量贡献的观点，与最近关于各种垃圾对
垃圾填埋场的贡献的观点非常相似。这项研究通过将大气尘埃和所有烟雾来
源包括在内，使得这一问题变得复杂化，同时也将电气化对总的空气质量的
影响降到最低。

54. 协会依靠已出版的材料来撰写这一部分，特别是梅隆调查公报。这些公报在
1913 年和 1914 年出版，是戈斯从奥康纳那里得到的。参见 W. F. Goss 和 John
O'Connor 的通信，1913 年 7 月 23 日至 1914 年 5 月 19 日，Smoke Investigation
Activities MSS，series 1，folder 21，匹兹堡大学图书馆。

55. C. A. C. 要求的信息量甚至让宾夕法尼亚铁路公司总经理 G. L. 派克也感到惊
讶。他在收到一份调查问卷后写道："看起来这些人想要非常详细的信息，我
不知道他们想要干什么，但是我想你能够很方便地得到问卷。"（Peck 致
W. H. Scriven，1912 年 3 月 26 日，PA RR MSS，box 1271，folder 17，哈格里图
书馆）关于 C. A. C. 的贺拉斯·G. 伯特（Horace G. Burt）的铁路调查问卷，
参见 box 1272，folder 1。

56. Chicago Association of Commerce（1915），1051 - 52.

57. Goss，"Smoke as a Source of Atmospheric Pollution," *Journal of the Franklin
Institute* 181（1916）：305 - 38.1915 年，戈斯也曾在西宾夕法尼亚工程师协会
发表演讲，他演讲的内容重刊在 *Steel and Iron* 49，pt. 1（1915）：224 - 26。戈
斯是一位受人尊敬的工程师，有治理机车烟雾方面的背景。他曾在商业协会
委员会任职，并与矿业局一起发表了一份关于机车燃料试验的公报 [W. F. M
Goss，"Comparative Tests of Run-of-Mine and Briquetted Coal on Locomotives,"

Bureau of Mines Bulletin No. 363（1908）］。有关戈斯的简短传记，参见 *Municipal Engineering* 45（1913）：151。

58. "Where Smoke Really Comes From：The Truth about the Smoke Nuisance," 由宾夕法尼亚铁路系统的宣传部门重印，来自 *Railway and Locomotive Engineering*（1916 年 1 月），3 - 4。即使接受该协会关于铁路仅占该市烟雾的 22% 的说法，彻底消除这一部分烟雾也意味着空气的清晰度会有显著的不同（尤其是湖滨和铁路终点站附近的空气）。宾夕法尼亚的小册子引起了 Cincinnati *Times-Star* 的注意，该报发表社论谴责这条铁路。"这样一本小册子的发行，只不过是笨拙地回避了烟雾问题，却让人怀疑宾夕法尼亚铁路在减少烟雾危害方面的诚意，" 社论写道。这篇社论措辞非常强硬，以至于总经理 B. 麦肯恩（B. McKeen）要求大卫·克劳福德派动力部门的代表与编辑查尔斯·塔夫脱（Charles Taft）讨论此事。塔夫脱向宾夕法尼亚铁路公司保证，社论不是他写的。参见 McKeen 致 Crawford，1916 年 4 月 7 日，以及 Crawford 致 McKeen，1916 年 4 月 29 日，PA RR MSS，box 1279，folder 1，哈格里图书馆；Cincinnati *Times-Star*，1916 年 3 月 15 日。

59. "A Remarkable Exhibit of Railway Apparatus," *Electric Journal* 12（1915）：477 - 80。广受好评的巴拿马—太平洋博览会展示了这座城市奇迹般的重生，这座城市在 9 年前几乎被摧毁，当时一场地震引发的大火吞噬了这座城市。

60. Chicago *Tribune*，1915 年 11 月 4 日，12 月 3 日；John F. Stover，*The History of the Illinois Railroad*（New York：Macmillan，1975），298 - 99。

61. 有关伯明翰的详细描述，参见 Marjorie Longenecker White，*The Birmingham District：An Industrial History and Guide*（Birmingham：Birmingham Historical Society，1981），尤其是 46 ~ 64 页。也可参见 Carl V. Harris，*Political Power in Birmingham，1871 - 1921*（Knoxville：University of Tennessee Press，1977），12 - 38。

62. 引自 Harris，*Political Power in Birmingham*，229。

63. W. David Lewis，*Sloss Furnaces and the Rise of the Birmingham District*（Tuscaloosa：University of Alabama Press，1994），324 - 25。

64. Birmingham *Age-Herald*，1913 年 1 月 17 日。

65. *Age-Herald* 在烟雾减排辩论中一贯使用 "pay roll" 而不是 "payroll"。

66. Birmingham *Age-Herald*, 1913 年 1 月 17 日、28 日。

67. "Soft Coal Bound to Produce Smoke," Birmingham *Age-Herald*, 1913 年 1 月 28 日。

68. "Smoke Ordinance Impracticable," Birmingham *Age-Herald*, 1913 年 1 月 28 日; "Smoke Ordinance Is Last Straw; Small Plants Prepare to Leave," *Age-Herald*, 1913 年 1 月 30 日; "More Small Industries Needed," *Age-Herald*, 1913 年 2 月 4 日。

69. Birmingham *Labor-Advocate*, 1913 年 1 月 31 日。

70. Joel A. Tarr, "Searching for a 'Sink' for an Industrial Waste: Iron-Making Fuels and the Environment," *Environmental History Review* 18 (1994): 9 – 34.

71. White, *The Birmingham District*, 63; Birmingham *Labor-Advocate*, 1913 年 2 月 14 日、21 日。

72. Birmingham *Age-Herald*, 1913 年 2 月 1 日。

73. Birmingham *Age-Herald*, 1913 年 1 月 30 日, 2 月 4 日。

74. "Can See No Difference in Atmosphere of City," Birmingham *Age-Herald*, 1913 年 2 月 4 日; "Smoke Not as Bad as Dust, Say Well Known Citizens," *Age-Herald*, 1913 年 2 月 4 日。

75. Birmingham *Age-Herald*, 1913 年 2 月 8 日、22 日、26 日。

76. Birmingham *Age-Herald*, 1913 年 3 月 1 日; Lewis, *Sloss Furnaces and the Rise of the Birmingham District*, 325; Harris, *Political Power in Birmingham*, 230。当然，伯明翰并不是唯一一个未能创造出有效控制烟雾排放方法的城市。在其他年轻的工业城市，尤其是在一两个主要由雇主主导工资和政治的城市，对工业污染的有意义的监管几乎没有得到公众支持。例如，在印第安纳州的加里（Gary），美国钢铁公司（United States Steel）完全控制着这座城市，以至于市政官员没有尝试对其烟雾排放进行监管，尽管该市在 1910 年通过了一项反烟条例。同样在蒙大拿州的比特，减少烟雾的努力也收效甚微。早在 1890 年代，当地妇女和一名医生就曾游说市政府采取行动，治理该市冶炼厂造成的严重空气污染。尽管这种积极行动确实引起了对污染最严重的矿石焙烧过程的一些限制，但是出于对冶炼厂的积极监管可能导致失业的担忧，该行业的真正改革受到阻碍。事实上，直到这座城市的几个冶炼厂被拆除，比特才迎来有毒冶炼厂排放的真正缓解。参见 Andrew Hurley, *Environmental Inequalities* (Chapel Hill: University of North Carolina Press, 1995), 38 - 39; Donald MacMillan, "A History of the Struggle to Abate Air Pollution from Copper Smelters" (Ph. D. diss., University of Montana, 1973), 13 - 43。

第七章　战争意味着烟雾

1. Pittsburgh *Gazette Times*, 1916 年 10 月 23 日; H. M. Wilson 致 William Todd, 1912 年 7 月 6 日, Smoke Investigation Activities MSS, series 3, folder 1, 匹兹堡大学图书馆。

2. Pittsburgh *Gazette Times*, 1916 年 10 月 24 日; *Power* 44 (1916): 671。莫尼特这周的日程很忙，他也在全国固定工程师协会和扶轮与公民俱乐部（Rotary and Civic clubs）联席会议上发表演说。

3. 参见国际防烟协会，"Proceedings"（1915 和 1916）。当然，考虑到胡德在矿业局的工作，他的专业知识是毋庸置疑的。

4. Pittsburgh *Gazette Times*, 1916 年 10 月 25 日。

5. Pittsburgh *Gazette Times*, 1916 年 10 月 24 日。

6. 反对烟雾的言论从健康 - 美丽 - 清洁向效率的转变并不需要对旧的观点进行反驳。相反，效率问题的重要性日益上升，这标志着焦点已从公共环境问题转向私人节约问题。

7. 洛尼根关于纽约烟雾状况的报告在 *Heating and Ventilating Magazine* 14 (1917 年 10 月): 29 上转载。Daniel Maloney, "In the Interest of Smoke Regulation and Coal Conservation" (1918), 1 - 2。

8. *Power* 47 (1918): 565; *Survey* 40 (1918): 45. 虽然联盟希望海报将减少烟雾与节约燃料联系起来，但是有些海报合并了两个主要的烟雾减排主题，结合了美学和节约的论点。"为美丽和民主而战——帮助减少烟雾和节约燃料——让你的城市变得美丽，帮助打赢这场战争。"一张海报要求（Smoke MSS, series 3, folder 20, 匹兹堡大学图书馆）。

9. Pittsburgh Bureau of Smoke Regulation, "Hand Book for 1917," 3.

10. New York *Times*, 1917 年 12 月 13 日。有关能源危机和联邦政府反应的讨论，

238

参见 John G. Clark，*Energy and the Federal Government*（Urbana：University of Illinois Press，1987），50 – 88。

11. James Johnson，*The Politics of Soft Coal*（Urbana：University of Illinois Press，1979），63；New York *Times*，1917 年 11 月 15 日和 1918 年 1 月 2 日、9 日。

12. New York *Times*，1917 年 12 月 13 日、21 日和 1918 年 1 月 18 日；"Finding Coal for Empty Buckets," *Survey* 39（1918）：449。肺炎并不是燃料危机导致的唯一与烟雾有关的问题。1918 年 2 月，当美国开始走出煤炭短缺的低谷时，通用电气总裁 E. W. 莱斯（E. W. Rice）敦促美国将所有铁路电气化，作为解决煤炭短缺和运输问题的一种手段。莱斯认为由于提高了效率，电气化每年将为美国节省 1 亿吨煤。此外，更强大的电力机车将大大增加单辆列车的牵引能力。参见 "Urges Electric Power for All Railroads," New York *Times*，1918 年 2 月 16 日。

13. 就在政府准备缓解煤炭短缺之际，亨德森游说联邦政府就此问题采取广泛行动，试图确保涉及煤炭供给的联邦行动也包括减少烟雾。亨德森认为烟雾管制应该在联邦政府的控制之下，因为 "它的重要性太大，不能只局限于市、县或州的范围内"。"Smoke Abatement Means Economy," *Power* 46（1917）：126 – 27.

14. New York *Times*，1918 年 1 月 19 日。

15. 在被任命时，加菲尔德是威廉姆斯学院的校长。作为威尔森（Wilson）在学界的老熟人，他对煤炭工业几乎没有什么经验。参见 James Johnson，"The Wilsonians as War Managers：Coal and the 1917 – 18 Winter Crisis," *Prologue* 9（1977）：193 – 208。

16. Johnson，*The Politics of Soft Coal*，48 – 70 多处，70 – 73。机车的煤耗不是一个小问题。1917 年，机车消耗了全国煤炭总产量的 21%。参见 Illinois Engineering Experiment Station，"The Economical Use of Coal in Railway Locomotives," *University of Illinois Bulletin* 16（1918 年 9 月）：9。

17. Johnson，*The Politics of Soft Coal*，67 – 69；New York *Times*，1918 年 1 月 18 日、26 日。关于对加菲尔德工厂关闭的消极反应的讨论，参见 James Johnson，"The Fuel Crisis, Largely Forgotten, of World War I," *Smithsonian* 7（1976）：64 – 70。加菲尔德关闭工厂的命令激怒了许多参议员。内布拉斯加州的希区柯

克（Hitchcock）称其为"国家灾难"，密西西比州的瓦达马（Vardamar）评论道："在我看来，这个命令在这种情况下是没有道理的。"参议院详细讨论了这一命令，然后批准了一项决议，要求推迟 5 天执行，以便更详细地讨论其影响。参见 *Congressional Record*，65th Cong.，2nd sess.，1918，56，pt. 1，912 – 22，928 – 36。

18. "Alarming Fuel Situation Is Described," *Iron Age* 101（1918）：1546 – 47；James Garfield, *Final Report of the United States Fuel Administrator*（Washington, D. C., 1919），246 – 47，250 – 51. 加菲尔德的报告中还包括保护局（Bureau of Conservation）代理局长奥古斯都·柯布（Augustus Cobb）的报告。

19. Garfield, *Final Report*, 248 – 50.

20. 同上，248 – 55。布雷肯里奇从伊利诺伊大学工程系转移到了耶鲁大学。参见 L. P. Breckenridge, "The Conservation of Fuel in the United States：An Outline for a Proposed Course of Lectures in Higher Educational Institutions"（1918），7，68。燃料管理局并不是唯一积极促进节约燃料的政府机构。作为提高全国煤炭消费效率的持续努力的一部分，矿业局在战争期间面向火夫发布了一张海报。在一面美国国旗和首都大楼的背景下，海报上写着："拿铲子的人控制着煤炭的明智使用。国家需要利用他的技术来防止燃料浪费，使我们保持温暖，并推动工业的车轮取得胜利。"（Smoke MSS，series 3，folder 21，匹兹堡大学图书馆）

21. 早在 1881 年，宾夕法尼亚州的地质学家富兰克林·普拉特（Franklin Pratt）就对无烟煤在开采和加工过程中的浪费表示了担忧。他声称，只有不到三分之二的可用煤炭被运出了矿井，其余的都用来支撑矿井的顶部。参见 Pratt, *Second Geological Survey of Pennsylvania*（1881），39。吉福德·平肖对煤炭供应的担忧还涉及煤矿的煤炭浪费。平肖认为矿业利益集团把煤炭当作取之不尽、用之不竭的东西，煤炭开采效率低下，只开采最容易开采的部分，而把其余部分留下。参见 Pinchot, *The Fight for Conservation*（New York：Doubleday, Page，1910），6 – 7。

22. Breckenridge, "The Conservation of Fuel in the United States," 75 – 76. 虽然烟雾减排不是燃料管理局的主要关切事项，但是煤炭节约——国家参加了燃料节约运动——经常重新引起对与烟雾减排运动有关问题的关切。例如，行业刊

物 *Heating and Ventilating Magazine* 曾在前几年出版过"无烟锅炉版"（Smokeless Boiler Edition），但是在 1918 年被"燃料节约版"（Fuel Conservation Edition）取代。该版并没有把重点放在无烟燃烧上，而是包含了有关煤炭状况的各种信息。*Heating and Ventilating Magazine* 15（1918），44 – 45.

23. "To Save Coal by Using Daylight," *Literary Digest* 56（1918 年 2 月 16 日）：14；"The Social Benefits of Daylight Savings," *Survey* 39（1918）：420；"Why Moving Clocks ahead Will Help Win the War," *Current Opinion* 64（1918）：366 – 67；州际和外国商务委员会（House Committee on Interstate and Foreign Commerce），*Daylight Saving*, 65th Cong., 2nd sess., 1918, H. Rept. 293, 1 – 12；New York *Times*, 1918 年 3 月 3 日、16 日、20 日、31 日。

24. 煤矿工人联合会主席弗兰克·海恩斯（Frank Haynes）在 1918 年 1 月说："不幸的是，美国人民正遭受着煤荒的苦难，而他们的家门口几乎有取之不尽、用之不竭的煤炭供应。"（New York *Times*, 1918 年 1 月 17 日）

25. Carl Harris, *Political Power in Birmingham, 1871 – 1921*（Knoxville：University of Tennessee Press, 1977），230；*Power* 47（1918）：6；45（1917）：461；46（1917）：330；汉密尔顿县烟雾减排联盟（Smoke Abatement League of Hamilton County），"Report of the Superintendent, 1916"（1917），7；Walter Pittman, "The Smoke Abatement Campaign in Salt Lake City, 1890 – 1925," *Locus* 2（1989）：73。

26. "City Will Have Winter of Smoke," Milwaukee *Sentinel*, 1918 年 11 月 25 日。

27. Philadelphia, *Annual Reports*（1917），1：300.

28. Philadelphia, *Annual Reports*（1917），1：299；（1918），1：283；Osborn Monnett, "Smoke Abatement," *Bureau of Mines Technical Paper 273*（1923），1.

29. "Pittsburgh Smoke Regulation in 1918," *Power* 49（1919）：469；汉密尔顿县烟雾减排联盟，"Report of the Superintendent, 1916"（1917），7；John O'Connor 致 D. W. Kuhn, 1918 年 1 月 22 日，Kuhn 致 O'Connor, 1918 年 1 月 31 日，Smoke MSS, series 3, folder 10, 匹兹堡大学图书馆。

30. *Power* 45（1917）：461. 除了战争带来的所有复杂情况之外，当匹兹堡的亨德森在 1918 年逝世后，烟雾减排运动还失去了一个最有影响力的人物和持续性的声音。参见 *Power* 49（1919）：470。

31. Pittsburgh *Post*，1917 年 7 月 15 日。

32. William G. Christy，"History of the Air Pollution Control Association,"*Journal of the Air Pollution Control Association* 10（1960 年 4 月）：128；"Smoke Prevention Association Proceedings，12th Annual Convention，Columbus，OH，1917,"70 - 71。

33. *Power* 48（1918）：398 - 400；O'Connor 致 Hoffman，1916 年 7 月 22 日，Smoke MSS，series 4，folder 6，匹兹堡大学图书馆。

34. *Power* 48（1918）：398 - 400. 政府官员的唯一演讲来自燃料管理局节约部（Conservation Department）的罗伯特·卡雷特（Robert Collett）。

35. Chicago *Record-Herald*，1908 年 11 月 25 日。

36. 当然，城市居民把不纯净的水（impure water）和污水（sewage）与疾病联系起来的证据比他们把空气污染与健康问题联系起来的证据要多得多，这是第一次世界大战前几十年在公共水厂建设方面取得显著成就的原因。参见 Stuart Galishoff，"Triumph and Failure：The American Response to the Urban Water Supply Problem，1860 - 1923,"in *Pollution and Reform in American Cities*，*1870 - 1930*，ed. Martin Melosi（Austin：University of Texas Press，1980）。

241

第八章　"我的烟雾在哪里?"：走向成功的运动

1. 摘自《密尔沃基立法参考书图书馆汇编》（Milwaukee Legislative Reference Library Collection），Milwaukee *Journal*，1928 年 11 月 23 日；1929 年 3 月 10 日；4 月 28 日；1932 年 9 月 7 日；1933 年 3 月 23 日。

2. Milwaukee *Journal*，1935 年 11 月 19 日，12 月 1 日；1941 年 1 月 15 日。

3. 克利夫兰妇女城市俱乐部《剪贴簿》（*Scrapbook*）：Cleveland *Plain Dealer*，1922 年 2 月 19 日、20 日和 3 月 11 日、12 日；Cleveland *Press*，1922 年 2 月 27 日、28 日和 3 月 16 日；Cleveland *News*，1922 年 12 月 2 日；1923 年克利夫兰妇女城市俱乐部手稿，西部保留地历史学会（Western Reserve Historical Society）。

4. 烟雾减排委员会，1926，妇女城市俱乐部 MSS，西部保留地历史学会；克利夫兰区域协会（Regional Association of Cleveland），"Smoke Abatement Activities of

the Regional Association, 1937 – 1941"（1941），1 – 2。

5. "Dr. Moore Urges Scientific Attack on Smoke Evil," St. Louis *Post-Dispatch*，1923 年 3 月 7 日；Joel Tarr 和 Carl Zimring，"The Struggle for Smoke Control in St. Louis： Achievement and Emulation," 载于 *The Environmental History of St. Louis*，ed. Andrew Hurley（St. Louis：Missouri Historical Society，1997）；"A Clean Sweep for Smoke," St. Louis *Post-Dispatch*，1923 年 3 月 17 日；"Smoke Injury to Park Trees," *Post-Dispatch*，1924 年 7 月 13 日。关于对 1930 年代初烟雾减排的评论，参见亨利·奥伯迈耶的 *Stop That Smoke!*（New York：Harper & Brothers，1933）。与许多改革家一样，奥伯迈耶低估了早期活动人士的作用，基本上对战前几十年的反烟运动置之不理。奥伯迈耶对烟雾问题的描述与战前活动人士的描述非常相似，但是有三个例外：他强调家庭烟雾比工业排放更重要，这可能反映了工业减排的改善以及大萧条导致的工业污染的减少；他认为不可见的空气污染是排放问题的主要部分，反映出人们对空气污染的复杂性以及不可见气体对健康重要影响的认识不断加深；他还讨论了烟雾在限制商业航空旅行中的作用，这在第一次世界大战之前显然不是一个问题。

6. United States Bureau of Mines，"Smoke Investigation at Salt Lake City, Utah," *Bulletin 254*（1926），1 – 9。

7. H. W. Clark，"Results of Three Years of a Smoke Abatement Campaign," *American City* 31（1924）：343 – 44；United States Bureau of Mines，*Bulletin 254*（1926），2：94 – 95；Walter E. Pittman，"The Smoke Abatement Campaign in Salt Lake City，1890 – 1925," *Locus* 2（1989）：77 – 78.

8. John G. Clark，*Energy and the Federal Government*（Urbana：University of Illinois Press，1987），22；United States Bureau of the Census，*Historical Statistics of the United States*（Washington，1960），356，359.

9. Chester G. Gilbert and Joseph E. Pogue，"Coal：The Resource and Its Full Utilization," *United States National Museum Bulletin* 102，pt. 4（1917）：8.

10. Chicago *Tribune*，1926 年 5 月 31 日，6 月 6 日，7 月 11 日，参见宾夕法尼亚铁路公司 MSS，box 437，folder 19，哈格里图书馆。

11. Kurt C. Schlichting，"Grand Central Terminal and the City Beautiful in New York," *Journal of Urban History* 22（March 1996）：332 – 49；Carl Condit，*The Port of New York：A History of the Rail and Terminal System from the Grand Central*

Electrification to the Present（Chicago：University of Chicago Press，1981），190 –
98. 有关对空气权发展的描述，参见 William D. Middleton，*Grand Central. . . the
World's Greatest Railway Terminal*（San Marino：Golden West Books，1977）。

12. Chicago *Tribune*，1926 年 6 月 6 日，藏于 PA RR MSS，box 437，folder 19，哈格
里图书馆。

13. Chicago *Tribune*，1926 年 10 月 6 日，PA RR MSS，box 437，folder 20，哈格里图
书馆。

14. "Proceedings of the Committee on Railway Terminals and Committee on Judiciary of
the City Council of Chicago, In Re Electrification of Railway Terminals," 1926 年 7
月 19 日，PA RR MSS，box 438，folder 1，哈格里图书馆；Chicago *Evening
American*，1926 年 8 月 7 日；Chicago *Daily News*，1926 年 8 月 7 日；Chicago
Tribune，1926 年 8 月 12 日。

15. "Statement of T. B. Hamilton, Regional Vice President," PA RR MSS，box 437，
folder 15，哈格里图书馆；Chicago *Tribune*，1926 年 8 月 11 日。纽约中央铁路
公司副总裁乔治·哈伍德（George Harwood）暗示更新 1915 年的报告需要一
年时间。乔治·吉布斯向宾夕法尼亚铁路公司总裁阿特伯里（Atterbury）报告
说，他和汉密尔顿只有在"情况严重恶化时"才支持更新活动（Gibbs 致
Atterbury，1926 年 10 月 16 日，PA RR MSS，box 437，folder 15，哈格里图书
馆）。

16. Sam H. Schurr and Bruce C. Netschert, *Energy in the American Economy*, *1850 –
1975*（Baltimore：Johns Hopkins University Press，1960），508 – 9.

17. 烟雾预防协会，"Proceedings of the 28th Annual Convention, Buffalo, New York,
1934," 30 – 33. 在这次大会上，钱伯斯宣读了莫尼特撰写的一篇论文，总结
了 C. W. A. 项目，无疑鼓舞了其他城市为自己的研究申请联邦资金。

18. Frank A. Chambers 致 General Managers Association，1934 年 1 月 26 日，PA RR
MSS，box 437，folder 17，哈格里图书馆。有关广播在芝加哥人生活中日益重
要的讨论，参见 Lizabeth Cohen，*Making a New Deal*：*Industrial Workers in
Chicago*，*1919 – 1939*（New York：Cambridge University Press，1990），129 –
43。

19. 动力总监（General Superintendent of Motive Power）致 F. W. Hankins，1934 年 2

243　　月 2 日，PA RR MSS，box 437，folder 17，哈格里图书馆；"500 WPA Workers Analyze Air Pollution from Smoke," *Smoke* 4 （1939 年 4 月）：1；钱伯斯致总经理协会，1939 年 1 月 25 日，PA RR MSS，box 437，folder 13，哈格里图书馆。

20. Sol Pincus and Arthur Stern, "A Study of Air Pollution in New York City," *American Journal of Public Health* 27 （1937 年 4 月）：321 – 33；*Heating*, *Piping*, *and Air Conditioning* 17 （1945）：447 – 54，495 – 501，557 – 58。

21. 工程进度管理局，"Air Pollution, City of Pittsburgh, PA" （1940?），Smoke Investigation Activities Archive，series 1，folder 32，匹兹堡大学。

22. 克利夫兰市公共安全部 （City of Cleveland Department of Public Safety），"W. P. A. District No. 4, Smoke Abatement Project" （1939?）；"Summary of Smoke Abatement Progress, Cleveland, Ohio：Smoke Abatement Survey, Heating, Power Plant & Incinerator Survey" （1939?）。

23. "Summary of Smoke Abatement Progress, Cleveland, Ohio," 5，22 – 25；市政研究与服务部 （Department of Municipal Research and Service），"Smoke Abatement Study of Industrial Plants and Railroads in the City of Louisville, Jefferson County, Kentucky" （1939?）。路易斯维尔报告的结论是：在供暖季节，家内污染源造成了该市 50% 以上的烟雾。参见 Civic Club of Allegheny County，"Smoke Memo-Meeting of Tuesday, January 28, 1941," Civic Club Records，box 11，folder 182，匹兹堡大学。

24. William Christy, "History of the Air Pollution Control Association," *Journal of the Air Pollution Control Association* 10 （1960 年 4 月）：128 – 31。

25. 烟雾预防协会，"Program 33rd Annual Convention, Milwaukee, Wisconsin, June 13 – 16, 1939," PA RR MSS，box 437，folder 17，哈格里图书馆；"Smoke, Official Bulletin Smoke Prevention Association, Inc. " （1940 年 5 月）；David F. Noble, *America by Design：Science*, *Technology*, *and the Rise of Corporate Capitalism* （New York：Knopf, 1977），49。关于工程师的职业地位的讨论，参见 Edwin T. Layton, *The Revolt of the Engineers：Social Responsibility and the American Engineering Profession* （Cleveland：Case Western University Press，1971）。

26. 圣路易斯的减排故事引起了相当大的关注。我非常依赖乔尔·塔尔和卡尔·

齐姆林（Carl Zimring）合著的 "The Struggle for Smoke Control in St. Louis：Achievement and Emulation，" in *Common Fields*，ed. Andrew Hurley。要了解更多细节，参见 Oscar Hugh Allison，"Raymond R. Tucker：The Smoke Elimination Years，1934 – 1950"（Ph. D. diss.，St. Louis University，1978）。塔克自己也写了很多关于他在圣路易斯所做努力的文章，参见 Tucker，"A Smoke Elimination Program That Works，" *Heating，Piping，and Air Conditioning* 17（1945）：463 – 69，519 – 23，605 – 10。

27. 94% 的数据来自圣路易斯煤炭交易所。St. Louis *Post-Dispatch*，1939 年 5 月 9 日；Tarr and Zimring，"The Struggle for Smoke Control in St. Louis，" 207 – 10。在塔克行动之前，有关无烟燃料必要性的评论参见 Victor J. Azbe，"Rationalizing Smoke Abatement，" in *Proceedings of the Third International Conference on Bituminous Coal*，1931 年 11 月 16 日至 21 日（Pittsburgh：Carnegie Institute of Technology，1931），2：593 – 638；尤其是637。

28. Allison，"Raymond R. Tucker，" 11 – 15；St. Louis *Post-Dispatch*，1936 年 12 月 9 日。

29. St. Louis *Post-Dispatch*，1937 年 1 月 21 日和 2 月 5 日、6 日。

30. St. Louis *Post-Dispatch*，1937 年 6 月 18 日、22 日，8 月 12 日，11 月 24 日；1938 年 12 月 1 日；1939 年 3 月 27 日，4 月 2 日，11 月 23 日；Tucker，"A Smoke Elimination Program That Works，" 466；Allison，"Raymond R. Tucker，" 20 – 21。

31. St. Louis *Post-Dispatch*，1939 年 11 月 26 日至 30 日，12 月 1 日至 13 日；*Life*，1940 年 1 月 15 日，9 – 11；"St. Louis Blacks-Out，" *Business Week*，1939 年 12 月 13 日；Tarr and Zimring，"The Struggle for Smoke Control in St. Louis，" 212 – 14。

32. St. Louis *Post-Dispatch*，1939 年 12 月 2 日、3 日和 12 日。

33. St. Louis *Post-Dispatch*，1939 年 5 月 27 日和 1940 年 2 月 25 日，4 月 8 日。

34. St. Louis *Post-Dispatch*，1940 年 4 月 16 日。

35. St. Louis *Post-Dispatch*，1940 年 4 月 18 日，11 月 26 日，12 月 1 日；Tarr and Zimring，"The Struggle for Smoke Control in St. Louis，" 216 – 18。有关对条令的赞扬，参见 J. H. Carter，"Does Smoke Abatement Pay？" *Heating，Piping，and Air Conditioning* 18（1946 年 4 月）：80 – 84。

244

36. 乔尔·塔尔认为 1940 年之后的成功源于两个方面：三名关键人物的积极参与，即市议员亚伯拉罕·沃克（Abraham Wolk）、匹兹堡《媒体》编辑爱德华·里奇（Edward Leech）和卫生部门的 I. 霍普·亚历山大（I. Hope Alexander）博士；圣路易斯的例子提供了一个模型和灵感。参见 Joel Tarr and Bill Lamperes，"Changing Fuel-Use Behavior and Energy Transitions：The Pittsburgh Smoke Control Movement，1940－1950，" *Journal of Social History* 14（1981 年夏）：561－88。我非常依赖塔尔对匹兹堡运动的解释。

37. Pittsburgh *Press*，1941 年 2 月 19 日；Tarr and Lamperes，"Changing Fuel-Use Behavior and Energy Transitions：The Pittsburgh Smoke Control Movement，" 565。

38. 阿勒格尼县市民俱乐部 "Smoke Meeting，" 1941 年 2 月 20 日和 "Report of the Mayor's Commission for the Elimination of Smoke"（1941），1－19，Civic Club Records，box 11，folder 182，匹兹堡大学。

39. "The Western Pennsylvania Coal Operators Association Reports on a Plan to Reduce Air Pollution in Greater Pittsburgh"（1941），1－21，市民俱乐部 MSS，box11，folder 182，匹兹堡大学。

40. Pittsburgh *Press*，1941 年 3 月 23 日，24 日，25 日；Pittsburgh *Sun-Telegraph*，1941 年 3 月 25 日，Civic Club MSS，box 11，folder 189，匹兹堡大学；"Report of the Mayor's Commission，" 8－11。

41. Tarr and Lamperes，"Changing Fuel-Use Behavior and Energy Transitions，" 565－71；"Report of the Mayor's Commission，" 19。

42. Tarr and Lamperes，"Changing Fuel-Use Behavior and Energy Transitions，" 572－75；"Minutes Special Meeting of the United Smoke Council of the Allegheny Conference，" 1946 年 2 月 23 日，市民俱乐部 MSS，box 14，folder 220，匹兹堡大学。

43. Tarr and Lamperes，"Changing Fuel-Use Behavior and Energy Transitions，" 574－75；United Smoke Council，"That New Look in Pittsburgh"（1948?），市民俱乐部 MSS，box 14，folder 221，匹兹堡大学。

44. Tarr and Lamperes，"Changing Fuel-Use Behavior and Energy Transitions，" 576；Joel Tarr，"Railroad Smoke Control：The Regulation of a Mobile Pollution Source，" 见 *The Search for the Ultimate Sink*（Akron：University of Akron Press，1996），

277 - 78。

45. 烟雾减排联盟，"1928，Annual Report of the Superintendent，" 2；"1933，Annual Report of the Superintendent，" 1 - 4；烟雾减排联盟，"Smoke and Soot Pollution Analysis，1934 - 1935" (1935)，3。

46. 烟雾减排联盟，"1937，Annual Report，" 3。

47. 烟雾减排联盟，"1941，Annual Report，" 1。

48. 塔夫脱是威廉·塔夫脱 (William Howard Taft) 之子，查尔斯·塔夫脱 (Charles P. Taft) 的侄子，后者曾出版过 Times-Star，并且在第一次世界大战前的反烟运动中非常活跃。

49. Gore 致 Leggett 和 Company，1940 年 4 月 4 日；Border 致 Taft，1940 年 4 月 5 日；Taft 致 Kreger 和 Leggett，1940 年 4 月 8 日，均见 Charles P. Taft MSS，box 32，folder 10，辛辛那提历史学会。

50. Castellini 致 Taft，1940 年 4 月 2 日；Harold M. Buzek 致 Taft，1940 年 4 月 2 日；Taft 致 Buzek，1940 年 4 月 3 日，均见 Taft MSS，box 32，folder 10，辛辛那提历史学会。

51. 有关煤炭生产商烟雾减排委员会的简史，参见 H. B. Lammers，"Abatement of Smoke Can Make Markets for Virginia Coal" (1949)，以及"Report of Annual Meeting of Coal Producers Committee for Smoke Abatement" (辛辛那提，1951)，4 - 9。两者又可参见威斯特摩兰 (Westmoreland) Coal Archive，box 416，folder 7，哈格里图书馆。

52. 城市烟雾控制委员会 (Metropolitan Smoke Control Committee)，Testimony Presented to Cincinnati City Council Law Committee (1942)，2 - 67。该委员会由阿巴拉契亚煤炭公司的朱利安·E. 托比 (Julian E. Tobey) 担任主席。多年来，托比一直对烟雾问题感兴趣。1938 年，他在烟雾预防协会就"烟雾减排的现实意义"发表演讲。他指出，阿巴拉契亚煤炭公司正在努力减少烟雾，并指出该公司于 1936 年在辛辛那提组织了一场烟雾减排会议。托比很可能希望他的出现能抵消塔克的影响，后者也在协会发表了演讲。参见烟雾预防协会，Manual of Ordinances and Requirements in the Interest of Air Pollution Smoke Elimination and Fuel Combustion (1938)。

53. 城市烟雾控制委员会，2 - 3。

54. Cincinnati *Times-Star*，1942 年 1 月 6 日；Clarence A. Mills，*Air Pollution and Community Health*（Boston：Christopher Publishing House，1954），90 – 106。

55. 烟雾减排联盟，"1942，Annual Report，"1 – 5。

56. 辛辛那提存在三党制，宪章党（Charter Party）加入国家党中。宪章党议员，后于 1948 年至 1951 年担任市长的艾尔伯特·卡什（Albert Cash）在 1941 年引入了圣路易斯型法案。

57. Charles P. Taft，"Address before the meeting of the City Charter Committee，December 4，1946，"Taft MSS，box 4，folder 2，辛辛那提历史学会；*City Bulletin*，1947 年 3 月 11 日，6 – 10；空气污染控制联盟（Air Pollution Control League），"Twenty-Sixth Annual Soot & Dustfall Report，"1956 年 10 月 10 日。

58. Arthur C. Stern，"General Atmospheric Pollution，"*American Journal of Public Health* 38（July 1948）：966 – 69。

59. New York *Times*，1947 年 1 月 3 日，8 日，17 日。

60. New York *Times*，1947 年 3 月 7 日和 1948 年 5 月 5 日，6 月 8 日。

61. New York *Times*，1948 年 6 月 3 日、15 日，9 月 21 日，11 月 28 日；Winfield Scott Downs，ed.，*Who's Who in New York（City and State），1947*（New York：Lewis Historical Publishing Company，1947）。在 1997 年的博士论文中，斯科特·汉密尔顿·杜威（Scott Hamilton Dewey）主要基于《纽约时报》的文章，更加全面地描述了战后的运动。遗憾的是，杜威莫名其妙地把故事分成了两章，一章是关于官僚体制的变化，另一章是关于公众的压力。这种划分造成了一种不必要的尴尬，尤其是在他讨论公众行动主义之前就已经有了官僚主义的故事。参见 Scott Hamilton Dewey，"'Don't Breathe the Air'：Air Pollution and the Evolution of Environmental Policy and Politics in the United States，1945 – 1970"（Ph. D. diss.，莱斯大学，1997）。

62. New York *Times*，1948 年 10 月 22 日、31 日和 11 月 1 日、2 日、20 日；Lynne Page Snyder，"'The Death-Dealing Smog over Donora，Pennsylvania'：Industrial Air Pollution，Public Health Policy，and the Politics of Expertise，1948 – 1949，"*Environmental History Review* 18（1994 年春）：117 – 39。

63. New York *Times*，1949 年 2 月 2 日、3 日，3 月 1 日，7 月 7 日，8 月 16 日，10 月 28 日。杜威从阅读《纽约时报》的文章中得出了不同的结论，他声称多诺拉事件"刺激了纽约市政府的行动"。他的结论似乎很大程度上是基于这样一个事实:考虑到新的烟雾法的出台频率(5年3次),在多诺拉事件4个月之后就通过了反烟法案。参见 Dewey,"'Don't Breathe the Air,'"322 – 24。自1931年以来,克里斯蒂代表新泽西州的哈德逊县,一直活跃于烟雾预防协会。在哈德逊县,他领导着全国唯一的县级烟雾部门。1960年,克里斯蒂为该组织撰写了一篇简史:"History of the Air Pollution Control Association," *Journal of the Air Pollution Control Association* 10 (1960):126 – 37。

64. New York *Times*,1949年8月13日和1950年6月27日,7月16日,8月4日、9日、14日。

65. New York *Times*,1950年8月19日,9月20日,10月1日,12月15日和1951年1月3日。

66. New York *Times*,1951年1月11日、17日,2月1日。正如《纽约时报》后来报道的那样,在成立该委员会时,罗宾逊得到了无烟煤企业的资金支持。她后来归还了这笔钱(1951年8月2日)。

67. New York *Times*,1951年2月2日,5月9日;烟雾控制委员会,"What We Breathe"(纽约,1951)。

68. New York *Times*,1951年12月6日和1952年6月24日,9月25日,11月16日。

69. 煤炭生产商烟雾减排委员会,"A Survey of Heating and Power Plants, City of Cleveland, with Recommendations for the Elimination of Smoke"(辛辛那提,1946);Herbert G. Dyktor,"General Atmospheric Pollution," *American Journal of Public Health* 38(1948年7月):957 – 59;Snyder,"'The Death-Dealing Smog over Donora, Pennsylvania,'"126。

70. Christopher C. Sellers, *Hazards of the Job*:*From Industrial Disease to Environmental Health Science*(Chapel Hill:University of North Carolina Press, 1997),208 – 24,236。基霍的引言见于塞勒斯的著作,224。

71. 克利夫兰市空气污染控制部烟雾减排局(City of Cleveland Division of Air Pollution Control Bureau of Smoke Abatement),"Annual Report for 1947,"1 – 3;Tarr and Lamperes,"Changing Fuel-Use Behavior and Energy Transitions,"576 – 81。

247

结语 争取文明空气的斗争

1. Francis B. Crocker, "Coalless Cities," *Cassier's Magazine* 9 (1896): 231 – 38; "How Chicago's Smoke Problem Is Gradually Solving Itself," Chicago *Record-Herald*, 1908 年 11 月 21 日；矿业局，*Information Circular 7016* (1938), 9。玛莎·布鲁尔（Martha Bruere）还把电力称为"一种治疗烟雾病城市的方法"，*Collier's* 174 (1924): 28。她认为电力可以使城市更为清洁，并减少拥挤。

2. 从石油中提取的柴油在机车上取代煤炭方面进展缓慢，直到 1940 年代才大量转化为柴油电力技术。Thomas G. Marx, "Technological Change and the Theory of the Firm: The American Locomotive Industry, 1920 – 1955," *Business History Review* 50 (1976): 7 – 9; Joseph A. Pratt, "The Ascent of Oil: The Transition from Coal to Oil in Early Twentieth-Century America," 收录于 *Energy Transitions: Long-Term Perspectives*, ed. Lewis J. Perelman (Boulder: Westview Press, 1981), 11 – 22。1902 年无烟煤罢工导致纽约和其他东部城市的煤炭短缺，当时，石油似乎是煤炭的一个潜在替代品。随着 1900 年和 1901 年得克萨斯和加利福尼亚发现石油，更多的优质石油供应开始进入城市市场。由于罢工期间煤炭价格上涨，石油突然成为一种可行的替代品。"石油可能取代煤炭，" New York *Tribune* 宣布；"用石油代替煤炭，" New York *Times* 写道。但是，煤炭短缺并没有给燃料油带来巨大的转变，特别是在罢工后煤炭价格回落后（New York *Tribune*, 1902 年 6 月 6 日、12 日；New York *Times*, 1902 年 6 月 17 日）。

3. John H. Herbert, *Clean, Cheap Heat* (New York: Praeger, 1992), 35。美国最受欢迎的天然气行业杂志游说天然气利益集团参与全国反烟运动。一篇社论宣称，"烟雾公害是销售天然气的一个非常好的理由……我们需要的是对这一机会予以深切赞赏，然后开展一场比示范性运动更持久的、非常认真的运动"["Smoke Nuisance," *Progressive Age* 26 (1908): 543 – 44]。参见 Mark H. Rose, *Cities of Light and Heat: Domesticating Gas and Electricity in Urban America* (University Park: Pennsylvania State University Press, 1995)。罗斯的研究集中在堪萨斯城和丹佛，这两个城市更容易利用南部平原的天然气田。

4. 有关电气化对芝加哥企业好处的讨论，参见 Harold Platt, *The Electric City* (Chicago: University of Chicago Press, 1991), 208 – 20。一些电力公司因在发电

站排放烟雾而受到公众的谴责。1950 年代初，在纽约，联合爱迪生公司（Consolidated Edison）在曼哈顿运营大型燃煤电厂，这家电力公司成为反烟风潮和纽约市控烟行动的中心目标（New York *Times*，1950 年 6 月 22 日、23 日；8 月 4 日、9 日；9 月 19 日、24 日）。

5. "Smokeless Cities," New York *Tribune*，1901 年 12 月 26 日。电力作为煤炭动力的优良替代品有很多值得推荐之处，电力公司也确实强调了其相对煤炭的健康和清洁。密尔沃基电力铁路和照明公司出版的一本小册子上写道："电力服务是现代便利设施中最健康、最经济的。""无论是在照明、烹饪、加热方面，还是利用它的任何机械装置，都不会破坏我们呼吸空气中的任何健康元素。"这本小册子更直接地说，"它不会把带有病菌的灰尘散播到空气中，也不会让房子充满气味或油腻的蒸汽"［"The Electrical House That Jack Built"（密尔沃基，1916）］。

6. Harold Platt, *The Electrical City：Energy and the Growth of the Chicago Area，1880 - 1930*（Chicago：University of Chicago Press，1991），208 - 20；Sam H. Schurr and Bruce C. Netschert, *Energy in the American Economy，1850 - 1975*（Baltimore：Johns Hopkins Press，1960），81 - 83。

7. Joel Tarr and Bill Lamperes, "Changing Fuel-Use Behavior and Energy Transitions：The Pittsburgh Smoke Control Movement，1940 - 1950," *Journal of Social History* 14（Summer 1981）：561 - 88；Schurr and Netschert, *Energy in the American Economy*，83；Joel Tarr and Kenneth Koons, "Railroad Smoke Control：A Case Study in the Regulation of a Mobile Pollution Source," in *Energy and Transport：Historical Perspectives on Policy Issues*，ed. George H. Daniels and Mark H. Rose（Beverly Hills：Sage Publications，1982），71 - 92；Thomas G. Marx, "Technological Change and the Theory of the Firm：The American Locomotive Industry，1920 - 1955," *Business History Review* 50（Spring 1976）：1 - 24. 关于煤炭行业竞争的讨论，参见 James P. Johnson, *The Politics of Soft Coal*（Urbana：University of Illinois Press，1979），95 - 134。

8. H. B. Lammers, "Abatement of Smoke Can Make Markets for Virginia Coal," 在弗吉尼亚煤炭运营者协会年会上的演讲，1949 年 7 月，p. 2，收录于 Westmoreland Coal MSS，box 416，folder7，哈格里图书馆；Samuel Hays, *Beauty，Health，and*

Permanence: *Environmental Politics in the United States*, *1955 – 1985* (New York: Cambridge University Press, 1987)。

9. Henry Obermeyer, *Stop That Smoke*! (New York: Harper & Brothers, 1933), 233; Lammers, "Abatement of Smoke Can Make Markets for Virginia Coal," 4.

10. 铁路的煤炭消耗量从 1945 年的 1.28 亿吨下降到 1960 年的 300 万吨。同一时段，主要针对家内用户的零售额从 1.19 亿吨下降到 3000 万吨。到 1970 年，电力事业占全国煤炭消费量的 60% 以上（参议院政府事务委员会，*The Coal Industry: Problems and Prospects. A Background Study*, 95th Cong., 2nd sess., 1978, 48 – 49）。

11. William G. Christy, "History of the Air Pollution Control Association," *Journal of the Air Pollution Control Association* 10 (1960): 134 – 35; Coal Producers Committee for Smoke Abatement, "Review," 1954 年 5 月, Westmoreland MSS, box 416, folder 7, 哈格里图书馆。

12. Clive Howard, "Smoke: The Silent Murderer," *Woman's Home Companion* 76 (February 1949): 332 – 33; Clarence A. Mills, *Air Pollution and Community Health* (Boston: Christopher Publishing House, 1954), 81. 许多美国人也读到过国外类似的事件，包括墨西哥波萨里卡（Poza Rica）的一家天然气精炼厂发生硫化氢泄漏，导致 22 人死亡的事件。Louis C. McCabe, "Atmospheric Pollution," *Industrial and Engineering Chemistry* 43 (February 1951): 79A.

13. *Los Angeles Times*, 1947 年 1 月 19 日。有关洛杉矶早期对抗雾霾的故事，参见 Marvin Brienes, "The Fight against Smog in Los Angeles, 1943 – 1957" (Ph. D. diss., University of California-Davis, 1975); James E. Krier and Edmund Ursin, *Pollution and Policy: A Case Essay on California and Federal Experience with Motor Vehicle Air Pollution*, *1940 – 1975* (Berkeley: University of California Press, 1977); Scott Hamilton Dewey, " 'Don't Breathe the Air': Air Pollution and the Evolution of Environmental Policy and Politics in the United States, 1945 – 1970" (Ph. D. diss., Rice University, 1997), 128 – 315。

14. Lose Angeles *Times*, 1947 年 1 月 19 日; Oscar Hugh Allison, "Raymond Tucker: The Smoke Elimination Years, 1934 – 1950" (Ph. D. diss., St. Louis University, 1978), 173 – 79。

15. Ronald Schiller, "The Los Angeles Smog," *National Municipal Review* 44 (1955): 558 – 64. 关于第二次世界大战在改变洛杉矶经济性质中的作用的简要讨论, 参见 Frank M. Stead, "Study and Control of Industrial Atmospheric Pollution Nuisances," *American Journal of Public Health* 35 (1945): 491 – 98。

16. Robert Dale Grinder, "The Battle for Clean Air," in *Pollution and Reform in American Cities*, *1870 – 1930*, ed. Martin Melosi (Austin: University of Texas Press, 1980), 101. 格莱因德 (Grinder) 在他的论文中得出了同样的结论, "The Anti-Smoke Crusades" (Ph. D. diss., University of Missouri, 1973)。并不是只有格莱因德一人低估了进步时代反烟活动人士的影响。政治学家查尔斯·O. 琼斯 (Charles O. Jones) 在他著名的关于空气污染的著作中驳斥了战前的反烟努力, 甚至宣称非常彻底的梅隆调查 "不足以作为全面立法的基础"。琼斯还断言烟雾问题之所以没有进入市政府的议事日程, 是因为问题的识别性很弱。他忽视了这样一个事实: 问题的定义很明确, 全国各地都有反烟组织, 且活动人士影响了公共政策, 确实改变了市政府的组织结构。参见 Charles O. Jones, *Clean Air* (Pittsburgh: University of Pittsburgh Press, 1975), 22 – 23。另一位学者马修·克伦森 (Matthew Crenson) 的一项全面研究基于这样一个前提, 即城市直到第二次世界大战之后才开始对空气污染采取行动, 而且在某些情况下直到战争结束后很久才开始。参见 Crenson, *The Un-Politics of Air Pollution* (Baltimore: Johns Hopkins University Press, 1971)。斯科特·杜威 ("'Don't Breathe the Air'" 的作者) 的结论是不但进步主义时代的运动失败了 (这在很大程度上是基于他对格莱因德的阅读), 而且 1940 年代和 1950 年代的反烟努力也基本上失败了。遗憾的是, 杜威没有把烟雾和 "空气污染" 区分开来。

250

17. 不幸的是, 在这几十年里, 没有可靠的关于空气质量的科学数据存在。参见第三章关于辛辛那提和纽约空气质量改善的估计, 以及第四章关于费城、匹兹堡和罗切斯特空气质量改善的估计。有关可以追溯到 1840 年代的匹兹堡烟雾的估计, 参见 Cliff Davidson, "Air Pollution in Pittsburgh: A Historical Perspective," *Journal of the Air Pollution Control Association* 29 (1979): 1035 – 41。

18. 这一总数包括了布鲁克林的 566000 名居民, 他们当时还不是, 但到 1920 年将是纽约市居民。

19. 人口普查局，*Fourteenth Census of the United States*（1920），v. 1，80 – 81，50；人口普查局，*Seventeenth Census of the United States*（1950），v. 1，5。1950 年，人口普查开始使用一种新的准则来计算城市人口，这一准则允许包括更远的郊区的人口。这一普查也包括那些按照旧的规则确定的数字，笔者用过这些数字。

20. Schurr and Netschert，*Energy in the American Economy*，508.

21. "Progress and Possibilities in the Abatement of Smoke," *The American City* 43（1930）：125.

参考文献

一手资料

手稿收藏物

梅隆研究所烟雾调查活动手稿包含了与进步主义时代反烟运动有关的最有价值的文件集合。该收藏物珍藏于匹兹堡大学工业协会档案馆（Archives of Industrial Society），包括梅隆研究所最初的烟雾调查和 1920 年代、1930 年代后续研究的丰富文献。它还包含了许多来自全国和英国的与烟雾有关的文件，梅隆研究所的工作人员在进行研究时收集了这些文件。阿勒格尼县市民俱乐部的记录也保存在匹兹堡大学的收藏物中。这份记录包含了关于该市 1940 年代反烟运动的宝贵信息，其中还包括来自联合烟雾委员会（United Smoke Council）的文件。

笔者还发现特拉华州威尔明顿市哈格里图书馆的宾夕法尼亚铁路公司手稿非常有帮助。这些记录经过了很好的组织和索引，包括芝加哥电气化辩论的大量信息（特别是 1907～1917 年和 1926～1928 年），以及华盛顿、费城和辛辛那提等其他几个城市的反烟运动情况。这份手稿还包含了更多与烟雾有关的、技术性的文件，尤其是来自阿尔图纳铁路研究部门的文件。同样在哈格里图书馆，威斯特摩兰煤炭公司（Westmoreland Coal Company）的手稿包括几个与烟雾有关的文件，其中包含了与煤炭生产商烟雾减排委员会有关的文件。

笔者早期的大部分研究都是在辛辛那提进行的，辛辛那提历史学会拥有汉密尔顿县烟雾减排联盟的大量资料。查尔斯·P. 塔夫脱的文件也含有关于该市在 1940 年代所做努力的档案。同样在辛辛那提，笔者很幸运地获得了妇女俱乐部的记录，这些记录由该俱乐部私下保存。这些文件对认识指导妇女进行反烟运动的哲学提供了深刻的见解。

克利夫兰西部保留地历史协会保存着克利夫兰妇女城市俱乐部的记录，其中包含了该组织在 1920 年代所做努力的详细记录。

报 纸

由于这项研究主要涉及减少烟雾的运动，因此公开发表的材料特别重要。报纸和杂志的报道为这一问题的发展提供了重要的线索，并成为这个问题突出程度的晴雨表。有几家图书馆收藏有价值的剪报。辛辛那提历史学会保存着 1906～1919 年间美国烟雾减排联盟的剪报。在缩微胶卷和按时间顺序组织的剪贴簿上，包含了来自《辛辛那提问讯报》（*Cincinnati Enquirer*）、《邮报》、《时代明星报》、《公民公告》（*Citizen's Bulletin*）、《商业论坛》（*Commercial Tribune*）、《西部建筑师和建设者》（*Western Architect and Builder*）、《西部基督教倡导者》（*Western Christian Advocate*）以及一些外地报纸的少量剪报。

克利夫兰公共图书馆也有一本关于这个主题的剪贴簿，上面的剪纸可以追溯到 1900 年到 1909 年。这些文章来自《克利夫兰新闻报》（*Cleveland News*）、《坦率的商人》（*Plain Dealer*）、《新闻报》（*Press*）以及许多外地报纸，包括《印第安纳波利斯新闻报》（*Indianapolis News*）和《密尔沃基哨兵报》。密尔沃基市政参考图书馆（Milwaukee Municipal Reference Library）收藏了一份名为"防烟剪报"的缩微胶卷，上面包括来自 1910 年代和 1920 年代《威斯康星密尔沃基晚报》（*Milwaukee Evening Wisconsin*）、《自由新闻报》（*Free Press*）、密尔沃基《日报》、《领袖报》（*Leader*）、《哨兵报》的文章。最后，匹兹堡卡内基图书馆在其宾夕法尼亚厅（Pennsylvania Room）拥有一个"烟雾控制收藏"，里面有《匹兹堡公报》（*Pittsburgh Gazette*）、《邮报》、《公民新闻报》（*Civic News*）等刊物的剪报。这些剪报的历史可以追溯到 1910 年代到 1940 年代。

此外，索引还使其他一些报纸变得有价值，包括《芝加哥记录先驱报》（1904～1912）、《辛辛那提问讯报》（1930～1955）、《辛辛那提邮报》（*Cincinnati Post*）（1930～1955）、《克利夫兰领袖报》（*Cleveland Leader*）（1869～1876）、《密尔沃基哨兵报》（1879～1890）、《纽约论坛报》（1892～1902）和《纽约时报》（1896～1960）。考虑到媒体在反烟运动中的重要作用，笔者还查阅了几份没有索引的报纸，包括《伯明翰时代先驱报》（1913）、《伯明翰劳工倡导者报》（1913）（*Birmingham Labor-Advocate*）、《芝加哥论坛报》（1913～1915）和《洛杉矶时报》（1946）。

期　刊

　　令人惊讶的是，也许有关进步主义时代减少烟雾信息方面的最有价值的期刊来源是鲜为人知的《工业世界》（1907~1914）和它的继替者《钢铁》（*Steel and Iron*）（1914~1915）。这些匹兹堡的钢铁工业杂志包含了大量关于国际防烟协会、矿业局研究和梅隆调查的信息。工程出版物提供了大量关于减少烟雾的技术方面的信息，并出人意料地全面报道了政治活动。最有价值的是《动力》《铁器时代》《工程新闻》《工程记录》《工程杂志》《富兰克林研究所杂志》《科学美国人》《卡希尔杂志》《供暖、管道和空调》。一些工程学会出版的刊物也很有价值，包括《美国土木工程师协会学报》（*Transactions of the American Society of Civil Engineers*）、《美国机械工程师协会学报》（*Transactions of the American Society of Mechanical Engineers*）和《西宾夕法尼亚工程师协会学报》（*Engineers Society of Western Pennsylvania Proceedings*）。铁路出版物也包含了对烟雾和电气化问题的全面报道，尤其以《铁路年代》［*Railroad（Railway）Age*］和《电气化铁路杂志》（*Electric Railway Journal*）最有用。一些工程学院也发表了公告，其中一些公告提供了有关学术减排研究的重要细节。这些公告中最重要的是 L. P. 布雷肯里奇的 "How to Burn Illinois Coal without Smoke," *University of Illinois Engineering Experiment Station Bulletin Number 15*（1907 年 8 月）。也可参见 Ernest L. Ohle 和 Leroy McMaster 的 "Soot-Fall Studies in Saint Louis," *Washington University Studies* 5, pt. 1（1917）: 3-8。

　　医学杂志上也有关于烟雾的文章。虽然比英国的《柳叶刀》（*Lancet*）晚得多，也短得多，但是《美国医学会杂志》（*Journal of the American Medical Association*）确实讨论了烟雾对健康的影响。《医学新闻》（*Medical News*）和《医疗记录》也是如此。《芝加哥卫生新闻》（*Chicago's Sanitary News*）在19世纪末有过一段短暂的报道，发表了几十篇关于芝加哥早期控制烟雾的文章，并深入探讨了早期减排努力背后的原因。在1930年代和1940年代，《美国公共卫生杂志》发表了十几篇关于空气污染和健康的重要文章。

最后，具有改革思想的《美国城市》与《国家市政评论》杂志也密切关注这一问题。许多有影响力的文章出现在大众媒体上，包括詹姆斯·帕顿在《大西洋月刊》上发表的关于匹兹堡的文章［21（1868）：17－28］。然而，除了报纸以外，大多数大众出版物对烟雾问题只做了短暂的报道，而且只是在确定减少烟雾在当时众多问题中的相对重要性方面具有价值。

政府文件

1900年以后，美国矿业局和地质调查局发表了许多与烟雾有关的重要文件。这些公告、通告和专业论文既提供了联邦政府参与烟雾研究的完整报告，也提供了反烟工程状态的详细描述。来自地质调查局的可以参见 Edward Parker, Joseph Holmes 和 Marius Campbell, "Report on the Operations of the Coal-Testing Plant of the United States Geological Survey at the Louisiana Purchase Exposition, St. Louis, MO., 1904," U. S. G. S. Professional Paper 48（1906）; D. T. Randall, "The Burning of Coal without Smoke in Boiler Plants: A Preliminary Report," U. S. G. S. Bulletin 334（1908）; 以及 Randall 和 H. W. Weeks, "The Smokeless Combustion of Coal in Boiler Plants," U. S. G. S. Bulletin 373 (1909)。来自矿业局的可以参见 Samuel B. Flagg, "Smoke Abatement and City Smoke Ordinances," Bureau of Mines Bulletin 49 (1912); Osborn Monnett, "Smoke Abatement," Bureau of Mines Technical Paper 273 (1923); Monnett, G. J. Perrott 和 H. W. Clark, "Smoke Abatement Investigation at Salt Lake City, Utah," Bureau of Mines Bulletin 254 (1926)。

笔者还发现了其他一些有价值的政府文件。哈里·加菲尔德的 *Final Report of the United States Fuel Administrator, 1917 – 1919* (1921) 包含了对于战争期间政府燃料政策的详细描述，包括自然资源保护工作。切斯特·吉尔伯特通过美国国家博物馆 (United States National Museum) 发布了一份关于煤炭的广泛报告——Bulletin 102 (1917), 其中包括一些关于燃料的统计和反思。史密森尼研究所还发表了一些有关烟雾的重要论文，特别是 J. B. Cohen 的 "The Air of Towns," *Annual Report of the Board of Regents of the Smithsonian Institution* (1913), 653 – 85。

地方政府出台了大量关于烟雾减排工作的文件。大多数大城市都有烟雾部门发布的年度报告，一般可以追溯到 1910 年代初。虽然其他图书馆也有这类报告的收集，但是市政参考图书馆 (municipal reference libraries) 的保存最为完整。对这项研究来说最重要的是：辛辛那提烟雾检查员的报告，发表在该市的 *Annual Reports of the Departments* 中；密尔沃基的 "Annual Report of the Smoke Inspector"；费城的 Smoke Department Annual Reports, 与其他城市部门的报告一起发布。卫生部门的年报亦是宝贵的资料来源，显示市民对烟雾作为健康问题的关注程度。笔者全面地利用了辛辛那提和纽约的报告。1930 年代下半叶，包括匹兹堡、克利夫兰和路易斯维尔在内的许多城市也发表了工程进度管理局的研究报告。这些报告主要由微小的细节组成，但是也包含了对工程进度管理局项目的人员、目标和策略等方面的详尽描述。

其他一手资料

当代的两项烟雾研究对这一问题的范围和性质提供了详尽的资料。首先，也是最重要的是梅隆研究所的烟雾调查在两年多的时间里发表在 9 份公报上，包含了有关该问题各个方面的丰富材料，涉及健康、经济、工程、天气和植被等。该研究还发表了一份冗长而有益的参考书目作为其第二份公报。这些公告由匹兹堡大学于 1913 年和 1914 年发布，通常被称为《梅隆研究所工业烟雾调查研究》（*Mellon Institute of Industrial Research Smoke Investigation*）。其次，芝加哥商会关于电气化的大量报告提供了对于芝加哥问题的详细描述，并洞察了企业对反烟风潮的反应。参见 Chicago Association of Commerce，*Smoke Abatement and Electrification of Railway Terminals in Chicago*（芝加哥，1915）。

关于烟雾减排的法律方面，参见 Horace Gay Wood，*A Practical Treatise on the Law of Nuisances in Their Various Forms*（Albany：John D. Parsons，Jr.，Publisher，1875）。关于最近案例的引用和描述，参见 Jan G. Laitos，"Continuities from the Past Affecting Resource Use and Conservation Patterns,"*Oklahoma Law Review* 28（1975 年冬）：60 - 96，以及 Harold W. Kennedy 和 Andrew O. Porter，"Air Pollution：Its Control and

Abatement," *Vanderbilt Law Review* 8（1955）: 854 – 77。当然，法庭记者本身是不可替代的，笔者详细地咨询了他们。同样有价值的还有 Lucius H. Cannon, *Smoke Abatement*: *A Study of the Police Power as Embodied in Laws, Ordinances, and Court Decisions*（St. Louis: St. Louis Public Library, 1924）。这是一个来自数十个城市、州和县的法院案例和法律的汇编，坎农（Cannon）在其中提供了有关笔者无法访问的地方的重要细节，并给我指出了相关的法院判决。

进步主义时代的公共利益团体提供了大量有关烟雾问题的信息。对于这项研究最重要的是辛辛那提的烟雾减排联盟公布了从 1910 年代到 1950 年代的年度报告，不过并非所有的报告都可以获得。这些报告不仅概述了每一年发生的事件，而且对改革的理念提供了深入的见解。克利夫兰商会发表了一系列来自其烟雾预防委员会的报告（1907、1909、1912、1914）。笔者还发现了几十本有趣的小册子，包括：芝加哥公民协会的《烟雾委员会的报告》（"Report of the Smoke Committee"）（1889 年 5 月）；克利夫兰区域协会（Cleveland Regional Association）的 "Smoke Abatement Activities of the Regional Association, 1937 – 1941"（1941）；Robert H. Fernald 的 "The Smoke Nuisance"，宾夕法尼亚大学免费公开讲座课程（1915 年）；圣路易斯市民联盟的 "Report of the Smoke Abatement Committee"（1906 年 11 月）；Samuel W. Skinner 和 William H. Bryan 的 "Smoke Abatement"，在乐观主义者俱乐部（辛辛那提，1899）宣读的论文；雪城商会的 "Report upon Smoke Abatement"（1907）；Elliot H. Whitlock 的 "Watch Our Smoke"（克利夫兰商会，1926 年）。

辛辛那提历史协会还保存有查尔斯·里德发表的两篇演讲，这两篇演讲都提供了对于改革主义哲学的精彩见解："An Address on the Smoke Problem"，发表于辛辛那提妇女俱乐部（1905 年 4 月 24 日）；"The Smoke Campaign in Cincinnati"，在全国固定工程师协会（1906 年 7 月 10 日）发表的评论。

关于烟雾和城市的几本当时的专著也很有价值，包括：John H. Griscom, *The Uses and Abuses of Air: Showing Its Influences in Sustaining Life, and Producing Disease*（New York: J. S. Redfield, 1848）; George Derby, *An Inquiry into the Influence of Anthracite Fires upon Health*（Boston: A. Williams & Co., 1868）; Joseph W. Hays, *Combustion and Smokeless Furnaces*（New York: Hill Publishing, 1906）。亨利·奥伯迈耶的 *Stop That Smoke*!（New York: Harper & Brothers, 1933）提供了关于 1930 年代早期烟雾知识状况的详细总结，并提供了对反烟活动家主要关注点的见解。关于进步主义改革者对都市生活的看法，参见 Frederic C. Howe, *The City: The Hope of Democracy*（Seattle: University of Washington Press, 1967; 1905 年原版的再版），以及查尔斯·罗宾逊的几部作品，包括 *The Improvement of Towns and Cities*（New York: Putnam's, 1901），以及 *City Planning*（New York: Putnam's, 1916）。

笔者也阅读当时的小说，以寻找烟雾的象征意义。在这一过程中，发现很多有用的信息。尤其参见 Charles Dickens, *Hard Times*（New York: Oxford University Press, 1992; 初版于 1854 年）; Theodore Dreiser, *Sister Carrie*（New York: World Publishing, 1951; 初版于 1900 年）; Hamlin Garland, *Rose of*

Dutcher's Coolly（Chicago：Stone & Kimball，1895）；Robert
Herrick，Waste（New York：Harcourt，Brace，1924）；Frank
Norris，*The Pit：A Story of Chicago*（New York：Sun Dial Press，
1937；初版于 1903 年）；Upton Sinclair，*The Jungle*（New
York：Signet New American Library，1960；初版于 1906 年）；
以及 Booth Tarkington，*Growth*（New York：Doubleday，Page，
1927）。

二手资料

与任何环境史一样，这项研究依赖于许多不同领域的历史
学家的工作，从政治史到劳工史，从医学史到技术史。为了便
于参考，笔者把这些二手资料进行了简易的分类。

烟雾与空气污染

乔尔·塔尔关于城市环境的许多文章为笔者的工作提供了
重要的指导。现在，这些文章集中在一本书中，即 *The Search
for the Ultimate Sink*（Akron，Ohio：University of Akron Press，
1996）。这本书涉及几个重要的主题，包括匹兹堡 1940 年代的
烟雾控制运动、铁路烟雾控制和匹兹堡调查。塔尔与卡尔·齐
姆林合著的另一篇关于 1930 年代和 1940 年代圣路易斯运动的
重要论文载于安德鲁·赫尔利最近编辑的一本书 *Common
Fields：An Environmental History of St. Louis*（St. Louis：Missouri
Historical Society Press，1997）中。他关于钢铁工业污染的文
章也很有价值，"Searching for a 'Sink' for an Industrial Waste：
Iron-Making Fuels and the Environment," *Environmental History
Review* 18（1994）：9–34。此外，塔尔还撰写了关于其他环境

问题的文章，包括几篇关于水质的文章，这些文章收录在 *The Search for the Ultimate Sink* 中。也可参见他与马克·特贝（Mark Tebeau）合著的"Managing Danger in the Home Environment, 1900 – 1940," *Journal of Social History* 29（1996）：797 – 816。这些文章为笔者的研究提供了有价值的背景知识。

罗伯特·戴尔·格莱因德（Robert Dale Grinder）撰写了关于烟雾减排运动的第一篇学位论文，即"The Anti-Smoke Crusades: Early Attempts to Reform the Urban Environment, 1883 – 1918"（Ph. D. diss., University of Missouri-Columbia, 1973）。格莱因德还发表了两篇关于这个问题的文章："The War against St. Louis's Smoke, 1891 – 1924," *Missouri Historical Review* 69（1975）：191 – 205；以及"From Insurgency to Efficiency: The Smoke Abatement Campaign in Pittsburgh before World War I," *The Western Pennsylvania Historical Magazine* 61（1978）：187 – 202。格莱因德在马丁·梅洛西的 *Pollution and Reform in American Cities, 1870 – 1930*（Austin: University of Texas Press, 1980）一书中的章节，提供了到目前为止对于进步主义时代运动最容易理解的分析。格莱因德的工作很有见地，他的参考书目很有帮助。

其他一些历史学家也写过关于控制烟雾的文章。参见哈罗德·普拉特的"Invisible Gases: Smoke, Gender, and the Redefinition of Environmental Policy in Chicago, 1900 – 1920," *Planning Perspectives* 10（1995）：67 – 97。普拉特主要关注于细菌理论以及他未能将芝加哥置于国家背景下进行分析，导致他得出了可疑的结论。但是，他的文章却引导笔者找到了一个

重要的故事，以及讲述这个故事的来源。关于芝加哥，参见
Christine Meisner Rosen，"Businessmen against Pollution in Late
Nineteenth Century Chicago," *Business History Review* 69
(Autumn 1995)：351 – 397。罗森的工作分析了为哥伦比亚博
览会净化空气的努力。Walter E. Pittman 的 "The Smoke
Abatement Campaign in Salt Lake City，1890 – 1925," *Locus* 2
(1989)：69 – 78 把笔者带出中西部和东部。有关西部烟雾问
题的更多信息，参见 Donald MacMillan 的 "A History of the
Struggle to Abate Air Pollution from Copper Smelters of the Far
West，1885 – 1933"（博士论文，蒙大拿大学，1973）。还有
John Duffy 的 "Smoke，Smog，and Health in Early Pittsburgh,"
Western Pennsylvania Historical Magazine 45 (1962)：93 – 106；
以及 Harold C. Livesay 和 Glenn Porter 的 "William Savery and
the Wonderful Parsons Smoke-Eating Machine," *Delaware History*
14 (1971)：161 – 76。

英国的烟雾也受到了历史学家相当多的关注，其中许多工
作对于理解美国问题的背景是有价值的。目前有两本研究著
作：Peter Brimblecombe 的 *The Big Smoke：A History of Air
Pollution in London since Medieval Times*（New York：Methuen，
1987）；以及 Eric Ashby 和 Mary Anderson 的 *The Politics of
Clean Air*（New York：Oxford University Press，1981）。
Briblecombe 还发表了一篇有价值的文章，"Attitudes and
Responses towards Air Pollution in Medieval England," *Journal of
the Air Pollution Control Association* 26 (October 1976)：941 –
45。笔者还发现 Peter Thorshiem 的作品 "Air Pollution and
Anxiety in Late Nineteenth-Century London"（硕士论文，威斯康

星大学麦迪逊分校，1994）很有价值，就像我们关于大西洋两岸烟雾方面的许多对话一样。

对空气污染治理工作的历史分析太少了。我们所拥有的大部分是政治学家的成果，他们对政府之于科学和政治复杂性问题的反应，或失败的反应感兴趣。马修·克伦森的 The Un-Politics of Air Pollution: A Study of Non-Decisionmaking in the Cities （Baltimore: Johns Hopkins University Press，1971）虽然完全忽视了早期的反烟努力，但是仍具有一定的价值。更有价值的是查尔斯·O. 琼斯的 Clean Air: The Policies and Politics of Pollution Control （Pittsburgh: University of Pittsburgh Press，1975）。关于洛杉矶，参见 Marvin Brienes，"The Fight against Smog in Los Angeles，1943–1957"（博士论文，加州大学戴维斯分校，1975）；以及 James E. Krier 和 Edmund Ursin，Pollution and Policy: A Case Essay on California and Federal Experience with Motor Vehicle Air Pollution，1940–1975 （Berkeley: University of California Press，1977）。关于近期的研究，参见 Scott Hamilton Dewey，"Don't Breathe the Air: Air Pollution and the Evolution of Environmental Policy and Politics in the United States，1945–1970"（博士论文，莱斯大学，1997）。杜威的作品讲述了洛杉矶和纽约的故事，但是也包括了有关佛罗里达中部农村空气污染的有趣章节。尽管研究范围很窄，但是 Lynne Page Snyder 的 "'The Death-Dealing Smog over Donora，Pennsylvania': Industrial Air Pollution，Public Health Policy，and the Politics of Expertise，1948–1949，" Environmental History Review 18 （Spring 1994）: 117–39 仍对一个重要事件进行了出色的分析。

258

卫生与医学

一些有关公共卫生和医学的历史研究为本研究提供了背景知识。也许最重要的是 John Duffy, *A History of Public Health in New York City, 1866 – 1966* (New York: Russell Sage Foundation, 1974)。也可参见 Judith Leavitt, *The Healthiest City: Milwaukee and the Politics of Health Reform* (Princeton: Princeton University Press, 1982)。关于对传染病的变化观念的独特描述, 参见 Charles Rosenberg, *The Cholera Years: The United States in 1832, 1849, and 1866* (Chicago: University of Chicago Press, 1962)。南希·图姆斯最近发表的一篇关于微生物理论的文章非常有影响力, 当然也影响了这项工作。参见 "The Private Side of Public Health: Sanitary Science, Domestic Hygiene, and Germ Theory, 1870 – 1900," *Bulletin of the History of Medicine* 64 (1990): 509 – 39。关于结核病, 尤需参见 Barbara Bates, *Bargaining for Life: A Social History of Tuberculosis, 1876 – 1938* (Philadelphia: University of Pennsylvania Press, 1992); 以及 Michael E. Teller, *The Tuberculosis Movement: A Public Health Campaign in the Progressive Era* (New York: Greenwood Press, 1988)。

能 源

笔者非常依赖 Sam H. Schurr 和 Bruce C. Netschert 的研究, 他们的 *Energy in the American Economy, 1850 – 1975* (Baltimore: Johns Hopkins University Press, 1960) 包含了有关他们研究 (也是本研究) 时段内发生的几次燃料转变的大量统计数据。有关能源

在美国社会中作用的更多分析，请参阅 Martin Melosi，*Coping with Abundance*：*Energy and Environment in Industrial America* （Philadelphia：Temple University Press，1985）。同样有价值的是梅洛西撰写的一章内容，即 "Energy Transitions in the Nineteenth-Century Economy," in *Energy in Transport*：*Historical Perspectives on Policy Issues*，ed. George H. Daniels and Mark H. Rose（Beverly Hills：Sage Publications，1982）。也可参见 Joseph A. Pratt，"The Ascent of Oil：The Transition from Coal to Oil in Early Twentieth-Century America," in *Energy Transitions*：*Long-Term Perspectives*，ed. Lewis J. Perelman（Boulder，Colo.：Westview Press，1981）。马克·H. 罗斯（Mark H. Rose）著有许多关于能源，特别是天然气的有用著作，包括 *Cities of Light and Heat*：*Domesticating Gas and Electricity in Urban America*（University Park：Pennsylvania State University Press，1995）；"There Is Less Smoke in the District：J. C. Nichols，Urban Change，and Technological Systems," *Journal of the West* 25，no. 2（1986）：44 – 54；以及与 John G. Clark 合著的 "Light，Heat，and Power：Energy Choices in Kansas City，Wichita，and Denver，1900 – 1935," *Journal of Urban History* 5（1979）：340 – 60。关于天然气的情况，也可参见 John H. Herbert，*Clean Cheap Heat*：*The Development of Residential Markets for Natural Gas in the United States*（New York：Praeger，1992）。

有关煤炭工业的背景知识，笔者参考了 James P. Johnson，*The Politics of Soft Coal*：*The Bituminous Industry from World War I through the New Deal*（Urbana：University of Illinois Press，1979）。对于战时煤炭政策的情况，尤需参见 John G. Clark，*Energy and the*

259

Federal Government: *Fossil Fuel Policies*, *1900 – 1946* (Urbana: University of Illinois Press, 1987）。阿尔弗雷德·D. 钱德勒 (Alfred D. Chandler) 可能夸大了无烟煤对美国工业化起源的重要性, 但是他关于无烟煤的文章很好地叙述了早期的煤炭贸易。参见 "Anthracite Coal and the Beginnings of the Industrial Revolution in the United States," *Business History Review* 46（1972）: 141 – 81。对于煤矿工人的生活以及燃料对矿区重要性的分析, 参见 David Alan Corbin, *Life*, *Work*, *and Rebellion in the Coal Fields*: *The Southern West Virginia Miners*, *1880 – 1922* （ Urbana: University of Illinois Press, 1981）。也可参考 Robert J. Cornell, *The Anthracite Coal Strike of 1902* （New York: Russell & Russell, 1957）。有关煤炭更现代和空想性的资料, 参见 Robert W. Bruere, *The Coming of Coal* （New York: Association Press, 1922）。不那么空想的是 William Jasper Nicolls, *The Story of American Coals* （Philadelphia: J. B. Lippincott, 1897）。

关于电力, 参见 Harold Platt, *The Electric City*: *Energy and the Growth of the Chicago Area*, *1880 – 1930* （ Chicago: University of Chicago Press, 1991）。笔者也非常依赖有关铁路电气化方面的几部作品, 特别是卡尔·康迪特 (Carl Condit) 的 *The Port of New York*: *A History of the Rail and Terminal System from the Beginnings to Pennsylvania Station* （Chicago: University of Chicago Press, 1980）。关于宾夕法尼亚铁路公司更有价值的研究成果是 Michael Bezilla, *Electric Traction on the Pennsylvania Railroad*, *1895 – 1914* （ University Park: Pennsylvania State University Press, 1980）。

工程师

斯坦利·舒尔茨 （Stanley K. Schultz） 的 *Constructing Urban Culture*： *American Cities and City Planning*，*1800 - 1920* （Philadelphia： Temple University Press，1989） 无论是对市政工程师的讨论，还是对 19 世纪末城市的总体描绘，都对本研究非常重要。同样有价值的是他与克莱·麦克沙恩 （Clay McShane） 合著的文章，即 "To Engineer the Metropolis： Sewers， Sanitation， and City Planning in Late-Nineteenth-Century America," *Journal of American History* 65 （1978）： 389 - 411。任何对工程专业的历史感兴趣的人都应该从埃德温·莱顿 （Edwin T. Layton Jr.） 的 *The Revolt of the Engineers*： *Social Responsibility and the American Engineering Profession* （Cleveland： Press of Case Western Reserve University，1971） 开始学习。价值较低的是大卫·F. 诺贝尔 （David F. Noble） 的 *America by Design*： *Science， Technology， and the Rise of Corporate Capitalism* （New York： Knopf，1977）。诺贝尔的激进议程让他得出了相当可疑的结论，包括工程师只服务于占统治地位的社会阶层这一论断。关于 1910 年代的科学管理与效率热潮，参见 Samuel Haber，*Efficiency and Uplift*： *Scientific Management in the Progressive Era，1890 - 1920* （Chicago： University of Chicago Press，1964）。虽然不是专门描写工程师，但是托马斯·马克斯 （Thomas G. Marx） 的 "Technological Change and the Theory of the Firm： The American Locomotive Industry，1920 - 1955," *Business History Review* 50 （1976）： 1 - 24 对铁路公司内部工程发展的作用提供了深入

260

的见解。马克斯的文章还详细介绍了铁路工业从煤炭向柴油的转变过程。

环境史

在准备这项工作的过程中，笔者对自然保护主义的完整历史的缺失感到震惊。也许萨缪尔·海斯开创性的著作 *Conservation and the Gospel of Efficiency: The Progressive Conservation Movement, 1890 – 1920* (Cambridge: Harvard University Press, 1959) 仍然是关于这一主题最有价值的一部著作，这最能说明需要一部新的综合性著作。同样有价值的有 Stephen Fox, *The American Conservation Movement: John Muir and His Legacy* (Madison: University of Wisconsin Press, 1991); John F. Reiger, *American Sports men and the Origins of Conservation* (Norman: University of Oklahoma Press, 1986); 也许更重要的是 Gifford Pinchot, *The Fight for Conservation* (New York: Doubleday, Page, 1910)。

关于早期的环境行动主义，参见马丁·梅洛西的 *Pollution and Reform in American Cities, 1870 – 1930* (Austin: University of Texas Press, 1980)。梅洛西的 *Garbage in the Cities: Refuse, Reform, and the Environment, 1880 – 1980* (College Station: Texas A & M University Press, 1981) 也很有用。最近，罗伯特·戈特利布提出现代环保主义的根源在于进步主义的改革，笔者显然接受这一观点，但是他未能充分论证自己的观点。尽管如此，*Forcing the Spring: The Transformation of the American Environmental Movement* (Washington: Island Press, 1993) 包含了有价值的分析。安德鲁·赫尔利的 *Environmental*

Inequalities：*Class*，*Race*，*and Industrial Pollution in Gary*，*Indiana*，*1945 – 1980*（Chapel Hill：University of North Carolina Press，1995）一书虽然在很大程度上超出了本研究的时间范围，但是它为城市环境行动主义和政府应对提供了一部优秀的历史。同样令人感兴趣的还有赫尔利的"Creating Ecological Wastelands：Oil Pollution in New York City，1870 – 1900，" *Journal of Urban History* 20（1994）：340 – 64；以及 Craig E. Colton，"Creating a Toxic Landscape：Chemical Waste Disposal Policy and Practice，1900 – 1960，" *Environmental History Review* 18（1994）：85 – 116。

威廉·克罗农（William Cronon）的 *Nature's Metropolis*：*Chicago and the Great West*（New York：W. W. Norton，1991）深刻地影响了笔者对城市和环境历史的思考。这本书论述了19世纪城市和乡村之间的联系，以及关于芝加哥的丰富细节，被证明是笔者读过的最重要的专著之一。笔者研究的动力很大程度上来自对 Samuel Hays，*Beauty*，*Health*，*and Permanence*：*Environmental Politics in the United States*，*1955 – 1985*（New York：Cambridge University Press，1987）的回应。海斯在书中描述了在富裕的1950年代发展起来的一种以寻找环境便利设施为中心的环境伦理，笔者无法相信这一论断。

有关城市居民对开放空间和休闲的想法的详细讨论，参见 David Schuyler，*The New Urban Landscape*：*The Redefinition of City Form in Nineteenth-Century America*（Baltimore：Johns Hopkins University Press，1986）。威廉·H. 威尔逊（William H. Wilson）关于城市美化运动的研究深入而令人信服，参见 *The City Beautiful Movement*（Baltimore：Johns Hopkins

261

University Press，1989）。同样有价值的还有 Jon A. Peterson，"The City Beautiful Movement：Forgotten Origins and Lost Meanings," *Journal of Urban History* 2（1976）：415 – 34。关于新的电气化中央车站周围建筑的讨论，可参见 Kurt C. Schlichting，"Grand Central Terminal and the City Beautiful in New York," *Journal of Urban History* 22（1996）：332 – 49。

城市史

由于这项研究最终是关于美国城市的，笔者发现几位城市历史学家的研究非常有用。保罗·博耶（Paul Boyer）的 *Urban Masses and Moral Order in America*，*1820 – 1920*（Cambridge：Harvard University Press，1978）极大地影响了笔者对进步主义改革的思考，特别是因为他追溯了进步时代改革的根源，追溯到维多利亚时代的道德、健康和清洁的理想。笔者发现乔恩·C. 特福德（Jon C. Teaford）关于市政府成功的论据在很大程度上令人信服。参见 *The Unheralded Triumph*：*City Government in America*，*1870 – 1900*（Baltimore：Johns Hopkins University Press，1984）。像大多数城市历史学家一样，笔者也受到了肯尼斯·杰克逊（Kenneth Jackson）作品的影响，尤其是 *The Crabgrass Frontier*：*The Suburbanization of the United States*（New York：Oxford University Press，1985）。笔者依靠许多作品来研究这项工作中所涉及的各个城市的历史，其中最有帮助的有 David W. Lewis，*Sloss Furnaces and the Rise of the Birmingham District*：*An Industrial Epic*（Tuscaloosa：University of Alabama Press，1994）；Roy Lubove，*Twentieth Century Pittsburgh*：*Government*，*Business*，*and Environmental*

Change（New York：John Wiley，1969）；Zane Miller，*Boss Cox's Cincinnati*：*Urban Politics in the Progressive Era*（Chicago：University of Chicago Press，1968）；Steven J. Ross，*Workers on the Edge*：*Work*，*Leisure*，*and Politics in Industrializing Cincinnati*，*1788 – 1890*（New York：Columbia University Press，1985）。

笔者的工作也受到了其他几部城市历史专著的影响，其中包括 Thomas Bender，*Toward an Urban Vision*：*Ideas and Institutions in Nineteenth Century America*（Baltimore：Johns Hopkins University Press，1975）；Lizabeth Cohen，*Making a New Deal*：*Industrial Workers in Chicago*，*1919 – 1939*（New York：Cambridge University Press，1990）；David M. Emmons，*The Butte Irish*：*Class and Ethnicity in an American Mining Town*，*1875 – 1925*（Urbana：University of Illinois Press，1989）；以及 Sam Bass Warner Jr.，*The Urban Wilderness*：*A History of the American City*（New York：Harper & Row，1972）。

进步主义

一些关于进步主义改革的作品，塑造了笔者对从 19 世纪末到 20 世纪 20 年代那个时代的思考。萨缪尔·海斯和 *The Response to Industrialism*，*1885 – 1914*（Chicago：University of Chicago Press，1957）一书中概述的组织模式深深影响了笔者。罗伯特·韦伯的 *The Search for Order*，*1877 – 1920*（New York：Hill & Wang，1967）仍然提供了对进步主义的最佳写照。最近的一些作品，包括内尔·欧文·佩因特的 *Standing at Armageddon*：*The United States*，*1877 – 1919*（New York：

262

W. W. Norton，1987），对补充早期叙述中遗漏的故事很有帮助。虽然加布里埃尔·考尔考（Gabriel Kolko）的 *The Triumph of Conservatism*（New York：Free Press，1963）读起来像夸张的历史，但是他关于企业在改革中所扮演角色的主要论点，对笔者的工作产生了影响。

进步主义的研究者也会在几篇文章中发现许多有价值的东西，其中许多文章现在已经相当陈旧了。参见 Samuel Hays，"The Politics of Reform in Municipal Government in the Progressive Era," *Pacific Northwest Quarterly* 55（1964）：157 – 69；John Higham，"The Reorientation of American Culture in the 1890s," in *The Origins of Modern Consciousness*，ed. John Weiss（Detroit：Wayne State University Press，1965）；Arthur Link， "What Happened to the Progressive Movement in the 1920s？" *American Historical Review* 64（1959）：833 – 51；以及 Daniel Rodgers，"In Search of Progressivism," *Reviews in American History* 10（1982）：113 – 32。

关于妇女在赢得参政权前与政治关系的讨论，参见保拉·贝克（Paula Baker）的重要文章："The Domestication of Politics：Women and American Political Society，1780 – 1920," *American Historical Review* 89（1984）：620 – 47。莫林·A. 弗拉纳根（Maureen A. Flanagan）最近的工作也为笔者关于妇女改革者的研究提供了重要的背景知识。参见 "Gender and Urban Political Reform：The City Club and the Woman's City Club of Chicago in the Progressive Era," *American Historical Review* 95（1990）：1032 – 50；以及 "The City Profitable, The City Livable：Environmental Policy, Gender, and Power in Chicago in the 1910s," *Journal of Urban History* 22 （1996）: 163 – 90。玛丽·里特·比尔德 （Mary Ritter Beard） 关于女性与改革的早期著作非常有见地，参见 *Woman's Work in Municipalities* （New York: D. Appleton, 1915）。也可参见 Marlene Stein Wortman, "Domesticating the Nineteenth-Century American City," *Prospects* 3 （1977）: 531 – 72。关于女性的社会组织问题，参见 Karen J. Blair, *The Clubwoman as Feminist: Womanhood Redefined, 1868 – 1914* （New York: Holmes & Meier, 1980）。

译后记

在任何一门学科发展史上，总有一些著作能够经受得住时间的检验，被人反复提及。它们或者在方法论的角度为学科发展指明了道路，或者填补了重要的研究空白，或者通过微观实证研究对既有宏观理论提出了反思和修正。美国学者大卫·斯特拉德林的《烟囱与进步人士——美国的环境保护主义者、工程师和空气污染（1881～1951）》就是这样一部著作。虽然本书初版于1999年，至今已有20年之久，但是我们仍不能遗忘其在美国环境史研究领域所具有的一系列开创性意义。

首先，本书是美国环境史研究领域第一本关于大气污染方面的著作。烟雾污染是美国城市化、工业化过程中因大规模消费高挥发性烟煤而产生的污染问题。美国在现代化过程中，社会各界人士对烟雾问题的担忧几乎和对供水问题、垃圾问题、水污染问题的担忧一样严重。但是，在治理烟雾问题取得实质性进展方面，却比其他环境问题要晚得多。与这种情况相一致，环境史学界在农业环境史、森林环境史、河流环境史等分支领域取得了丰硕的成果，然而围绕大气污染问题却迟迟没有出现专门性的研究著作。在此之前，罗伯特·格林德（Robert Dale Grinder）和乔尔·塔尔（Joel Tarr）曾对进步主义时代的反烟运动和匹兹堡的烟雾减排运动进行过相关研究，但是无论从研究时段的长度，还是从研究地域的广度来看，都远不及本书。从这个角度讲，本书的出版是对美国城市环境史一个令人欢欣鼓舞的补充，由此使得美国环境史的整体学科架构更加完整和立体化。

其次，本书重新探讨了现代美国环保主义的起源问题。在1990年代之前，大多数学者认为现代环保主义溯源自二战之后的富足时代，认为物质的富足使得中上层阶级得以建立一些保护环境的基础设施。但是，二战之后不断积累的财富和不断恶化的环境对美国城市来说都不是什么新鲜事，只是旧事的再一次重演而已。对清洁、卫生、美学和道德的关注，即推动战后环保运动发展的那种关注，也推动了19世纪末20世纪初的环境改革者。斯特拉德林成功地论证了早期烟雾减排运动的言论主要聚焦于健康和美丽，显示这种环境哲学推动反烟运动如此密切地与现代环保主义结合起来。本书所描述的进步主义时代美国社会不同主体应对煤烟的措施，完全符合二战之后现代环保主义者的传统，并且这些措施很明显在帮助重新探讨现代环保主义的起源方面发挥了作用。

再次，本书拓展了自然资源保护主义的基本内涵。自环境史在美国兴起的很长一段时间内，环境史学者倾向于把自然资源保护主义定义为一种旨在改善国家对重要自然资源的利用，尤其是对水资源和木材利用的进步运动。大多数的自然资源保护历史都不外乎关注美国西部的河流和森林。斯特拉德林抛弃了这种旧有常识，认为历史上的自然资源保护运动尽管主要是一场西部、农村和森林的运动，但是实际上它所涉及的远不止通过政府对森林和草原的管理来保护西部流域那样狭窄。20世纪初反烟运动中工程师群体强调促进效率和通过减少烟雾以节约煤炭的言论及实践，正是自然资源保护主义渗透到先进城市的一个明显例子。这充分证明自然资源保护运动不仅在西部土地上描绘了壮美的画卷，也在城市中以保护资源、健康和美丽为由而推行了无数的环保运动。这无疑大大拓展了自然资源保护主义的基本内涵。

除此之外，鉴于正文部分所展示的美国治理大气污染问题的基本模式以及美国经验具有的一般性意义和参考价值，本书在帮助中国学者理解城市现代化和工业化过程中随之产生的重要环境问题方面也有一定的价值。这便是我——一位致力于研究中国近代能源史与环境史的青年学者毅然选择翻译这本美国环境史"旧作"的理由所在。

在翻译过程中，我得到了西安交通大学马克思主义学院学术出版基金项目的大力资助。社会科学文献出版社的李期耀编辑为本书版权交涉事宜以及审读出力颇多，他专业的职业态度让我敬佩不已。我的同事万翔博士亦给了我莫大帮助，他深厚的英语文字功底和美国文化积淀解决了我翻译中遇到的诸多疑问。当然，我就一些"疑难杂句"反复与斯特拉德林本人交流、确认的过程，同样让我受益匪浅。我们虽然探讨的是美国历史上的烟雾污染问题，但是都对当前中国的大气污染问题抱有学术层面的责任感，都尝试通过对历史的回顾，为当前问题的解决寻找历史智识。

裴广强

于西安曲江

2019 年 3 月

图书在版编目（CIP）数据

　　烟囱与进步人士：美国的环境保护主义者、工程师
和空气污染：1881～1951/（美）大卫·斯特拉德林
（David Stradling）著；裴广强译. －－北京：社会科
学文献出版社，2019.6
　　书名原文：Smokestacks and Progressives：
Environmentalists, Engineers, and Air Quality in
America, 1881 - 1951
　　ISBN 978 - 7 - 5201 - 4861 - 0

　　Ⅰ.①烟…　Ⅱ.①大…②裴…　Ⅲ.①煤烟污染－空
气污染控制－研究　Ⅳ.①X511

　　中国版本图书馆 CIP 数据核字（2019）第 089043 号

烟囱与进步人士

美国的环境保护主义者、工程师和空气污染（1881～1951）

著　　者 /	［美］大卫·斯特拉德林（David Stradling）
译　　者 /	裴广强

出 版 人 /	谢寿光
责任编辑 /	李期耀
文稿编辑 /	徐成志

出　　版 /	社会科学文献出版社·历史学分社（010）59367256
	地址：北京市北三环中路甲 29 号院华龙大厦　邮编：100029
	网址：www.ssap.com.cn
发　　行 /	市场营销中心（010）59367081　59367083
印　　装 /	三河市东方印刷有限公司

规　　格 /	开本：880mm × 1230mm　1/32
	印张：10.875　字数：253 千字
版　　次 /	2019 年 6 月第 1 版　2019 年 6 月第 1 次印刷
书　　号 /	ISBN 978 - 7 - 5201 - 4861 - 0
著作权合同登记号 /	图字 01 - 2019 - 1974 号
定　　价 /	98.00 元

本书如有印装质量问题，请与读者服务中心（010 - 59367028）联系

▲▲ 版权所有 翻印必究